|服装设计必修课|

服装平面制版与立体裁剪融合实战教程

于清 —————— 著

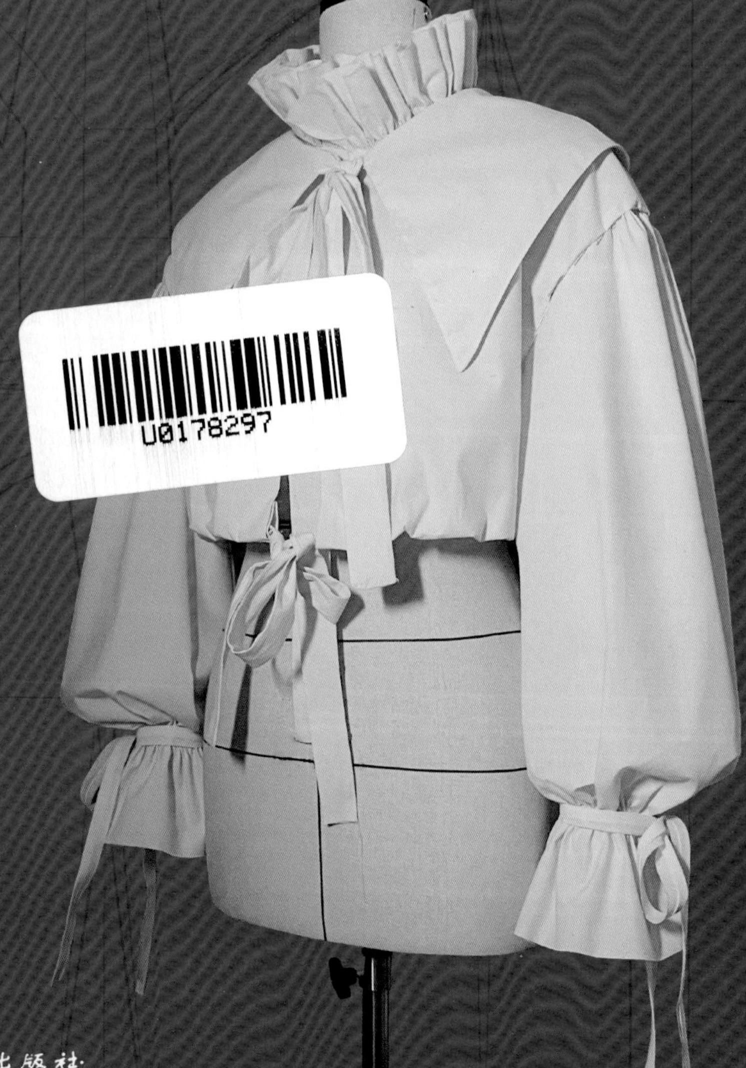

電子工業出版社
Publishing House of Electronics Industry
北京·BEIJING

图书在版编目（CIP）数据

服装平面制版与立体裁剪融合实战教程 / 于清著. -- 北京 : 电子工业出版社, 2024.3
（服装设计必修课）
ISBN 978-7-121-47299-2

Ⅰ. ①服… Ⅱ. ①于… Ⅲ. ①服装量裁－教材 Ⅳ. ①TS941.6

中国国家版本馆CIP数据核字(2024)第039575号

责任编辑：王薪茜
印　　刷：北京缤索印刷有限公司
装　　订：北京缤索印刷有限公司
出版发行：电子工业出版社
　　　　　北京市海淀区万寿路173信箱　　邮编：100036
开　　本：787×1092　1/16　印张：9.75　字数：312千字
版　　次：2024 年 3 月第 1 版
印　　次：2025 年 2 月第 2 次印刷
定　　价：79.00元

凡所购买电子工业出版社图书有缺损问题，请向购买书店调换。若书店售缺，请与本社发行部联系，联系及邮购电话：（010）88254888，88258888。

质量投诉请发邮件至 zlts@phei.com.cn，盗版侵权举报请发邮件至dbqq@phei.com.cn。

本书咨询联系方式：（010）88254161～88254167转1897。

前言 PREFACE

平面制版和立体裁剪是服装版型制作最主要的两种方式。其中，立体裁剪造型直观准确，但稳定性差、效率低；平面制版准确、快捷、高效，但因造型效果不直观而反复改版的情况较为常见。传统教学中常将平面制版和立体裁剪分开作为两个独立的科目教授，这也导致学生在学习中并未养成很好的平面和立体结合的思维方式，对版型的理解比较片面，因而在实践中难以独立完成版型设计工作。

对于同一款式，平面制版和立体裁剪均能得到同样的生产样板，鉴于此，笔者试图通过实验找到立体裁剪与平面制版中的共通之处，通过“立体－平面－立体”的转化研究省的变化原理，通过平面和立体两种方式完成结构的解析，以找到立裁手势与平面制版结构的对应关系，增强三维立体造型能力。

本书详细记录了从原型到具体服装款式的平立裁对应研究过程，将版型分析过程、实验研究过程等信息充分展现，通过“看图制版”分享制版经验和心得，希望能够在研究服装版型的道路上为读者提供一些启发。若本书有表达不够严谨和细腻之处，也衷心希望读者提出宝贵的意见和建议，促使此研究能更加深入与完善。

目录 CONTENTS

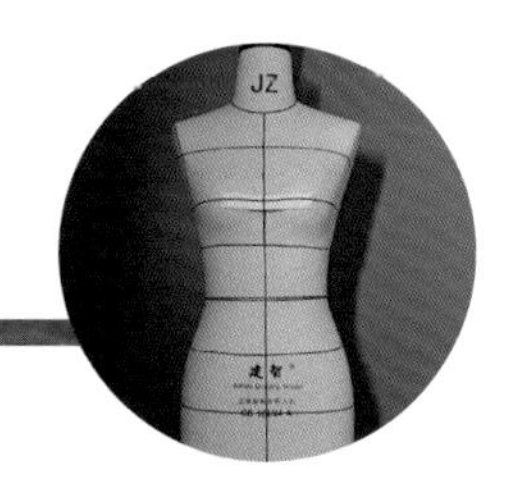

CHAPTER 1

服装制作基础知识

CHAPTER 2

表皮原理

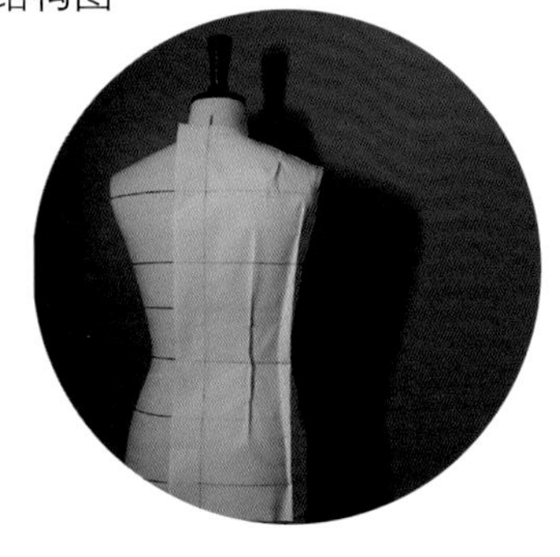

CHAPTER 3

上衣原型

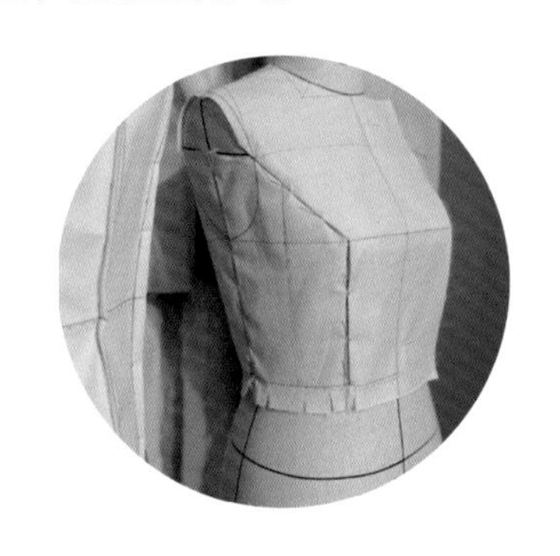

CHAPTER 4

无省原型

CHAPTER 5

衣袖原型

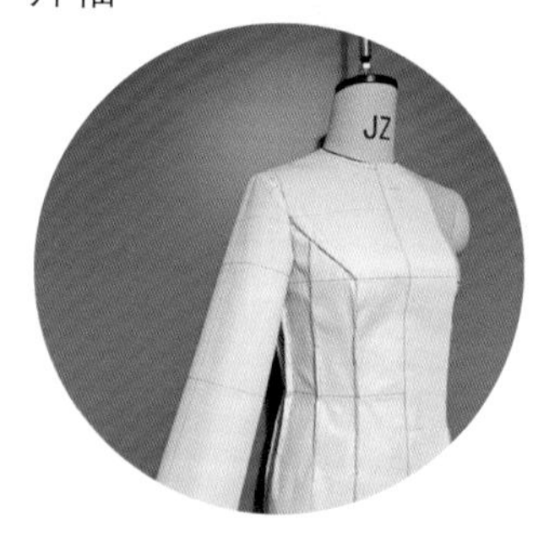

CHAPTER 6

3D-2D 的转换原理

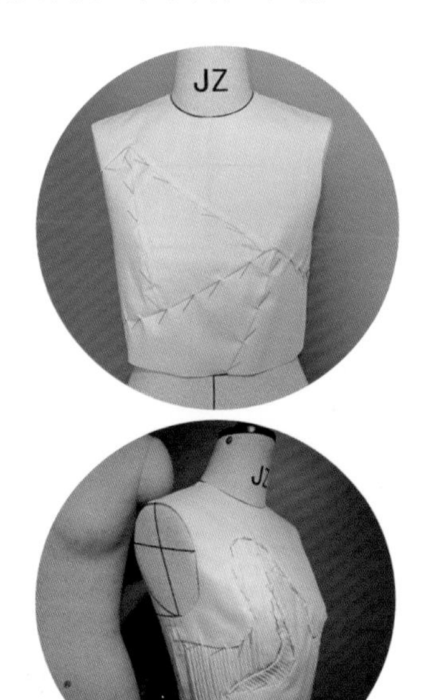

CHAPTER 7

服装成衣版型实例解析

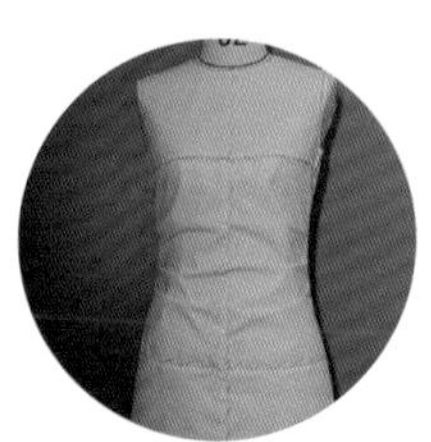

CHAPTER 1

服装制作基础知识

1.1 立体裁剪与平面制版

为了展现个人特色与风格，选择服装前，须观察人体体形与曲线的变化，还要对服装的轮廓线、剪接线、装饰线等进行通盘的考量；因此服装制作也越来越得到设计师们的重视，以制作出更多样、更切合需求的服装。立体裁剪与平面制版的操作方法虽然不同，但都是服装构成的重要方法。

✳ 平面制版法

根据人体测量出的尺寸，按照既有的计算公式，在纸上进行操作，以合并、展开、折叠、倾倒等技法，画出各式各样的款式。但尺寸较固定，松份的比例也较制式化。

✳ 立体裁剪法

将布直接覆盖在人台上，运用剪接、折叠、缩缝、抓皱、别合等技法，一边裁剪一边做出造型，在制作过程中能看到布料与人体之间的立体空间感，以及人体各部位的线条与结构，直接快速地制作出设计师所要求的版型。

✳ 立体裁剪与平面制版并用

制作时可先用平面制版法画出外轮廓版型，制作出坯样穿在人台上，再根据款式造型进行修改完善，且利用立裁实验的方式进行局部造型和结构的推敲，可倒推找到平面结构处理方法。若能将两种技法熟练地结合运用，服装造型必定能完美呈现。

1.2 工具与材料

服装结构制版所用工具很多，我们需要准备专业而齐全的工具，还要熟练地操作它们，下面介绍一些常用工具。

1. 尺

· 皮尺或卷尺

卷尺又称软尺，两面都有刻度，一般用于测量人体尺寸，在服装结构制版中也有所应用。卷尺主要规格有 1.5m 和 2m 两种，在服装结构制版中，卷尺的主要作用是测量、复核各曲线及拼合部位的长度。

· 方格尺

方格尺是服装结构制版中最基本的工具，用于测量尺寸、画直线。在服装结构制版中，有机玻璃尺由于平直度好，刻度清晰且不易变形，使用较为广泛。

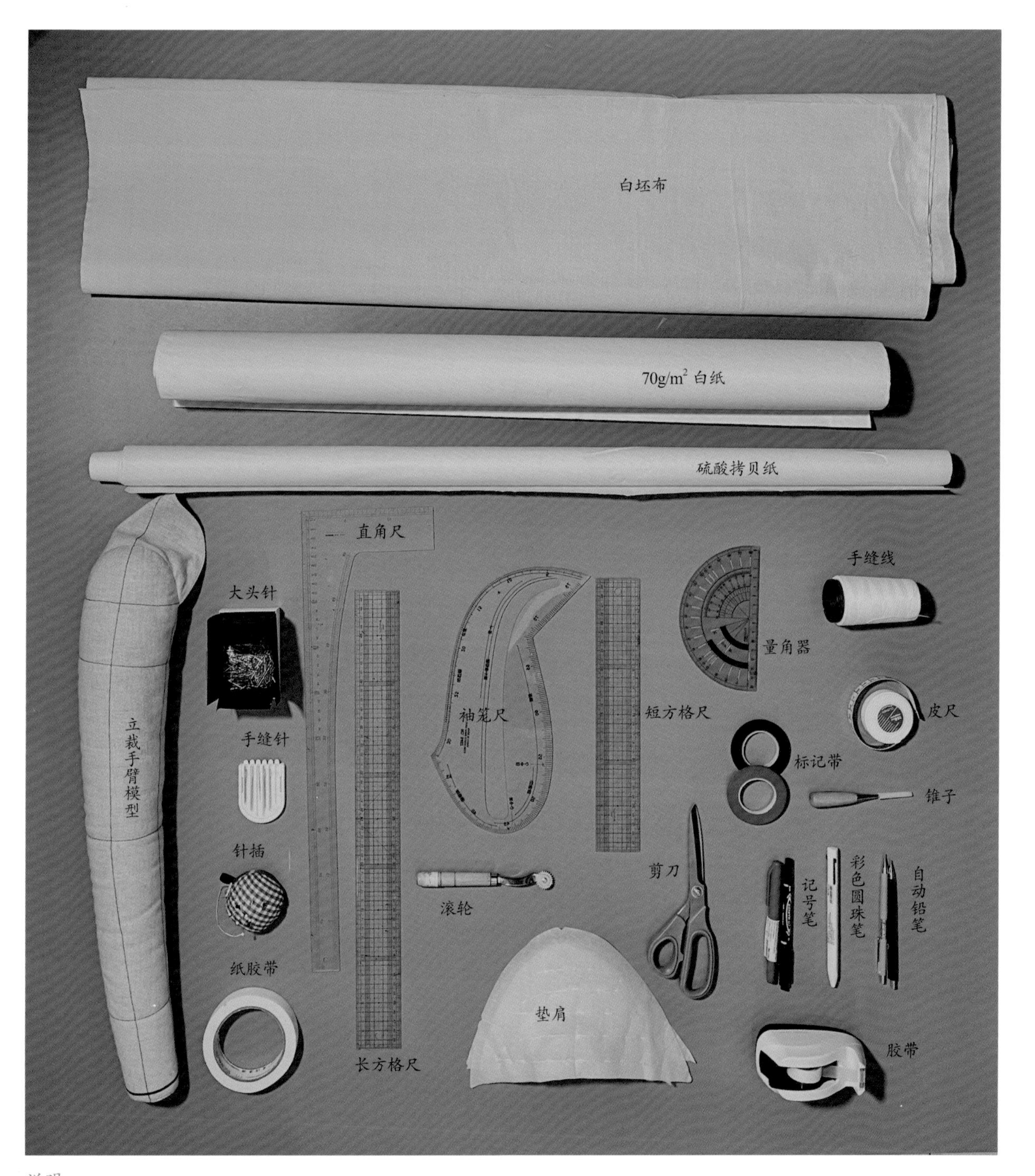

说明：

（1）服装专用尺种类较多，可根据个人使用习惯选择；

（2）垫肩形状、厚度、造型较为丰富，可根据款式进行选择，且可根据需要进行修剪叠加；

（3）白坯布作为常见的成衣面料替代布，种类较多，根据服装种类和廓形可选择不同材质、克重，在制作廓形服装时也可烫衬或使用无纺布；

（4）相较牛皮纸，半透白纸适合用于版型研究，在确版后可用牛皮纸保存。

· 直角尺

直角尺也是服装结构制版的基本工具，主要用于测量尺寸、画直线与弧线。

· 袖笼尺

可按照需要的弧线长度调整袖笼尺的方位去画袖笼弧线和袖山弧线。

2. 橡皮与笔类

橡皮和自动铅笔、彩色圆珠笔、记号笔是绘制结构制图的必备工具，用于勾画和修改线条。

· 自动铅笔

坯布裁剪完成时，用来画完成线。

· 彩色圆珠笔

用不同颜色画直布纹与横布纹记号。

· 记号笔

做记号用，记号会随着时间自然消失。

3. 纸

· 白纸

用作画版的纸张，也可用牛皮纸。

· 硫酸拷贝纸

拷贝纸通常用来辅助作画。

4. 滚轮

滚轮又称描线轮，将坯布毛样用点状的轮印转移到纸上，主要用来复制布样上的线条，以拓印在纸样上留下标记。

5. 剪刀

剪刀是指服装制作时专用的剪刀，主要用于裁剪纸样和面料。

6. 量角器

量角器是一种用来测量角度的工具，普通的量角器是半圆形的。在服装制版中主要用来测量服装的某些部位，如肩斜的倾斜度等。

7. 坯布

坯布种类有很多，一般可分为三种。

· 薄坯布：适合做柔软且有垂坠感的造型。

· 中厚坯布：软硬适中，布纹易分辨，适合初学者使用。

· 厚坯布：适合做西装外套、大衣、风衣、秋冬裤装等。

8. 针与针插

· 大头针

立体裁剪专用针，针尖滑顺且细长。注意大头针的插针方向与坯布的受力方向相反，否则坯布容易滑动。

· 手缝针

细长针型的为佳，容易刺入坯布。

· 针插

插放针用，常将针插放在手腕上或者放在桌上。

9. 锥子

锥子的尖头可以刺出小洞来进行标记。

10. 标记带、纸胶带与胶带

· 标记带

用来标记人台标记线。标记线要根据服装款式实际需要做出服装的结构分割线，服装款式不一样，人台的标记线也不同。

· 纸胶带与胶带

固定坯布，辅助操作。

11. 垫肩

依照服装的款式，可适当调整肩部线条与尺寸。在修正人台体形与做造型时使用。

12. 立裁手臂模型

一般可分为有拉链式和无拉链式两种，做袖子造型时使用。

1.3 人体主要基准点和线

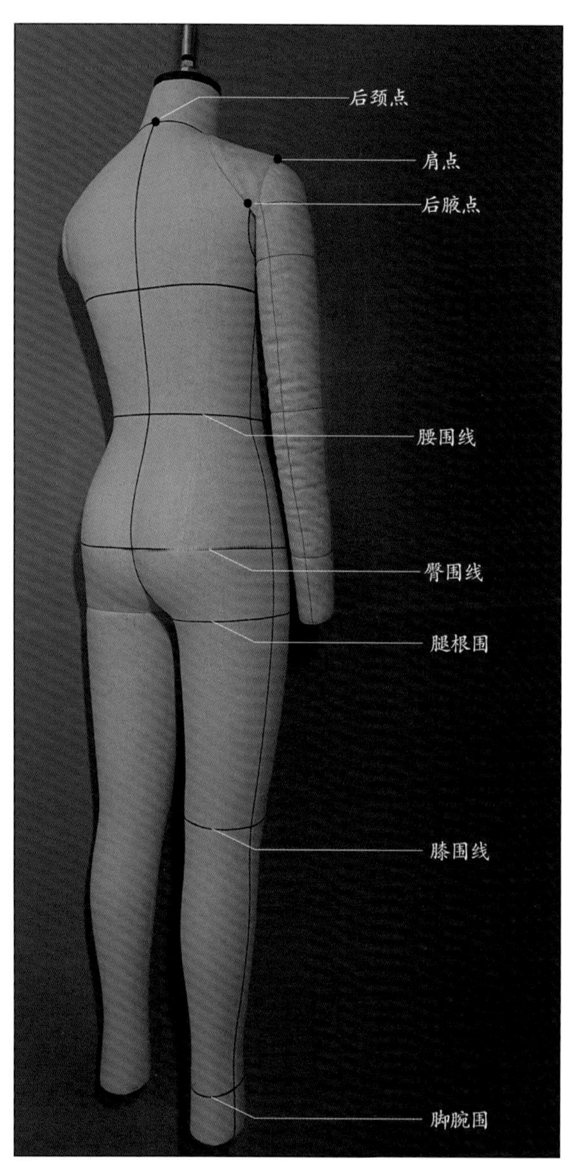

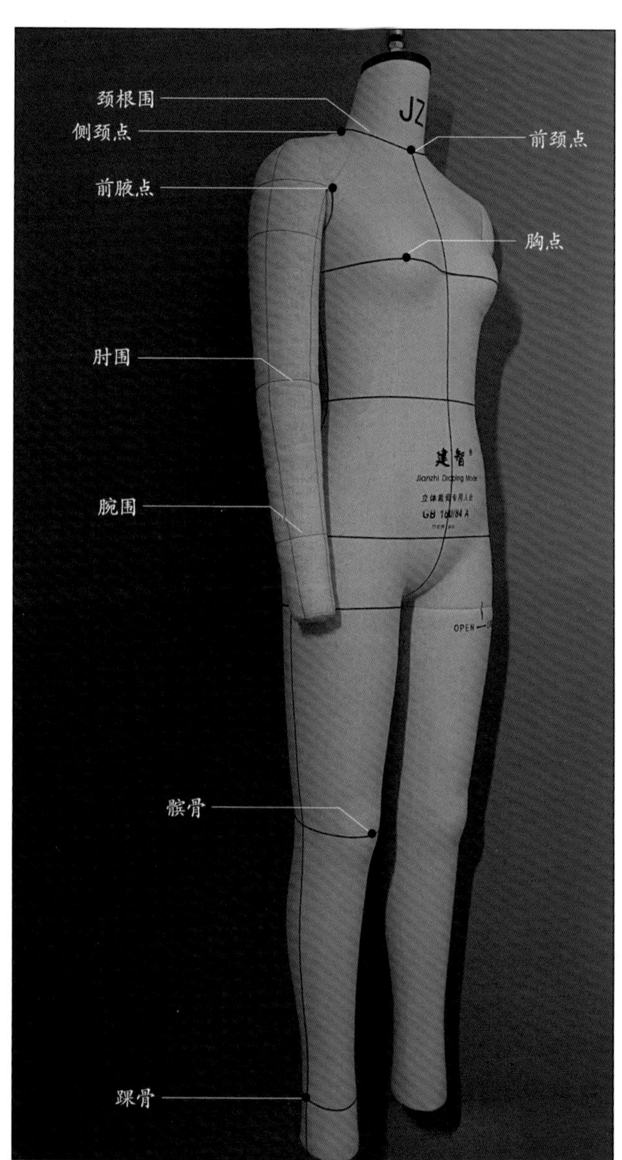

部位	简称	部位	简称
胸点	BP（Bust Point）	胸围	B（Bust）
肩点	SP（Shoulder Point）	腰围	W（Waist）
侧颈点	SNP（Shoulder Neck Point）	臀围	H（Hip）
肘线	EL（Elbow Line）	领围	N（Neck）
膝围线	KL（Knee Line）	前中线	CF（Center Front）
袖窿弧长	AH（Arm Hole）	后中线	CB（Center Back）

1.4 人体基础测量数据

（单位：cm）

测量项目	测量说明	参考尺寸	人台尺寸
胸围	取胸点绕胸围一周	82 ~ 84	84
腰围	取腰部最细点绕腰围一周	64 ~ 66	66
腹围	取腹凸处绕腹围一周	82 ~ 84	82
臀围	取臀部最饱满的点绕臀围一周	90 ~ 92	90
头围	绕额头和后脑勺一周	54 ~ 56	56
颈根围	绕脖子根部一周	36 ~ 38	38
臂根围	绕手臂根部一周	36 ~ 38	37
上臂围	绕上臂最饱满处一周	26 ~ 28	26
肘围	绕手肘一周	23 ~ 25	23
腕围	绕手腕一周	15 ~ 17	17
手掌围	绕手掌一周	20 ~ 22	20
背长	从后颈点量至后腰围线	37 ~ 39	38
腰长	从腰围线后中点量至臀围线	18 ~ 20	19
裤长	从腰围线侧边量至脚腕围线	93 ~ 95	93
胸宽	前腋点之间的距离	31 ~ 32	31
背宽	后腋点之间的距离	34 ~ 35	35
乳间距	胸点之间的距离	16 ~ 17	17

此表“参考尺寸”为 20 ~ 25 岁女性数据，“人台尺寸”为 160/84A 人台数据。

1.5 人台标线方法

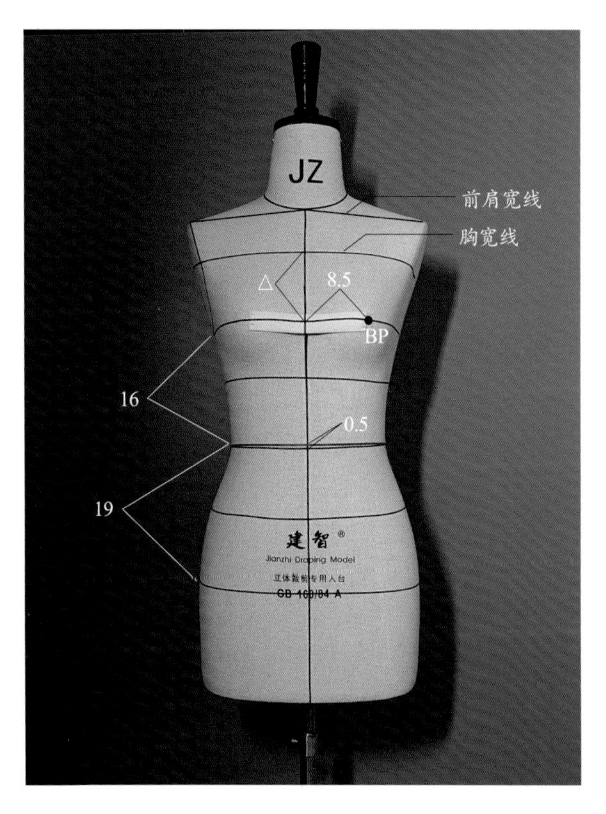

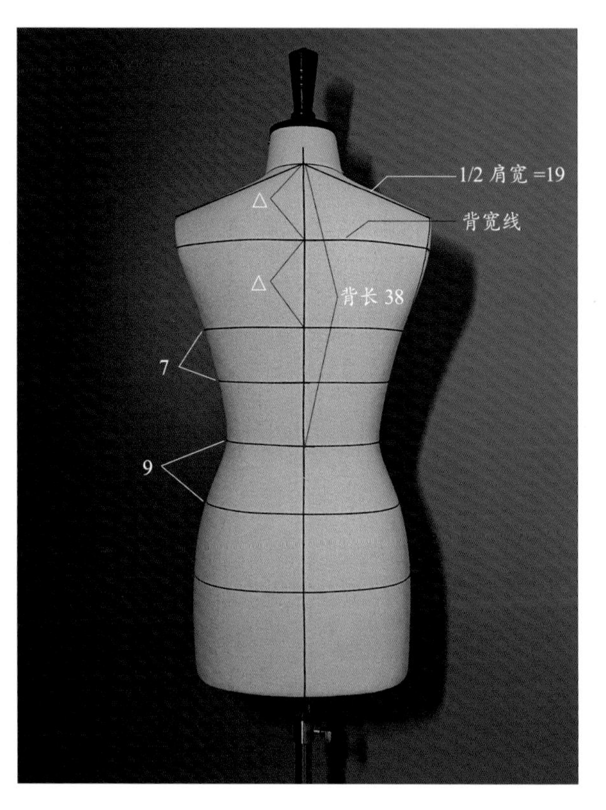

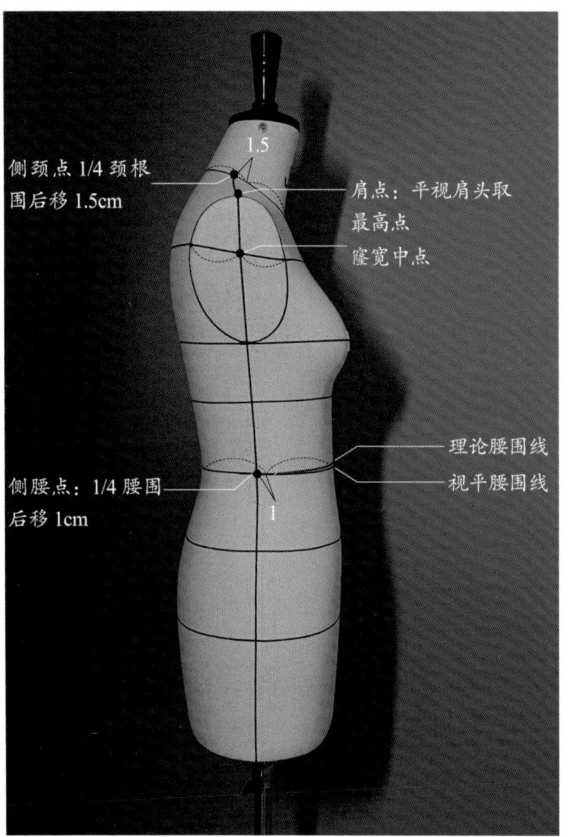

注：本书配图中的尺寸单位均为 cm。

标线步骤：

①前后中心线：分别量取前肩宽和后背宽中点，标记带自然下垂贴出前后中线，向上延伸找到前后颈点；

②颈围线、腰围线：绕颈根一周贴出颈根围线，后颈点下量 38cm 左右可得到后腰围中点，沿此点水平一周贴出腰围线并观察此线是否在腰部最细的位置；

③胸围线、臀围线：观察人台找到胸点，沿此点水平一周贴线得到胸围线（胸围线后段距腰围线约 16cm），沿胸围线向下量取 16cm 贴线一周得到理论腰围线，测量发现理论腰围线与视平腰围线在前中线距离为 0.5cm 左右，逐渐向侧腰点过渡直至重合；视平腰围线向下一周量取 19cm 贴出臀围线；

④胸宽线、背宽线：将后颈点至胸围线的距离两等分（设为△），沿中点水平贴线得到背宽线，前胸围线向上量取△并水平贴线得到胸宽线；

⑤侧缝线：沿侧颈点、肩点、袖窿宽中点及侧腰点顺势向下形成侧缝线；

⑥下胸围线、腹围线：胸围线向下一周量取 7cm 贴出下胸围线，视平腰围线向下 9cm 贴出腹围线。

⑦袖窿线：在前胸宽线上量取从前中至袖窿长 15.5cm 找到前腋点 *A*，在后背宽线上量取从后中至袖窿长 17.5cm 找到前后腋点 *B*，基础原型的腋下点一般直接采用胸围线与侧缝线的交点 *D*，用顺滑的曲线依次连接肩点 *C*、前腋点 *A*、腋下点 *D*、后腋点 *B*，注意根据人体形态变化特征，此弧线下端呈前急后缓的趋势，整体类似倾斜的鸭蛋。

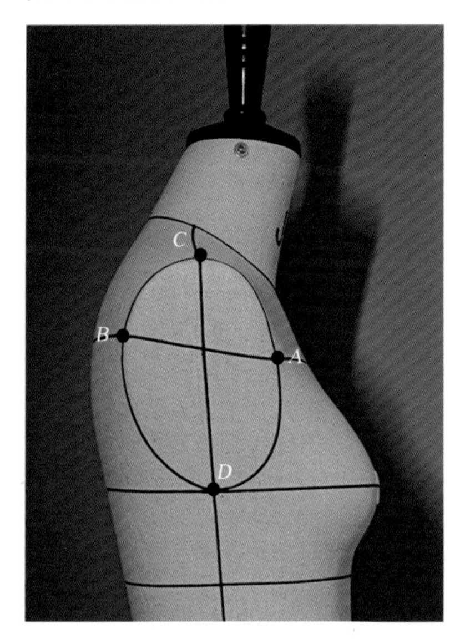

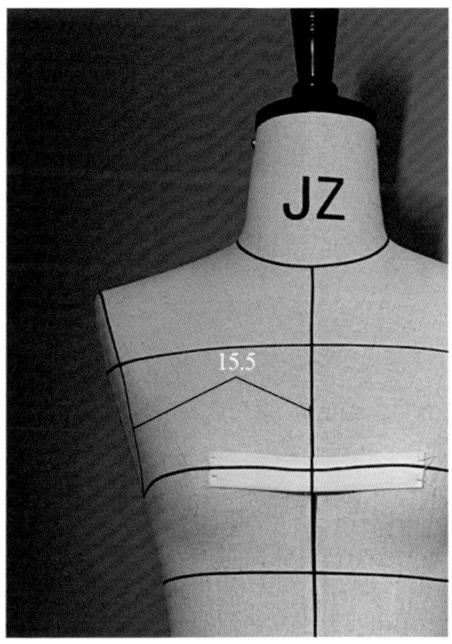

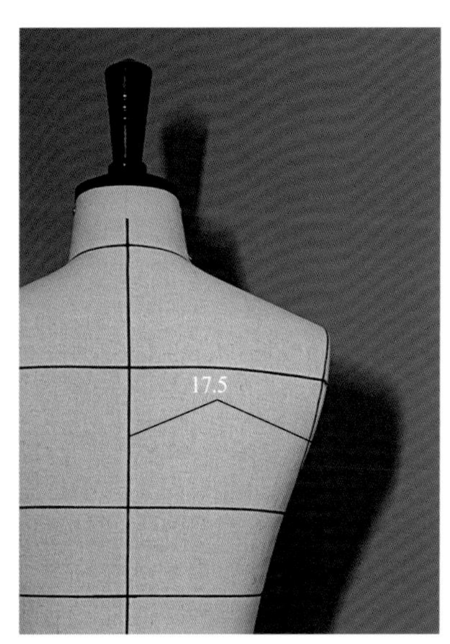

1.6 白坯布的准备

1. 白坯布的选择

分纯棉、化纤两种材质，有薄、中厚、厚等厚度且有目数变化，需根据不同款式成衣的面料情况而定，对于较硬挺面料或需在白坯布背面粘衬后使用。

2. 白坯布的整烫

将坯布从布卷上截取后经过整烫之后才能使用，以达到预缩和布纹整理的目的。预缩即利用蒸汽将坯布进行缩水处理，布纹整理即将布熨烫平整，使丝绺顺直，经纬纱垂直。整理完成后将坯布卷起呈筒状后放置。

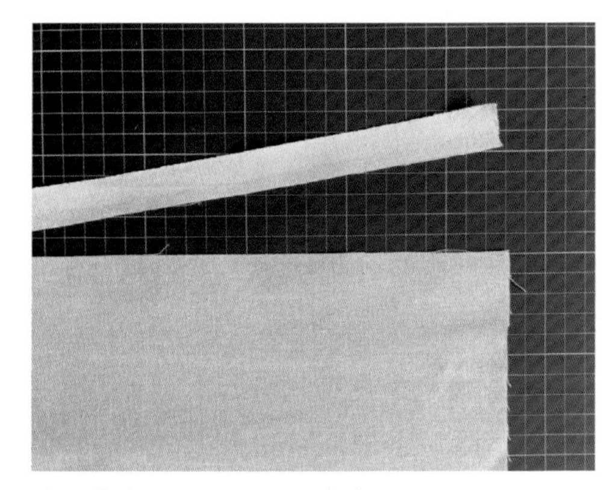

将坯布布边 1.5 ~ 2cm 裁掉。

如果布料出现纱向歪斜，通过对角线拉伸的方式进行调整。

沿着经纱/纬纱方向移动熨斗，一般熨烫两遍，第一遍时熨斗移动过程中与布料较少接触以预缩为目的，第二遍时熨斗移动过程中需用力以熨烫平整为目的。

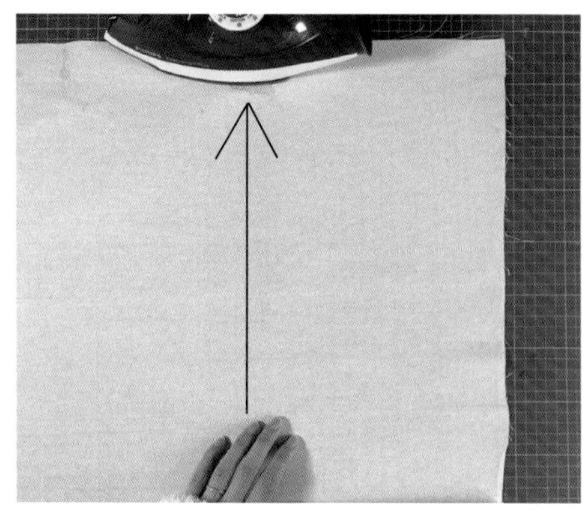

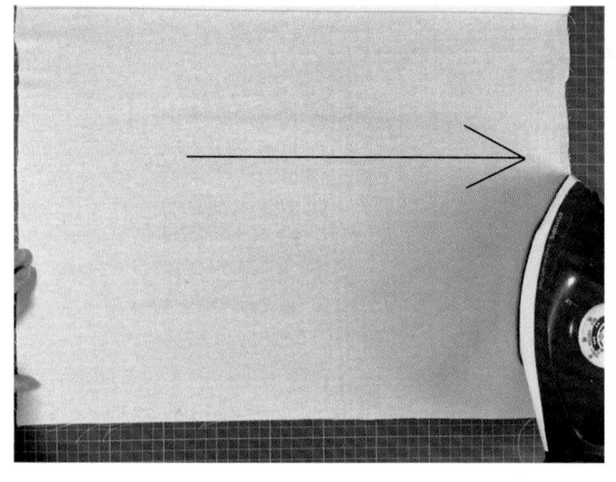

3. 白坯布纱向辨认

在布料刚从布卷上截下来时布纹的辨认是很容易的，即平行于布边的为经纱方向、垂直于布边的为纬纱方向，斜向 45° 为斜纱方向。但在没有布边的情况下辨别坯布的纱向是比较困难的，一旦辨别错误会直接影响样衣造型和美观，因此针对小块面料可采用折叠触摸的方式辨认。

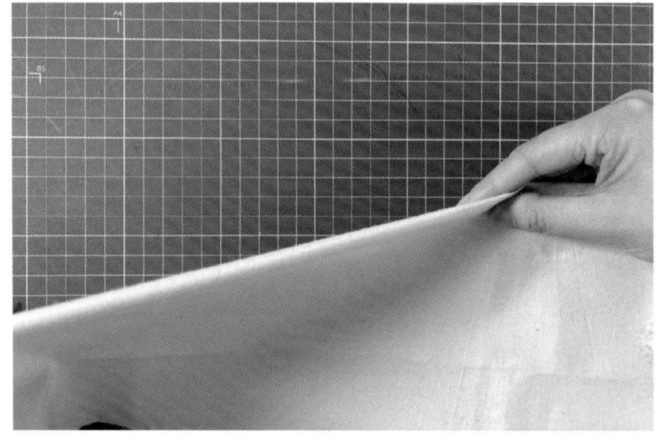

顺着经纱方向折叠时手向下撸的过程比较顺直且不存在阻力。

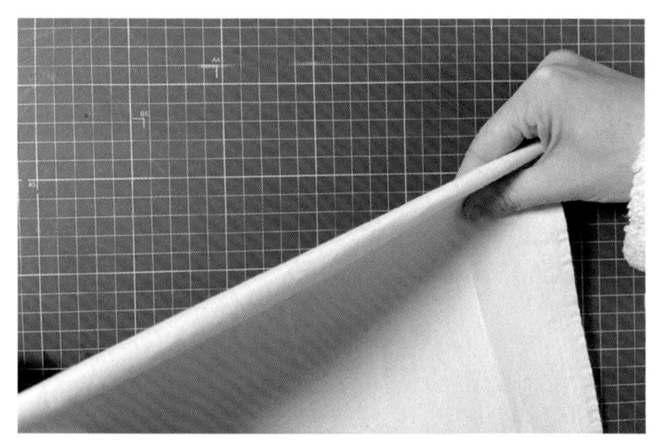

顺着纬纱方向折叠时手向下撸的过程中相对会有横向的阻力，且较硬的面料还会出现横向猫须。

在人台上的呈现效果对比：在人台上放置时，坯布的纱向不同呈现的效果亦不同。经纱垂直地面时布料的服帖性良好，能很好地展现人体曲线，为常用纱向；经纱平行于地面时布料颇具骨感，服帖性较差且出现横向猫须，日常较少大面积采用，常用于袖克夫、领面、袋盖等；经纱与地面成 45° 角倾斜时布料更为服帖且具有一定的弹性和延展性，较多用于花式造型。

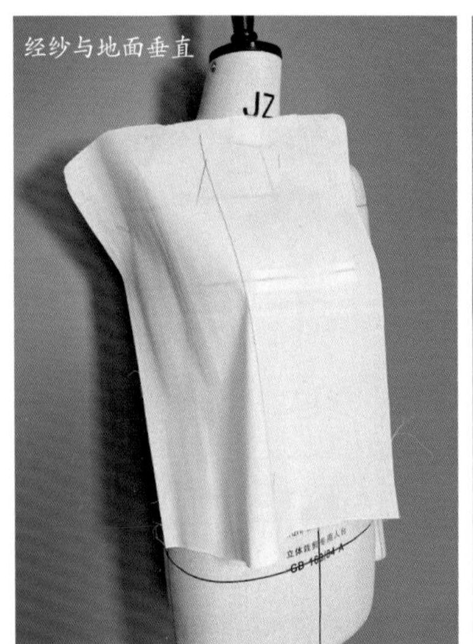

经纱与地面垂直

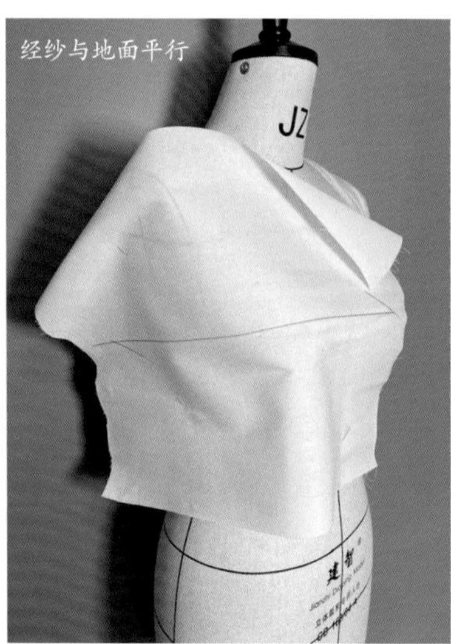

经纱与地面平行

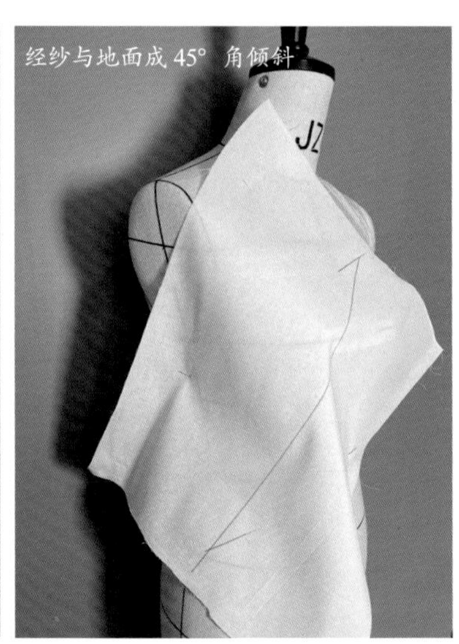

经纱与地面成 45° 角倾斜

1.7 针法说明

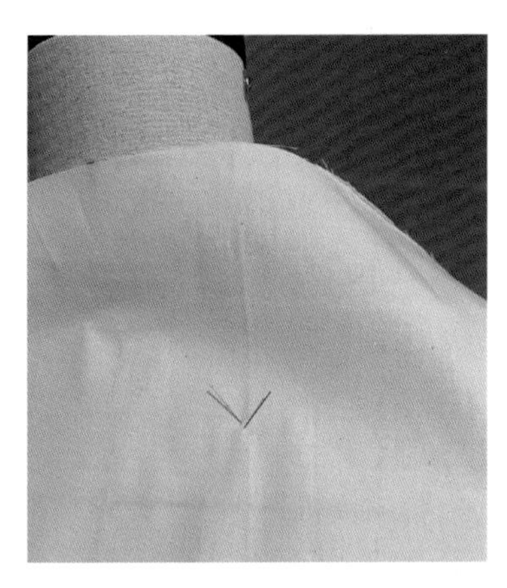

交叉针：两针交叉将布料固定在人台上。

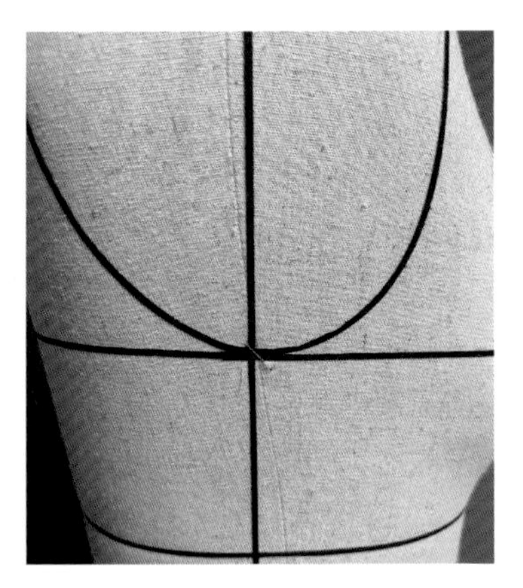

挑针：大头针横挑将标记带固定在人台上。

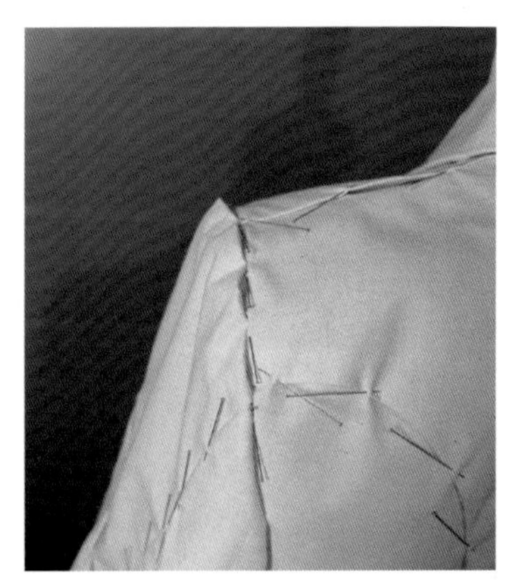

隐藏针：两针交叉将布料固定在人台上。

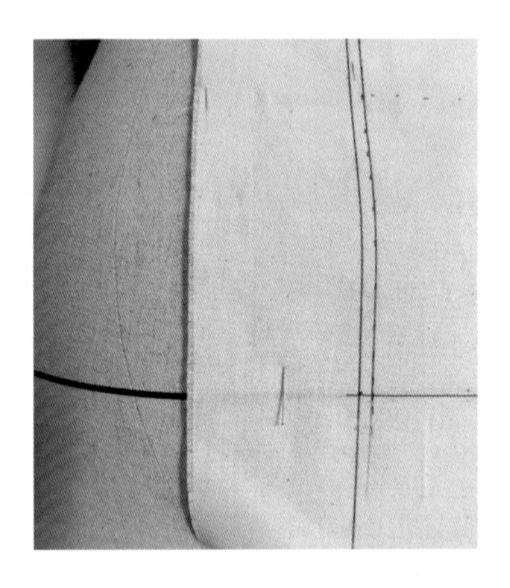

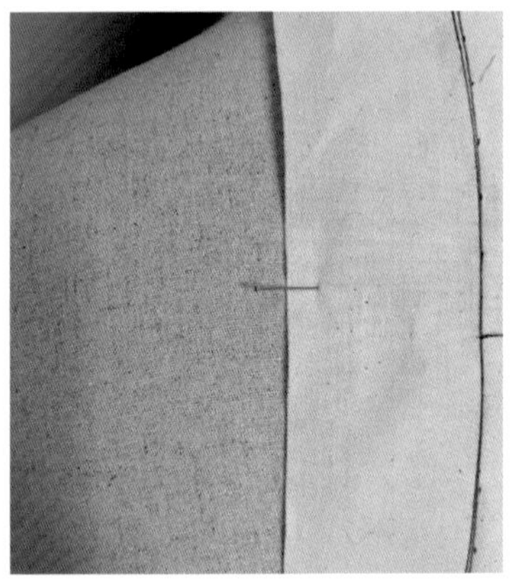

点针：大头针斜插将标记带固定在人台上，起临时固定作用。

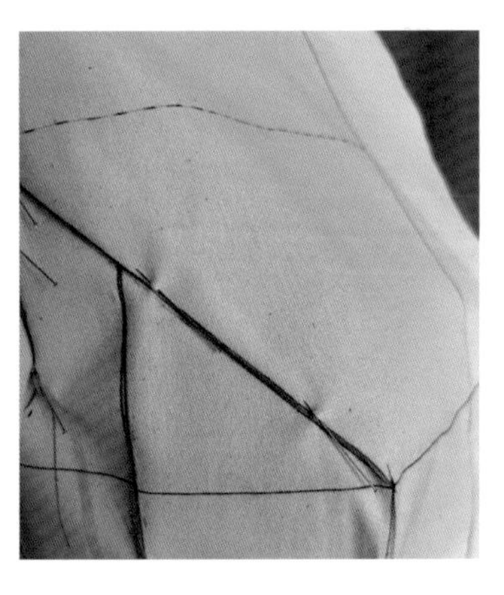

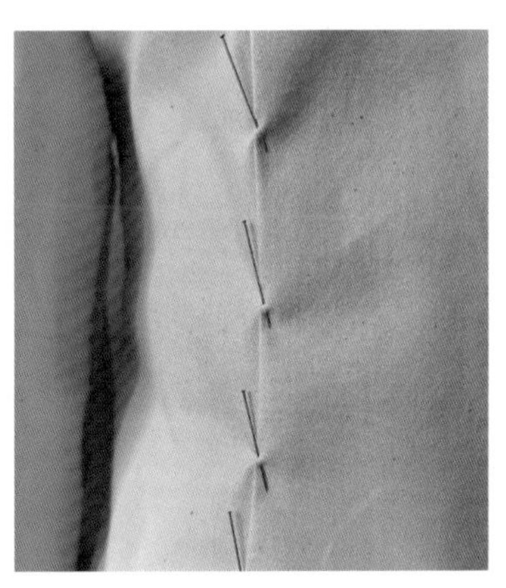

假缝针：上片布沿净缝线将缝头折光后盖在下片布上，两层布料边缘重叠，用大头针固定折叠边缘。

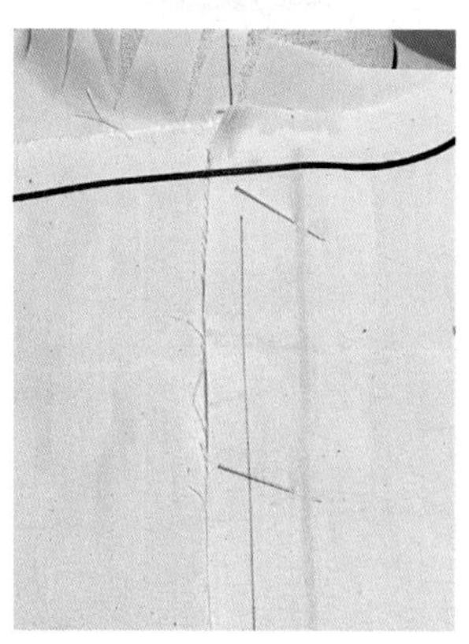
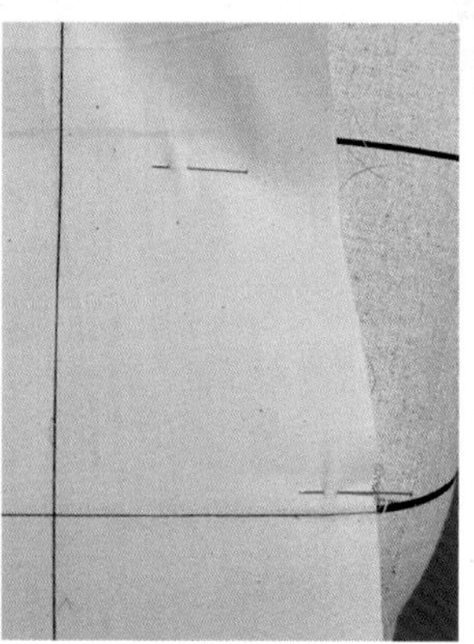
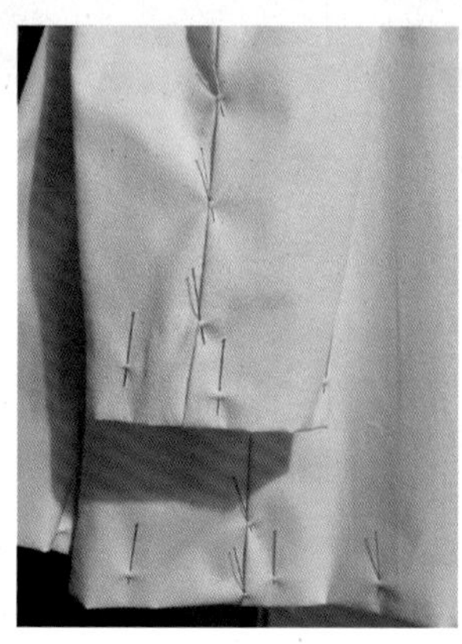

重叠针：大头针横挑 / 竖挑别合两层面料，用于别合固定省量、固定人台与坯布、固定上下两片坯布，或用于下摆贴边布料折叠后的双层固定。

1.8 制图常用符号及说明

名称	形式	用途说明	名称	形式	用途说明
轮廓线（完成线）		结构图的最终轮廓线	辅助线		结构图的基础线和变化过程线
等分线		将线段等分成若干份			
对称线		将某个部分对称或衣片连裁	缩缝 / 抽褶		某部分在工艺制作中将面料少量缩褶或大量抽褶
转省 / 合并		将省量合并并在另一部位剪开将省量转移到打开处	布纹线		衣片样板的方向，在裁布时与布料经纱方向一致
归烫		通过归拢熨烫手法将布料边缘附近的边变短	拔烫		通过归拢熨烫手法将布料边缘附近的边变长
褶	工字褶 倒褶	某部位折叠的标记，竖实线是褶的边缘线，斜线从高往低倾斜的方向是褶的倒向	剪开 / 切展		将某部位剪开或展开一定的量

CHAPTER 2 表皮原理

重点：

- 立裁箱型原型
- 腰省的分布规律
- 平面原型的调整

2.1 取布

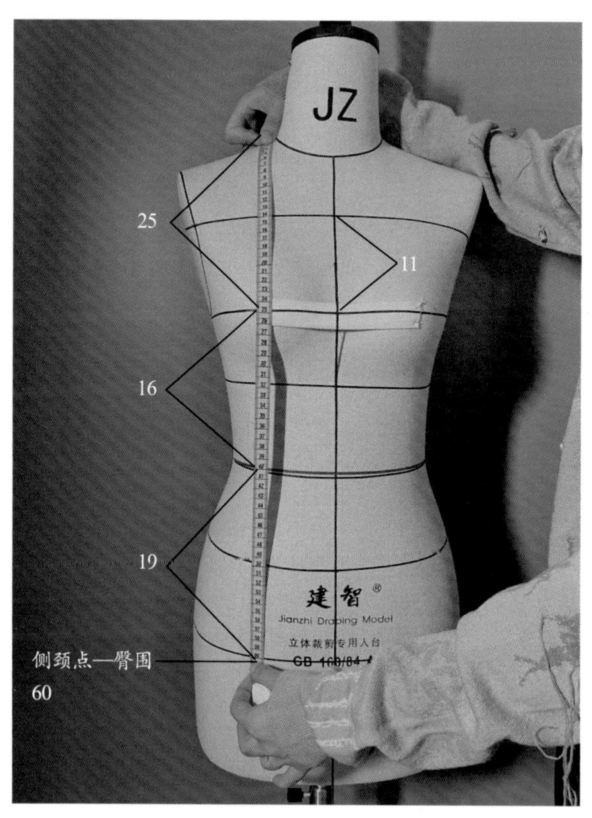

根据人台测量数据计算备布总长：
上下各加 5cm 余量，60cm+5cm+5cm=70cm。

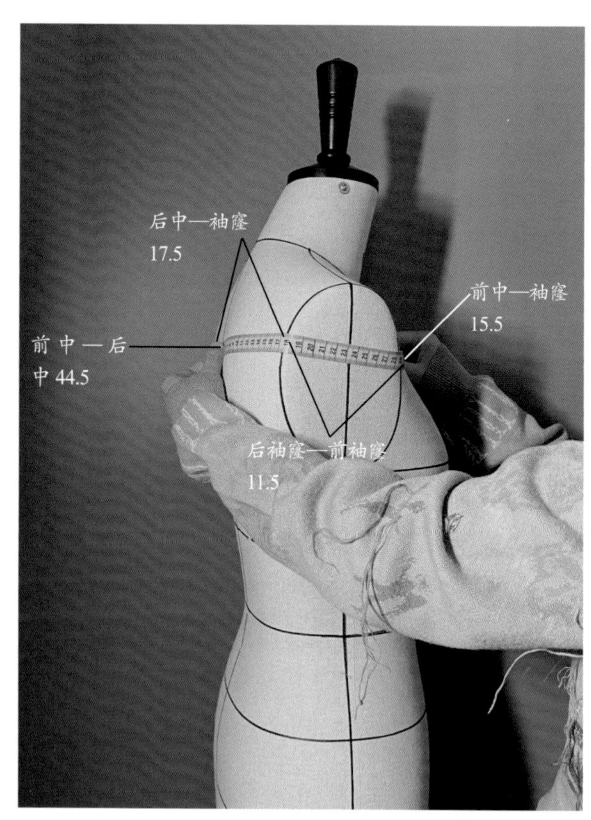

根据人台测量数据计算备布总宽：
考虑胸点适当增加 3cm 松量，前中过胸加 8cm 余量，后中常规加 5cm 余量，44.5cm+3cm+8cm+5cm=60.5cm。

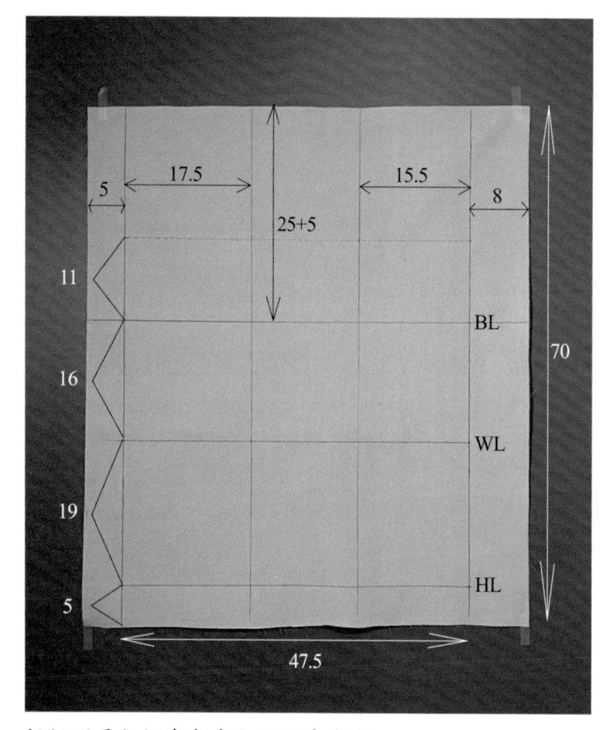

根据测量数据在备布上标注基准线。

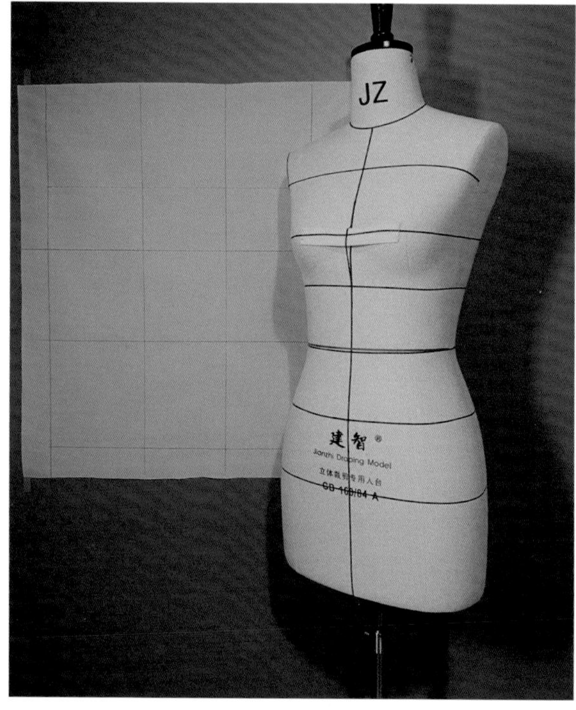

所有标记线均可对应到人台上，为立裁提供准确有效的参考。

2.2 备布与人台对应

将坯布置于人台上，前、后中线，胸围线，背宽线等与人台标记线对齐，用重叠针固定关键点，将布料固定在人台上。

注意侧面的调整，在固定前、后中线后，双手分别在肩点和底摆处上下调节使布料前、后、侧面平衡，不上吊或下塌，底摆一周松量均衡。

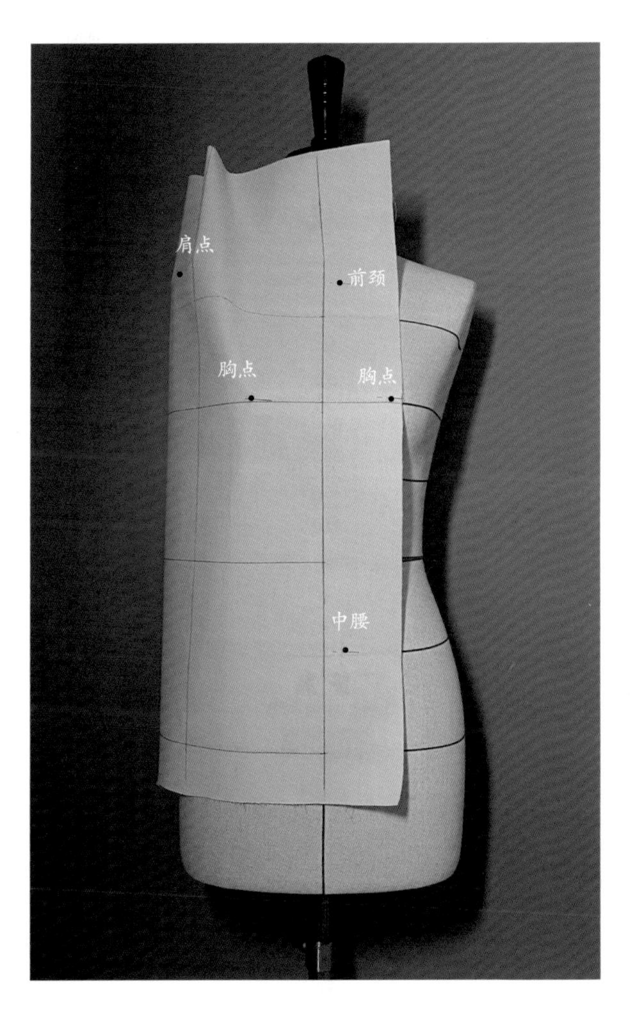

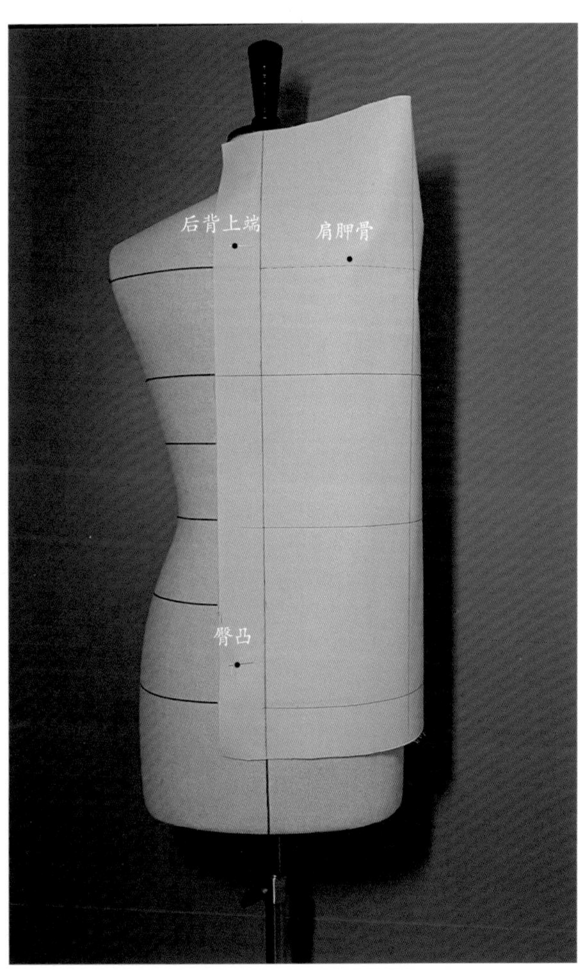

2.3 制作肩省

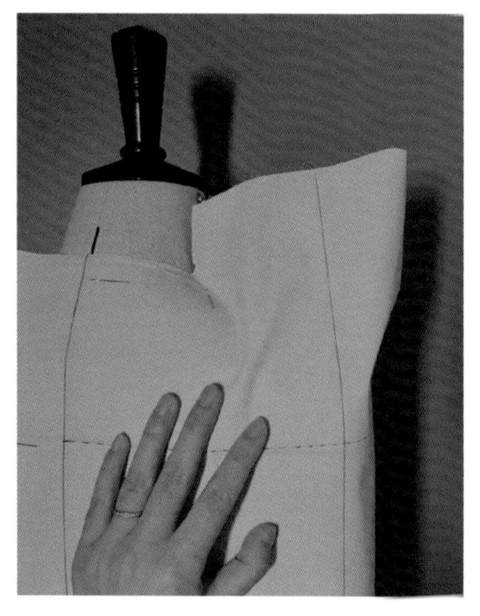

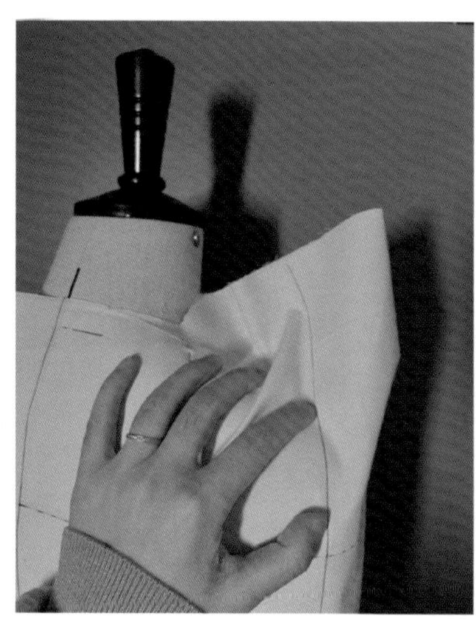

修剪后领口，将所有肩胛骨浮余量推至肩线 1/2 处，形成肩胛省，整理并用折叠针固定。

2.4 制作胸省

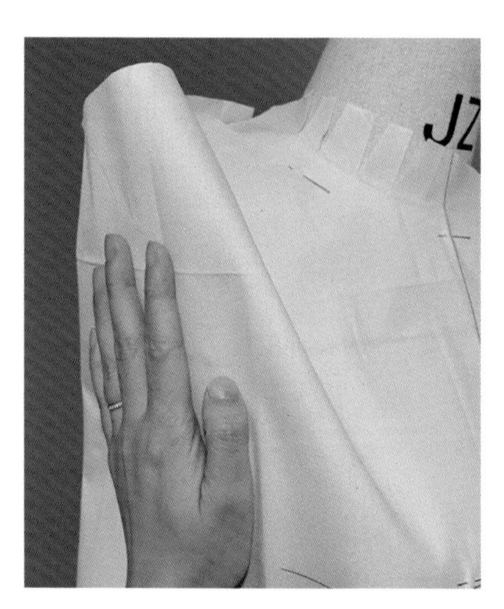

修剪前领口和肩线，将所有浮余量推至袖窿，从侧面将布料压平使浮余量集中在袖窿处，并用大头针在袖窿处固定。

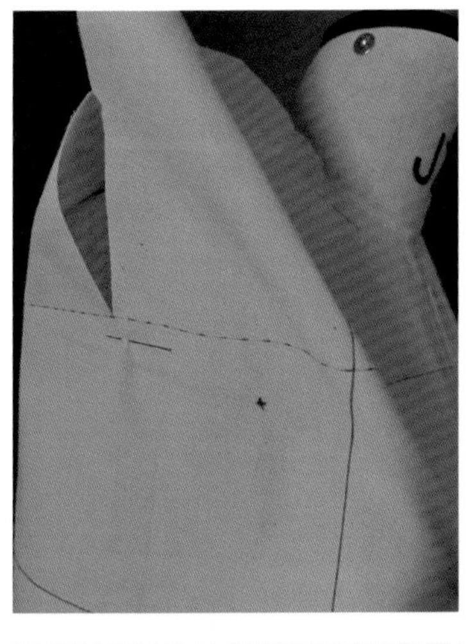

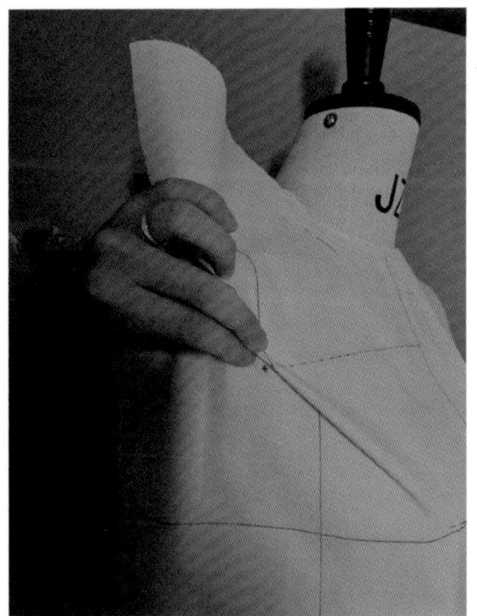

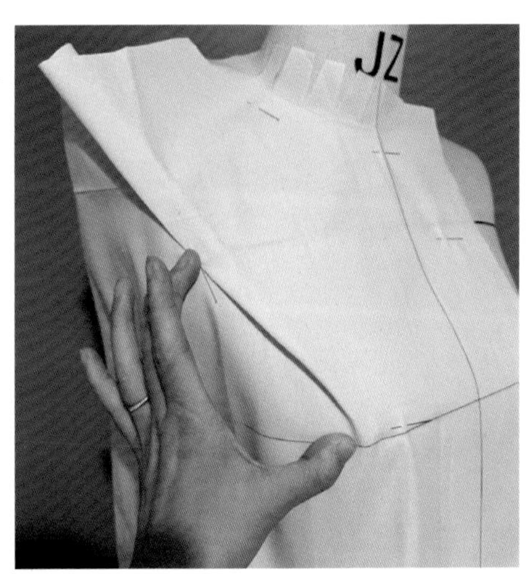

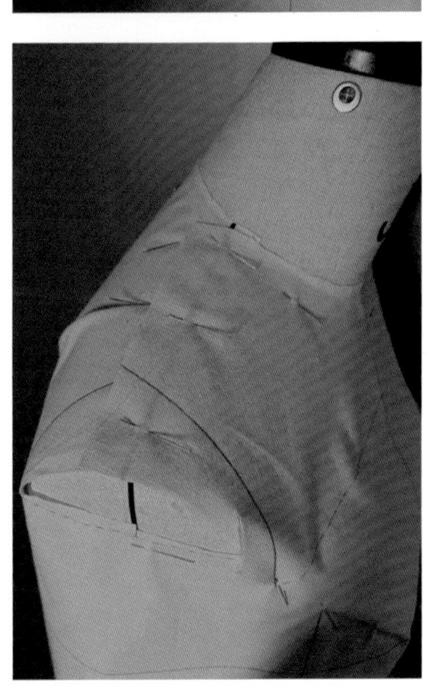

将袖窿中线剪开，在前腋点做标记。

将胸省整理后折叠，折叠点刚好与标记点对齐后别合胸省。

整理肩线，留 2cm 余量修剪余布，用重叠针固定，留 1.5cm 余量修剪袖窿上端。

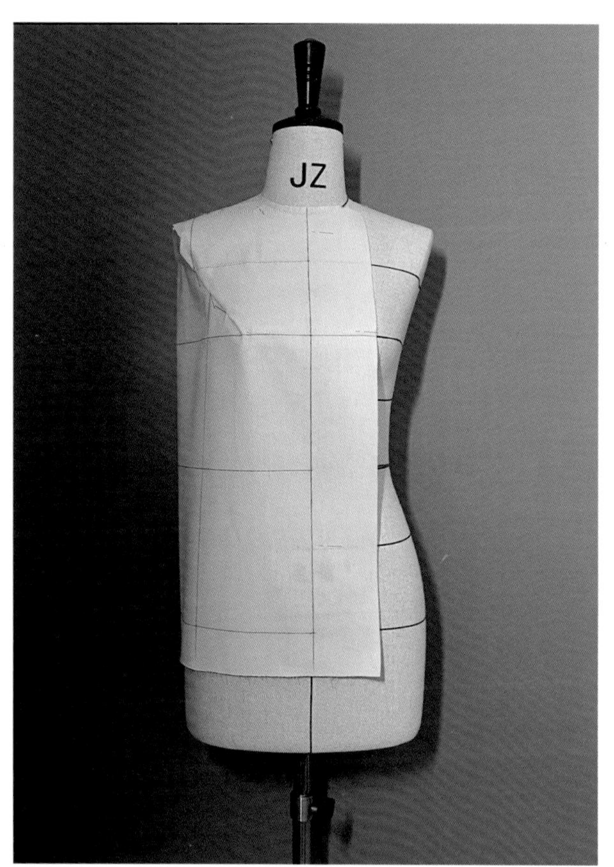

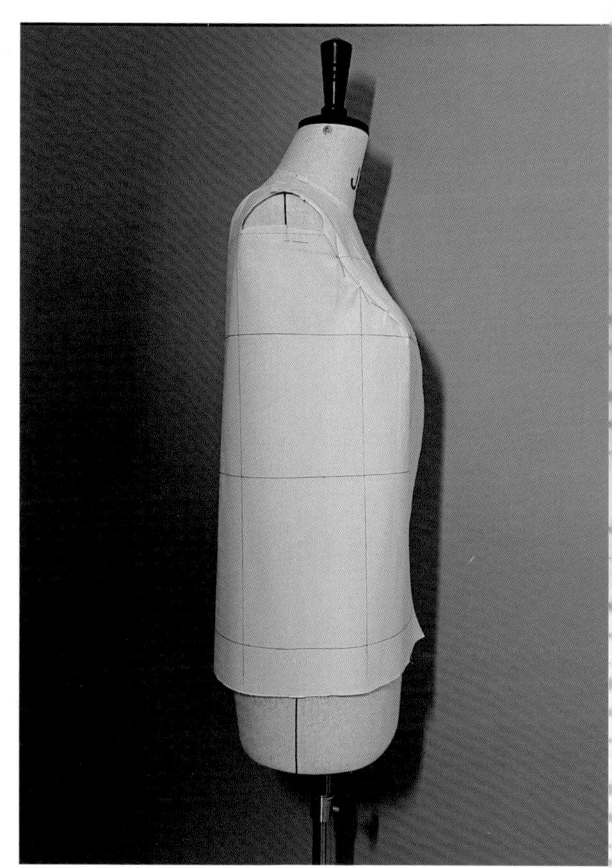

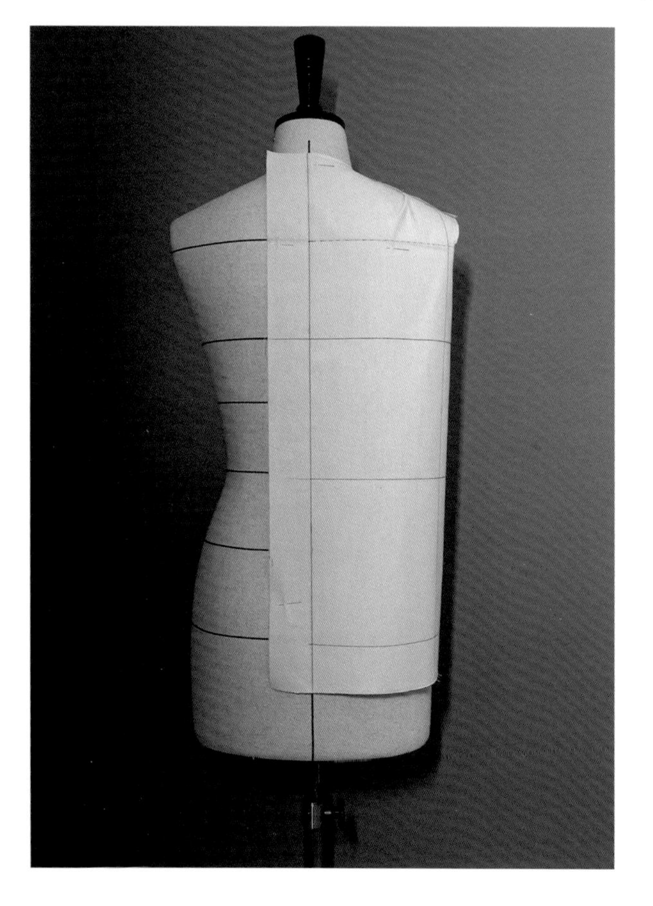

到此得到的为箱型原型，即整布围裹，胸围线与人台持平，胸点和肩胛骨产生的浮余量在胸围线以上分别形成胸省和肩省，整个上衣呈 H 形。

2.5 收腰省

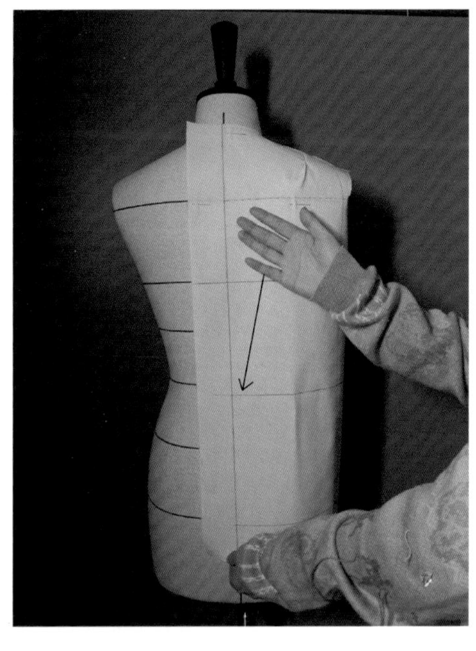

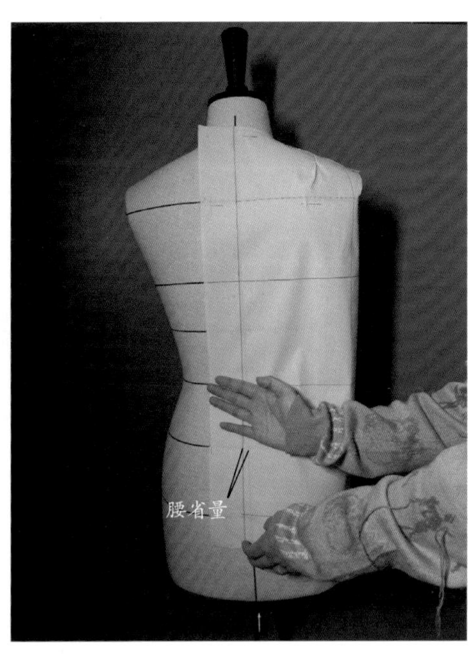

用手背从肩胛骨下端朝后腰中点方向斜向推抹，使坯布中线偏离人台中线，实现后中腰收省。

后中腰省量从背宽线至腰线段逐渐增加，腰线至臀围段等量。

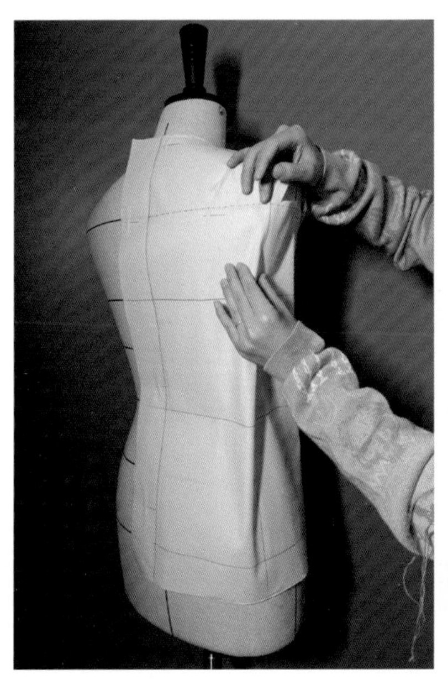

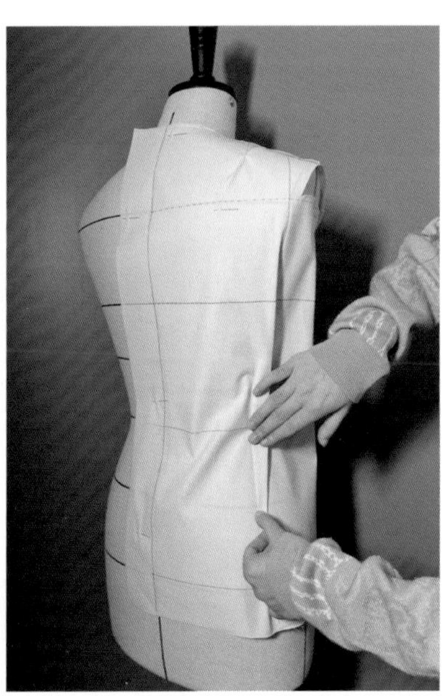

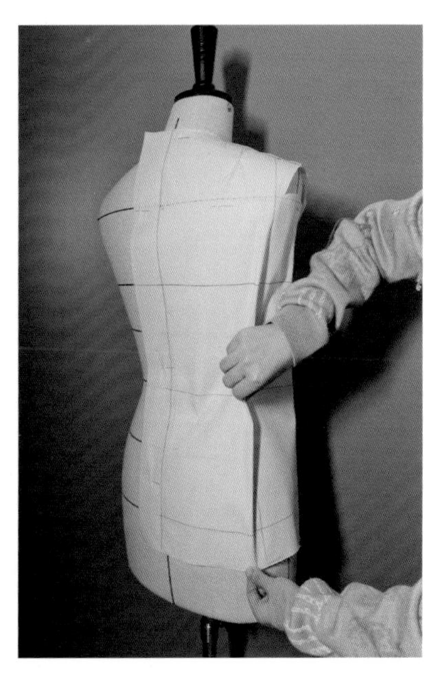

从背宽线近袖窿端附近顺直向下捏出后侧省，确定走势后在上中下三端用大头针临时别合固定然后将褶压倒用指甲刮出折痕，然后沿着省两面的折痕别合得到后侧腰省。

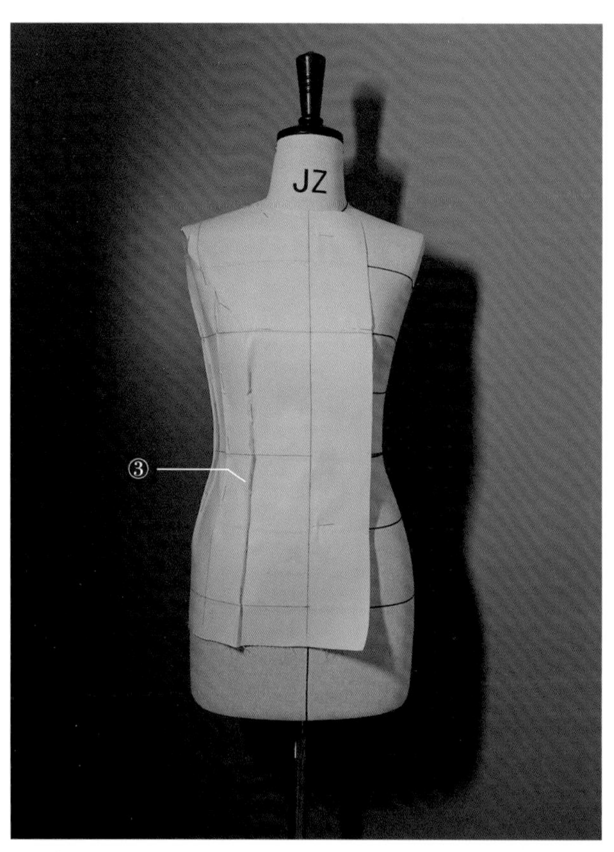

根据后侧腰省的收省方法依次收前腰省③、侧腰省④、后腰省⑤、前侧腰省⑥。

收省时一般按照先大后小的原则，后侧省②落差最大，前腰省③次之，其后依次为侧腰省④、后腰省⑤、前侧腰省⑥，后中省①因位置特殊需要优先处理。

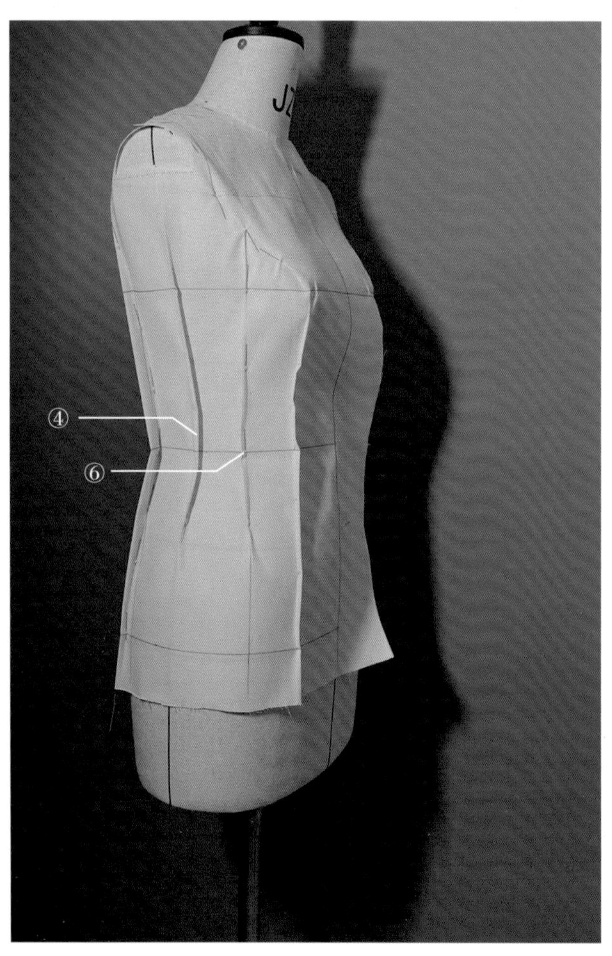

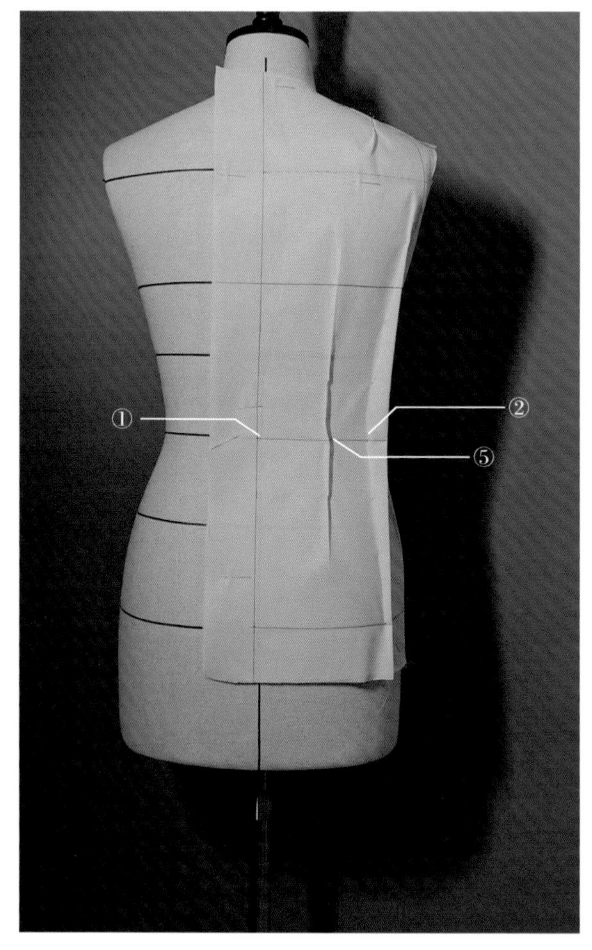

2.6 样板整理

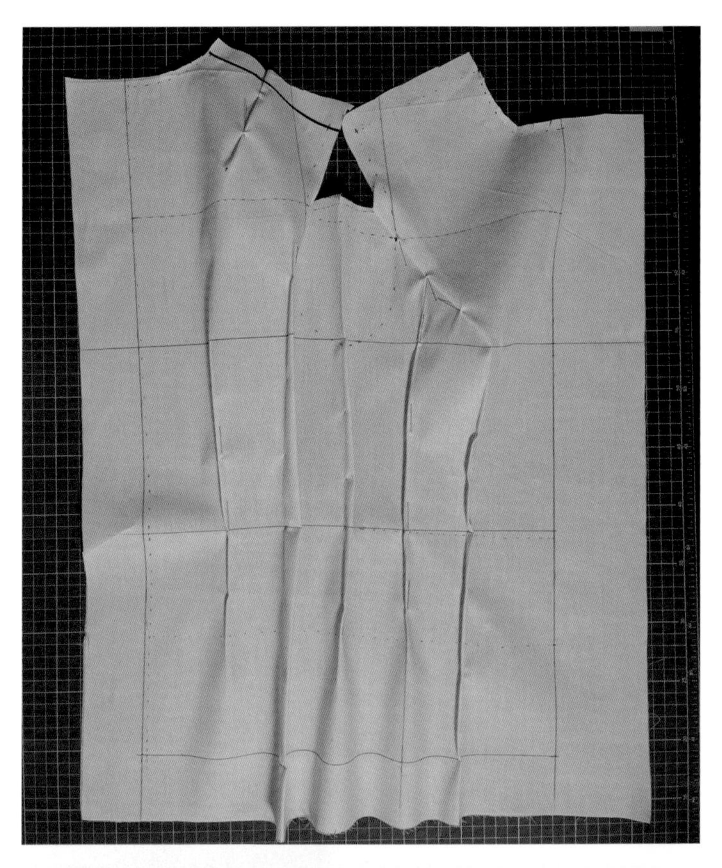

将坯样取下后，检查标记线、对位点是否齐全。

将坯样熨烫平整，对标记进行整理和修正，为方便后期使用省的形状可做适当调整，添加辅助线。

2.7 平面结构图

1. 根据坯样数据绘制基础框架

作水平线 *L*1（腰围线），*L*1 上移 16cm 得到 *L*2（胸围线），*L*2 上移 11cm 得到 *L*3(胸宽线)，*L*1 下移 19cm 得到 *L*4（臀围线），作 *L*2 的垂直线 *L*5（前中线）。在 *L*3 上取 15.5cm（胸宽）得到点 *A* 并作竖直线，在胸围线上取 8.5cm 得到 BP 点。连接 *A* 点和 BP 点并以此边为半径 BP 点为圆心取 16° 胸省量得到点 *B*。过点 *B* 作 *L*2 的垂直线交点为 *C*，点 *C* 向左在 *L*2 上量取 11cm + 0.5cm（袖窿宽）得到点 *D*，点 *D* 向左在 *L*2 上量取 17.5cm(背宽) 得到点 *E*，过点 *E* 作 *L*2 的垂直线得到 *L*6（后中线），点 *F* 向上在 *L*6 上量取 38cm（背长）得到点 G。过点 *G* 水平量取后横开领宽 7.6cm 得到点 *H*，过点 *H* 向上量取后直开领深 2.2cm 得到点 *I*，过点 *I* 作水平线，并向下取 20° 得到后肩线 *L*7。将 *L*2 水平上移 25cm 到水平线 *L*8 并与 *L*5 相交于点 *J*，过点 *J* 在 *L*8 上量取横开领宽 6.6cm 得到点 K(侧颈点)，过点 *K* 向下取前直开领深 7cm 并作水平线得到前领口框架线，过点 *K* 向下取 22° 得到前肩线 *L*9。连接点 B 和 B*，取 BB* 的中点并向下作竖直线得到侧缝线。

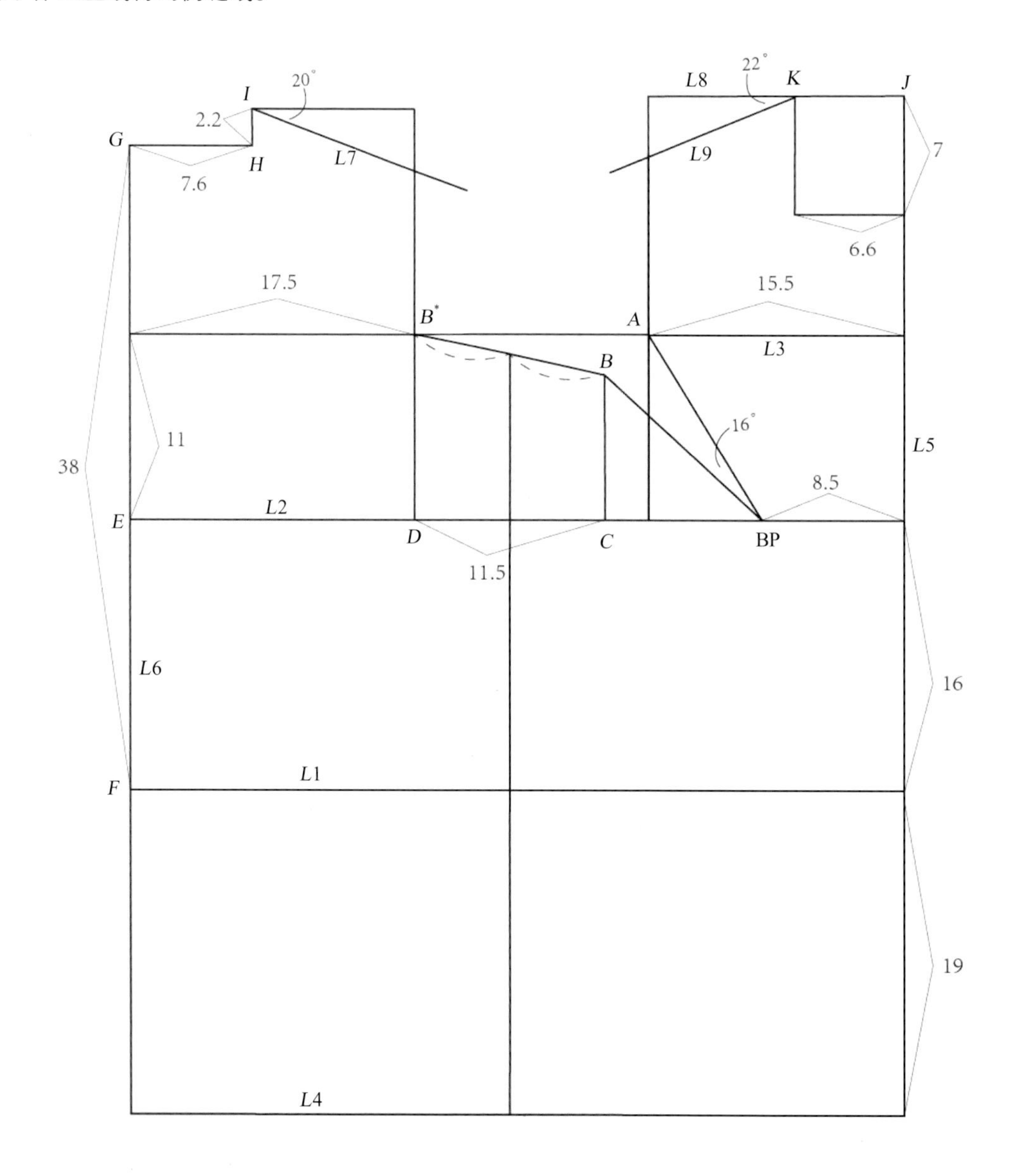

2. 绘制领窝辅助线、肩省、袖窿弧线辅助线、腰省位置线

将后横开领 *GH* 三等分，连接侧颈点 *I* 及等分点得到后领窝辅助线；将前领窝对角线三等分。

以 *I* 点为圆心，肩宽 38cm/2+ 肩省量 1.8cm 为半径画弧与 *L7* 相交于点 *L*（后肩点），测量前肩线长为△，在前肩线 *L9* 上量取△−1.8cm 得到前肩点 *M*。

将后背宽两等分，过中点 *N* 作 *L7* 的垂线，过其交点在 *L7* 上量取肩省量 1.8cm 得到省端点，在垂线上量取 3.3cm 得到省尖点 *O*，连接省尖点和省端点得到肩省。

G 点向右偏移 0.3cm 得到新的后颈点；前腰线下移 0.5cm 并顺延至侧缝得到视平腰围线，臀围线亦相应调整。

在点 *D* 和点 *C* 处分别斜向截取 2.5 ~ 3cm 和 2 ~ 2.5cm 作为袖窿弧线下端凹度参考点（具体数值以能使袖窿弧线圆顺为准）。

根据立裁结果确定腰省位置和省量，腰省的省尖均指向人体凸起位置；因人体腰部为顺滑的曲线，因此腰省形状须呈枣核形，分别在每个腰省左右端点处作腰线的垂直线，且腰线分别上移 3cm、下移 2cm 画水平参考线，垂直线与水平线的交点分别与对应的省尖点连接形成腰省辅助线。

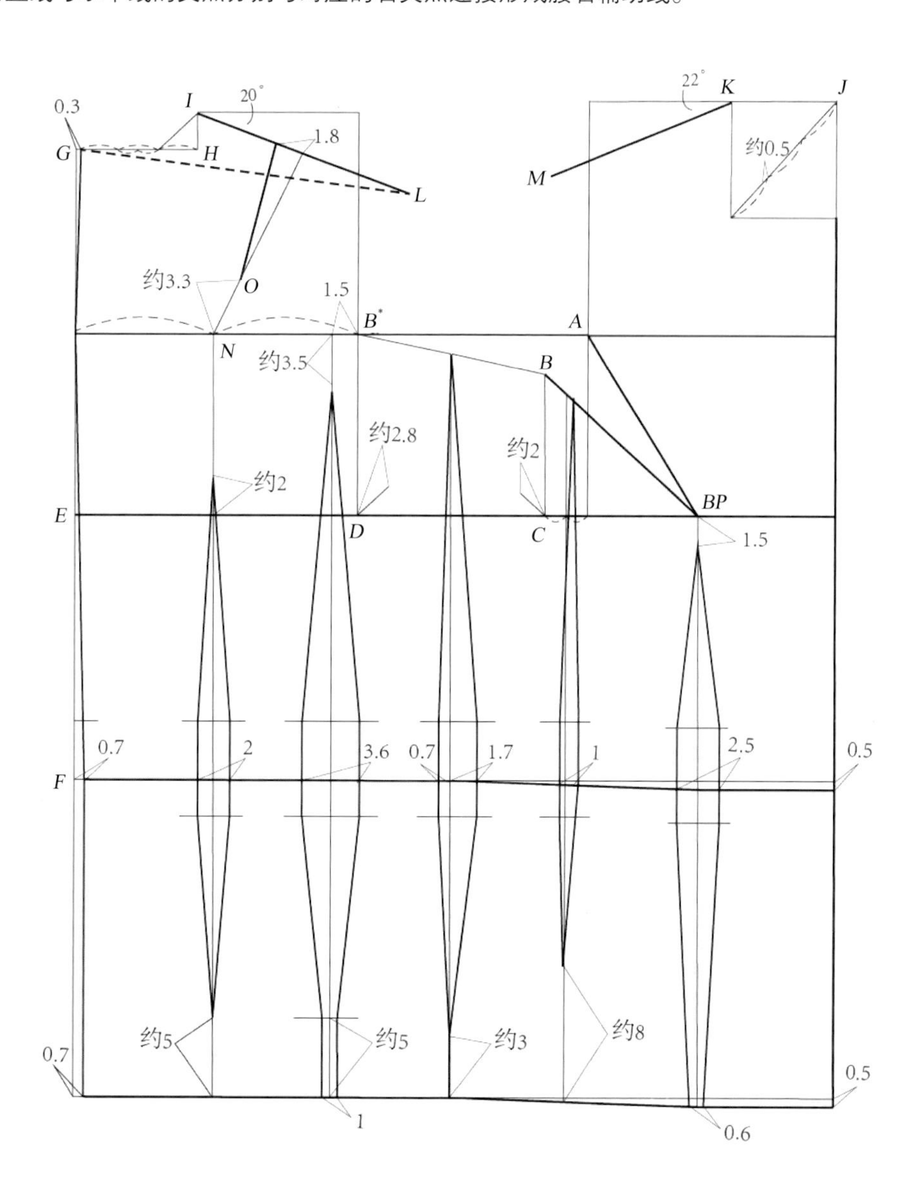

3. 用圆顺的弧线绘制领窝线、袖窿线、腰省，标注完成线

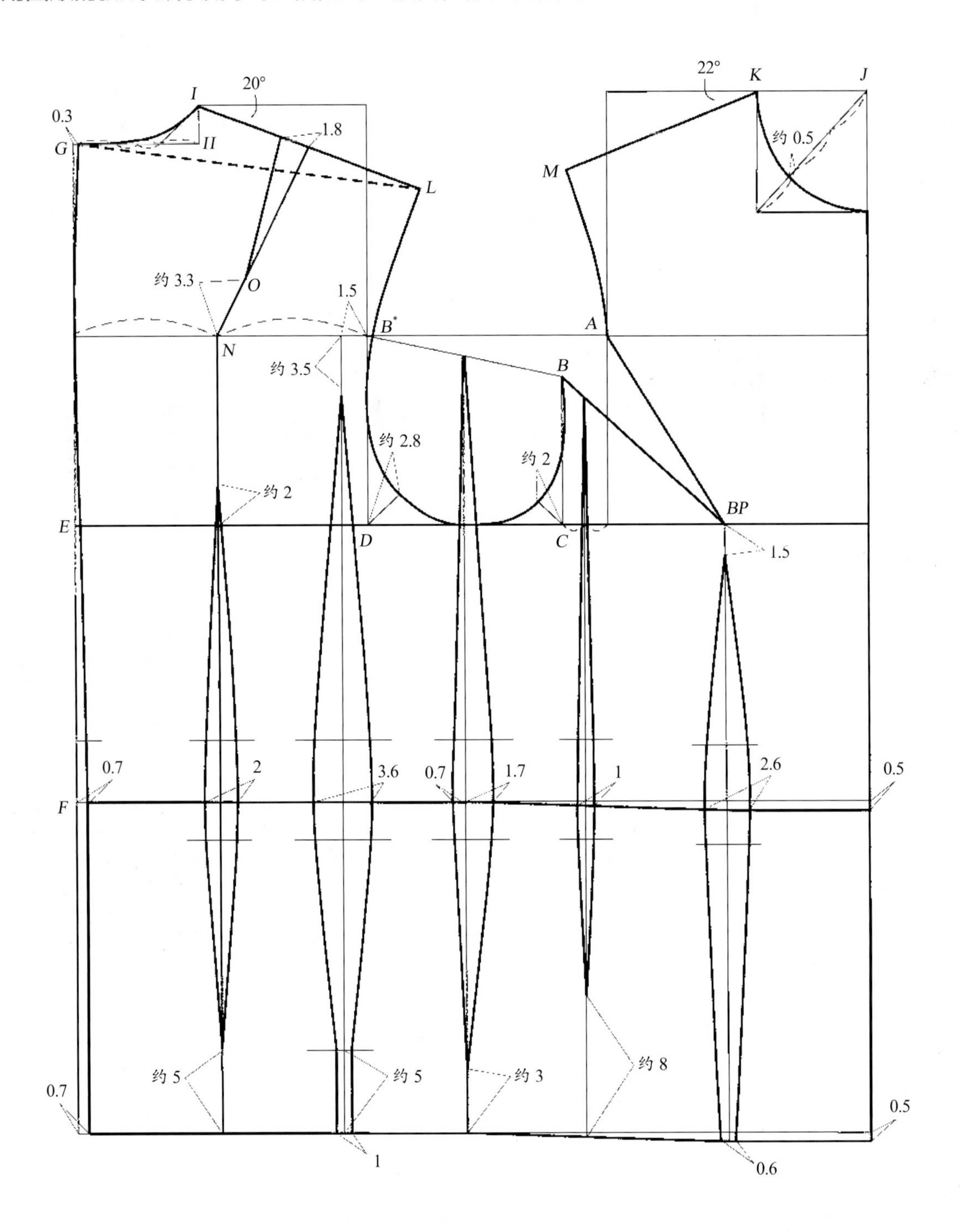

原型尺寸数据　　单位：cm

号型	胸围	腰围	肩宽	领围	背长	腰长
160/84A	88	70	38	37	38	19

CHAPTER 3

上衣原型

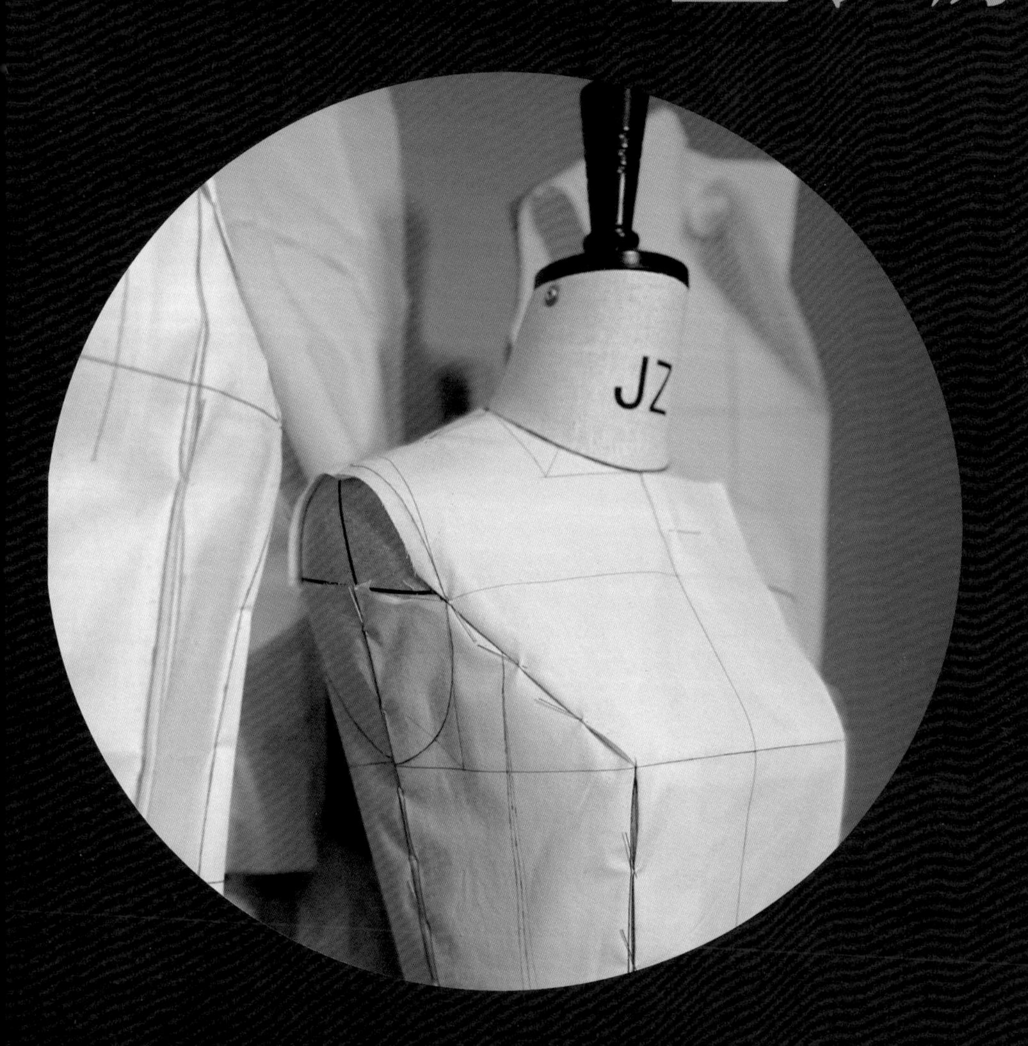

重点：

- 根据表皮原型调整数据形成上衣原型
- 根据松量要求对腰省量进行调整
- 垫肩对版型的影响

3.1 上衣原型结构

对根据表皮原理立裁得到的连身原型进行截取得到上衣原型。

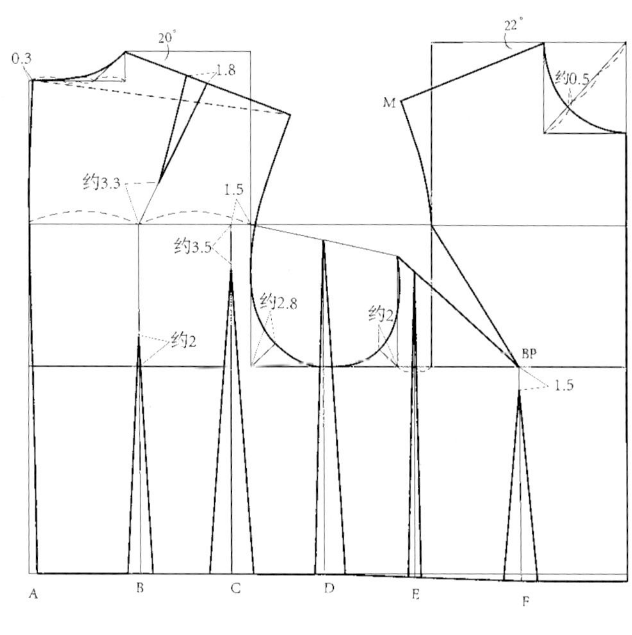

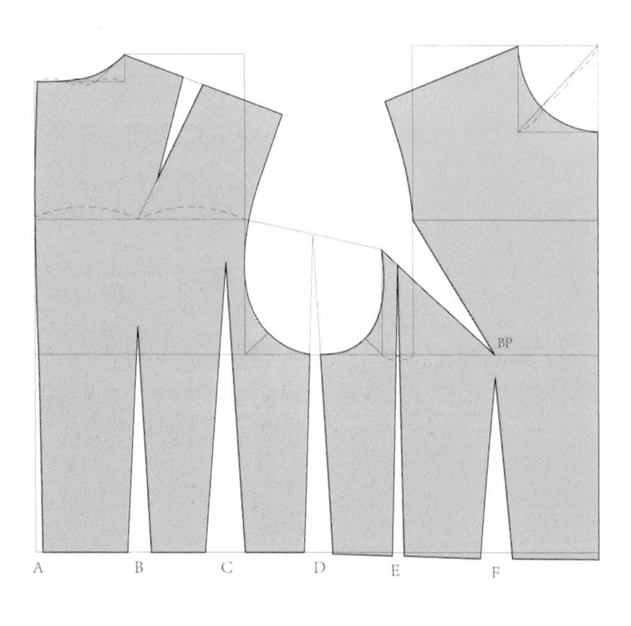

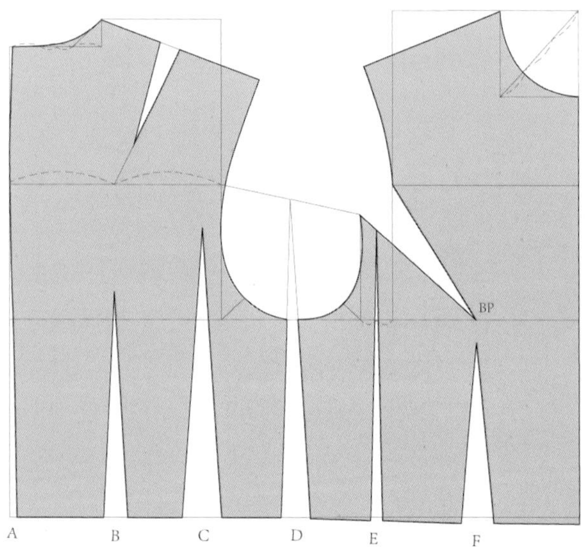

腰省省量分布　　单位：cm

A	B	C	D	E	F
0.7	2	3.6	2.4	1	2.5

3.2 上衣原型的腰省分布调整

在实际使用中常用省位较原型有所不同，为了方便使用常将后侧省和前省简化，因此有了以下实验：在原型基础上对腰省收量进行测试，最终得到不同尺寸腰围时腰省的变化规律和服装的呈现形态。

1. 腰围 94cm

腰围不收省量，胸围和腰围尺寸相等，衣身呈现箱型状态。

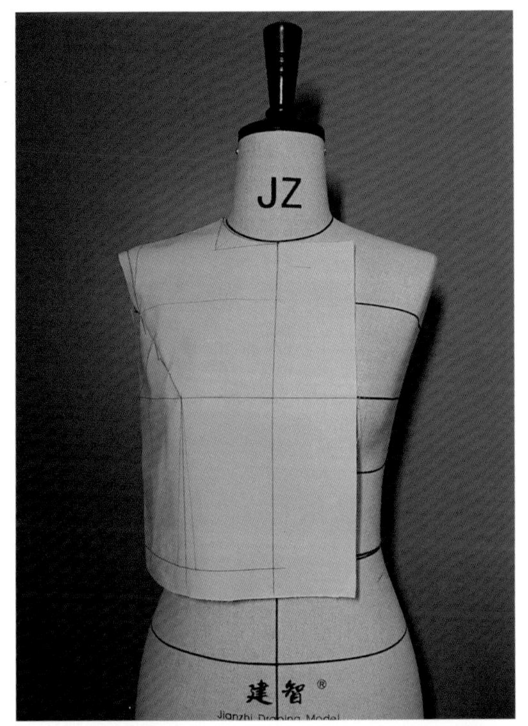

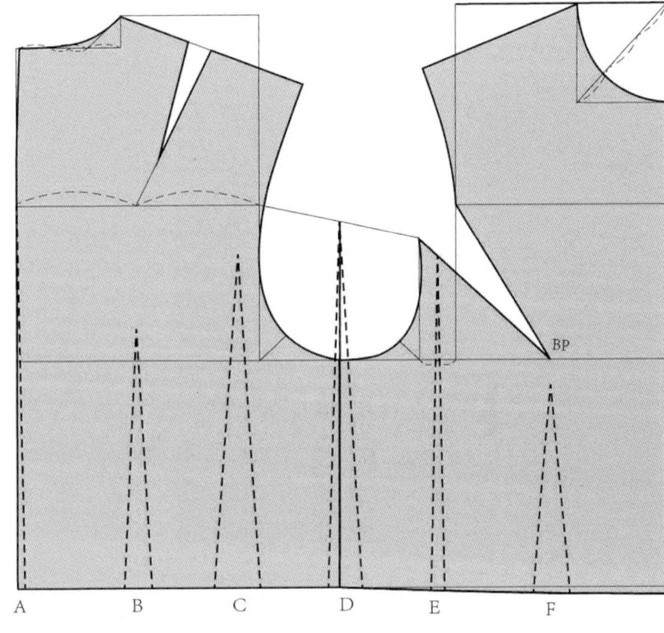

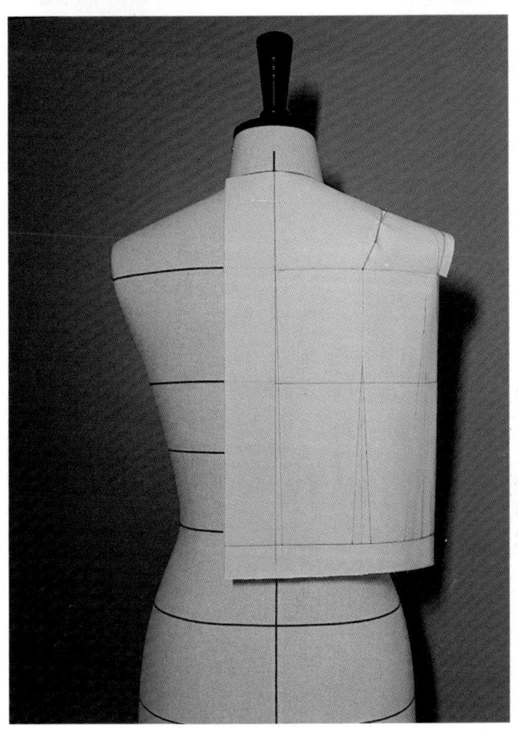

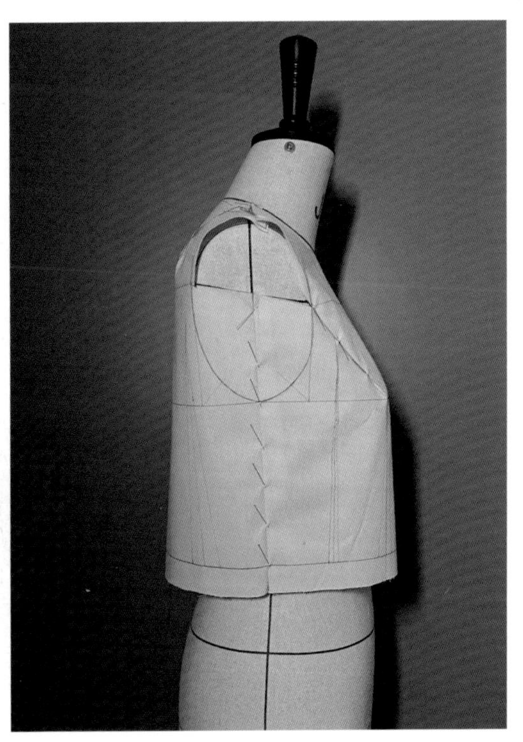

2. 腰围 77cm

腰围松量较多，比较宽松，腰围一圈可容纳两根手指随意游走，松量呈现后多前少的趋势。

省 A 不变；

省 B 在原有基础上分担一部分省 C 的量（1cm）；

省 C 剩余省量作为后片松量存在；

省 D 不变；

省 E 作为前片松量存在；

省 F 不变。

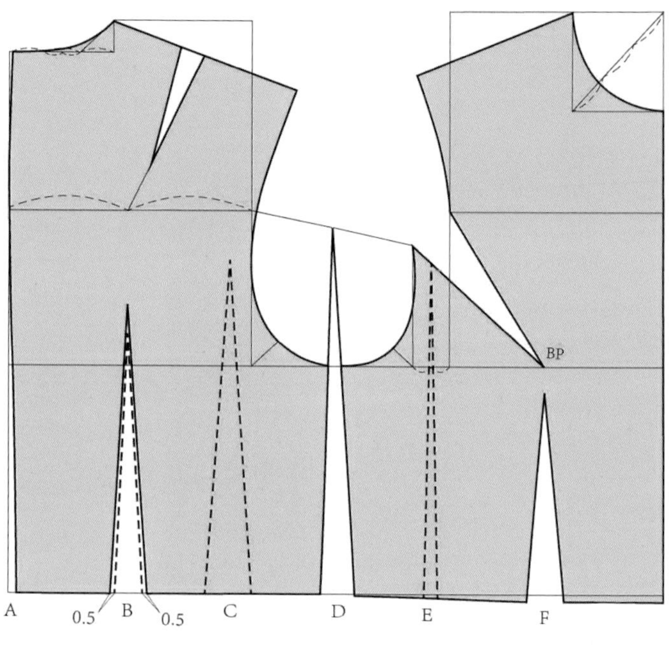

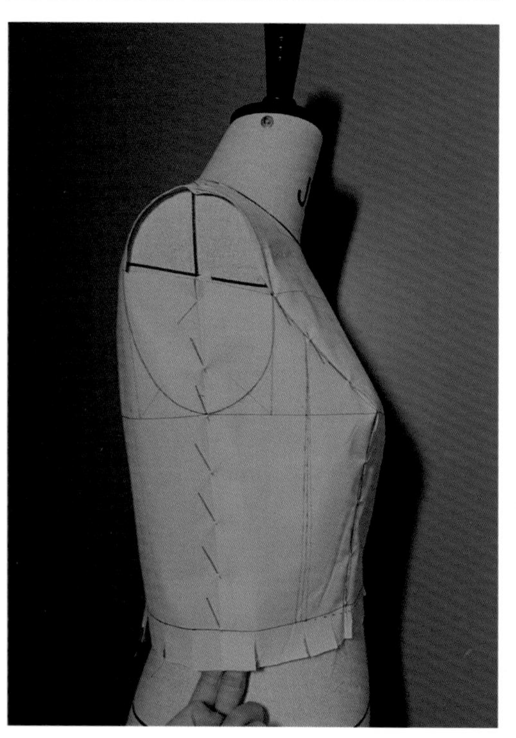

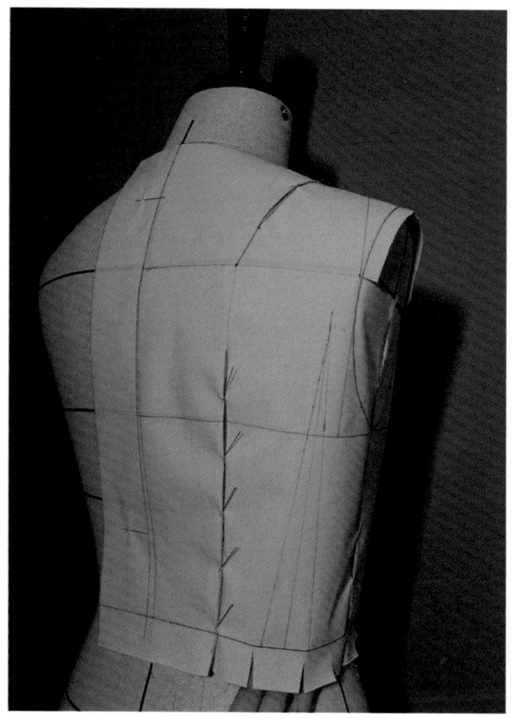

3. 腰围 73cm

省 A 不变；

省 B 在原有基础上分担一部分省 C 的量（1cm）；

省 C 转移 1cm 至袖窿，其余部分作为后片松量存在；

省 D 增加 1cm；

省 E 作为前片松量存在；

省 F 不变。

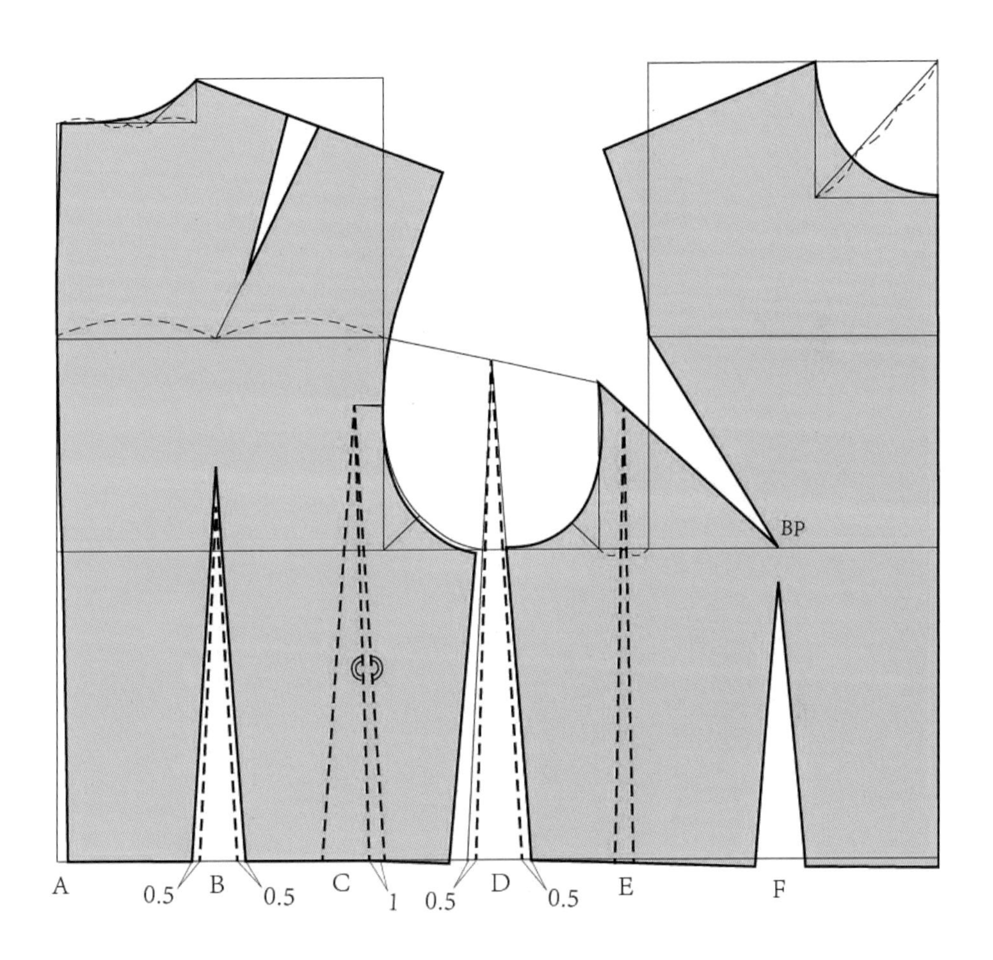

腰省量增大时，腰围减小，同时胸围也相应缩小，此时成衣胸围尺寸为 89cm。

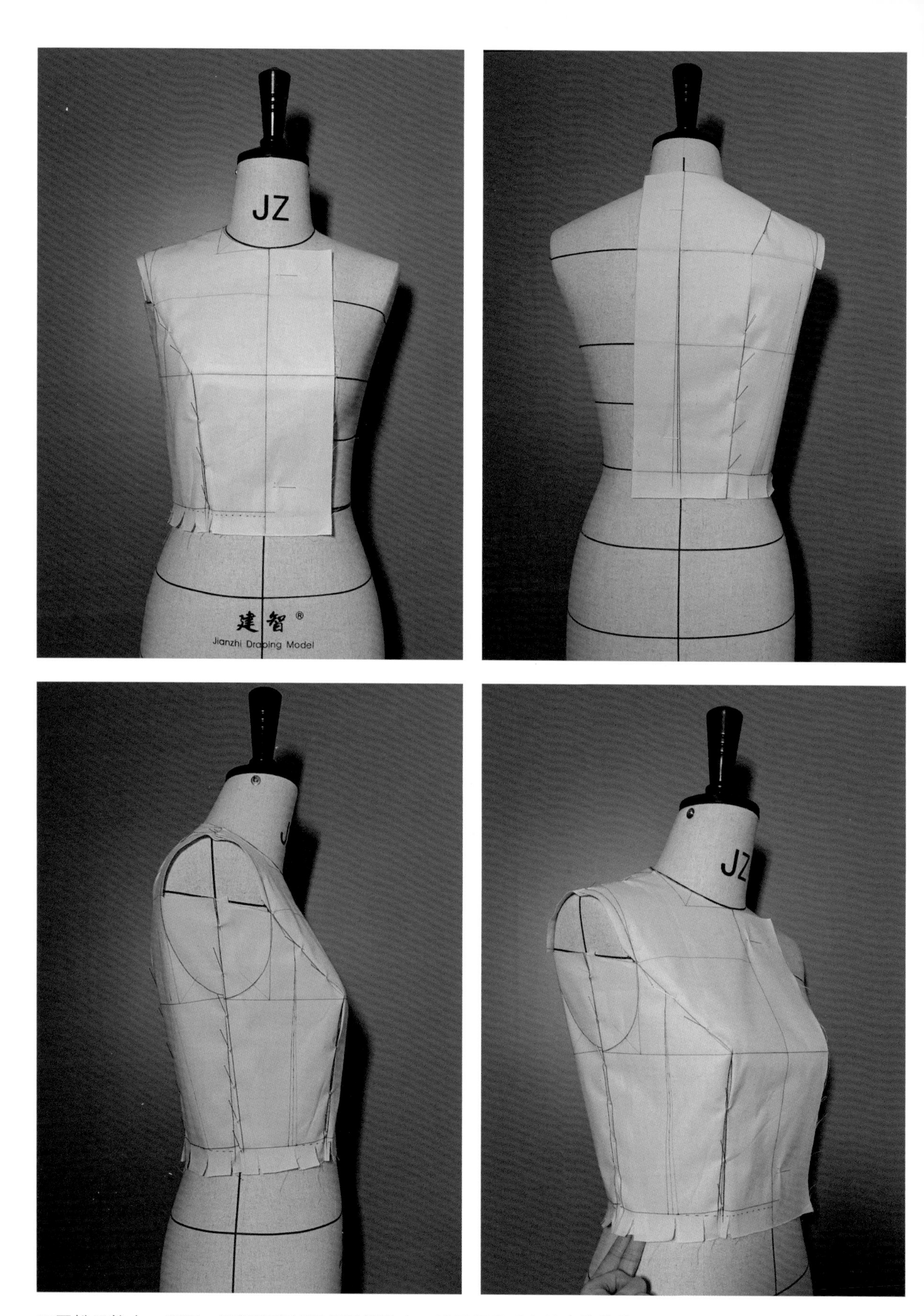

腰围松量较少，腰围一圈勉强容纳两根手指游走，松量呈现后多前少的趋势。

4. 腰围 69cm

省 A 增加 0.3cm；

省 B 在原有基础上分担一部分省 C 的量（1cm）；

省 C 转移一半（2cm）至袖窿，其余部分作为后片松量存在；

省 D 增加 1cm；

省 E 转移一半（0.5cm）至袖窿，另一半作为前片松量存在；

省 F 增加 0.4cm。

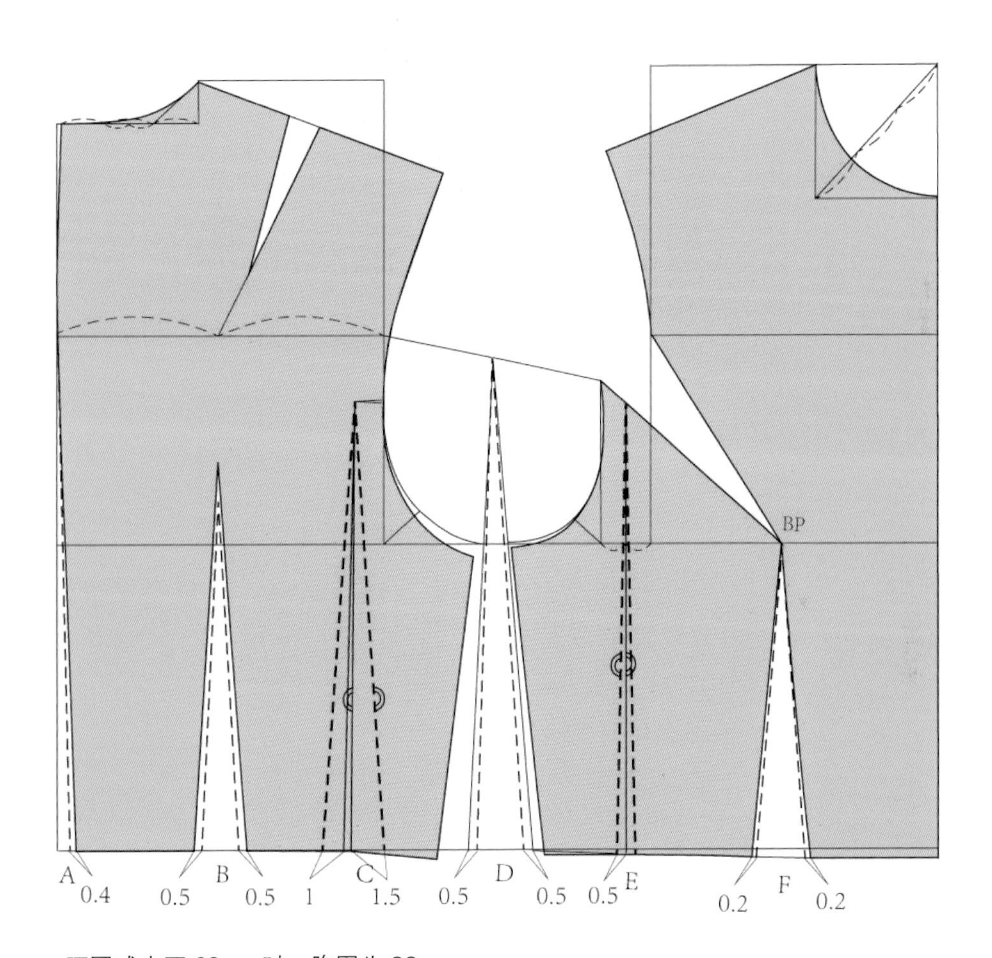

腰围减小至 69cm 时，胸围为 88cm。

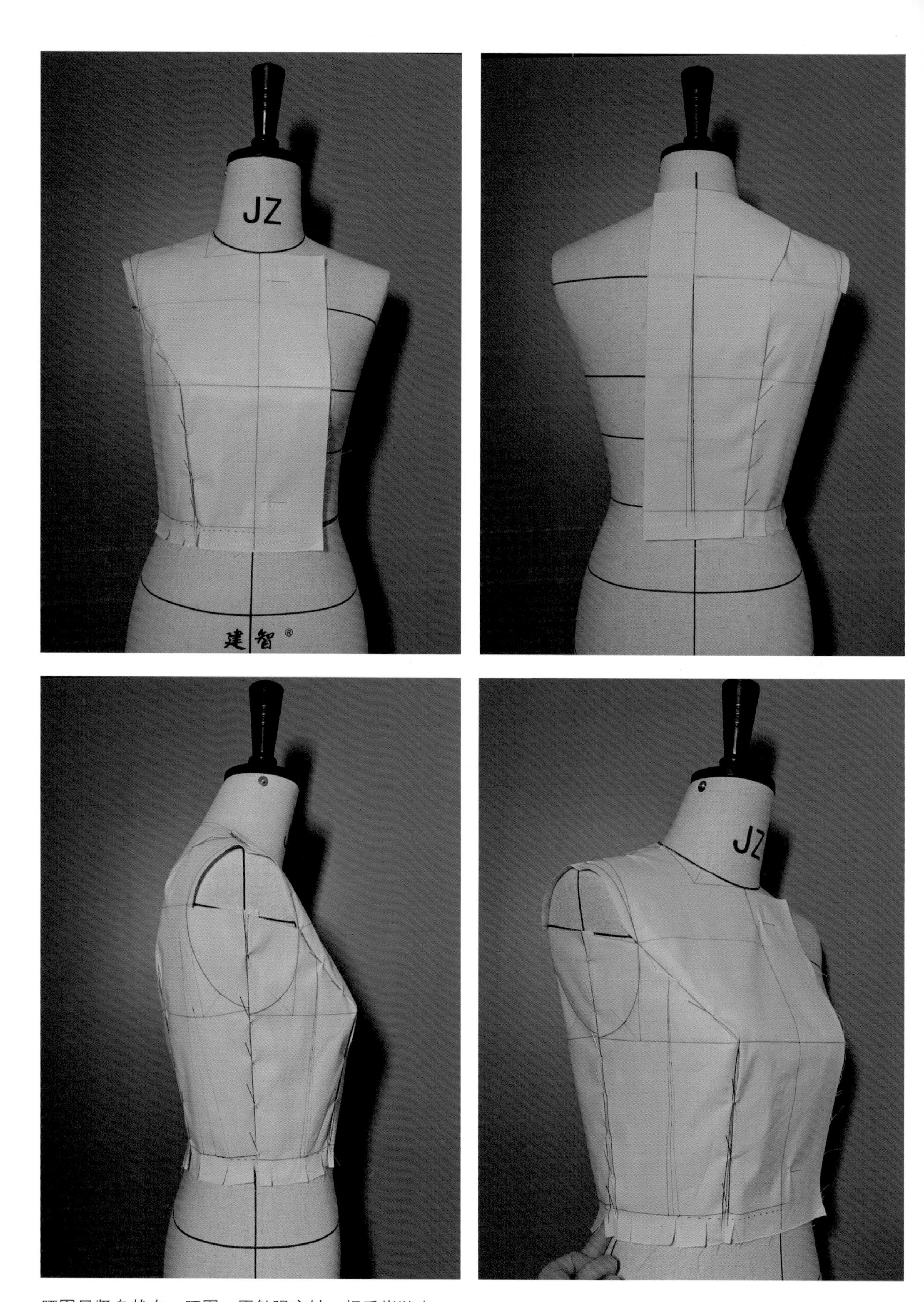

腰围呈紧身状态，腰围一圈勉强容纳一根手指游走。

✲ 总结

在日常服装设计中，B、D、F 三个省为常用省位，根据款式造型的变化和松量的不同会对省 A、C、E 采用不同的处理办法。在腰围松量减小的情况下，省 C 的处理多以转省的方式转移至袖窿从而使后侧缝发生倾斜，而非直接将后侧缝直接加大省量。

人体的日常活动中上身多为手臂前倾带动背部呈向两侧拉伸的状态，因此在服装版型设计中的松量或活动量的分布一般为后大于前，在较宽松服装版型设计中，则将省 C 的大部分作为松量存在，而前省的变化较小。

3.3 垫肩对版型的影响

垫肩种类较多，此研究主要针对肩线平直、过渡平缓的平肩垫肩。

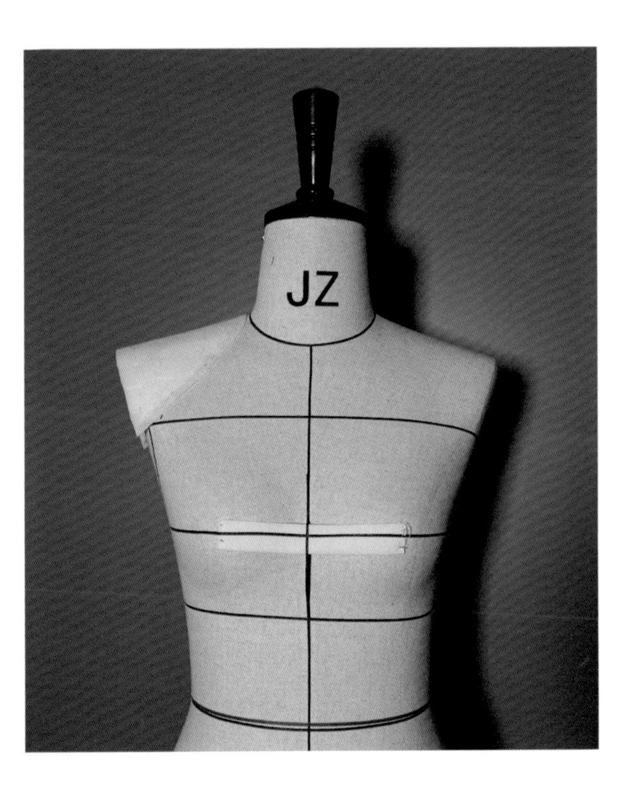

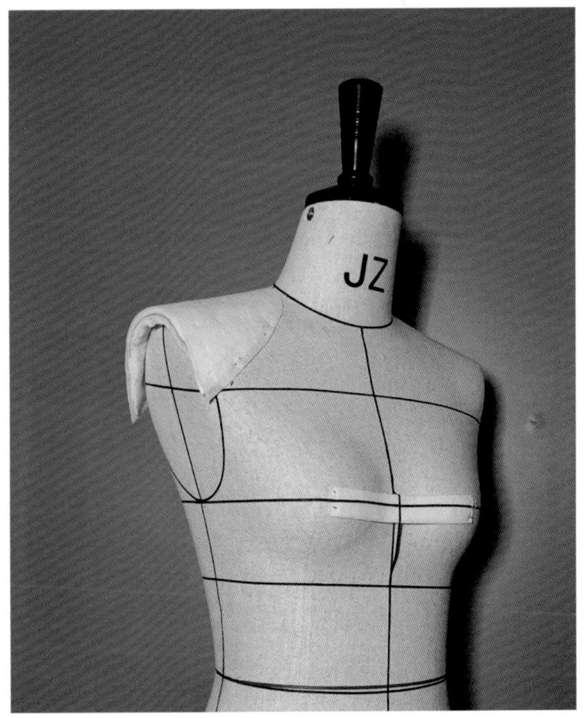

将垫肩附着在人台肩部，垫肩边缘凸出人台肩点 0.5 ~ 1cm，加垫肩后肩部形态饱满，肩头呈前倾趋势。

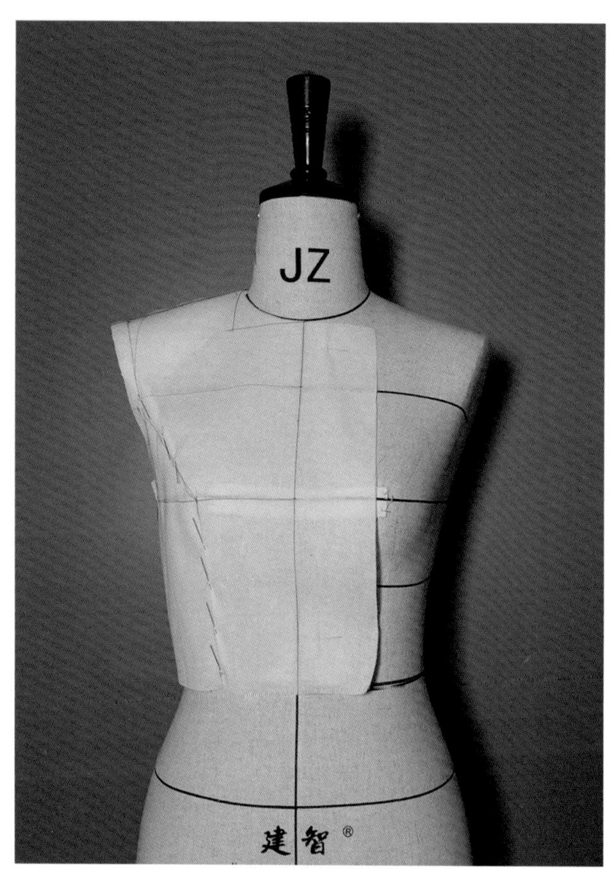

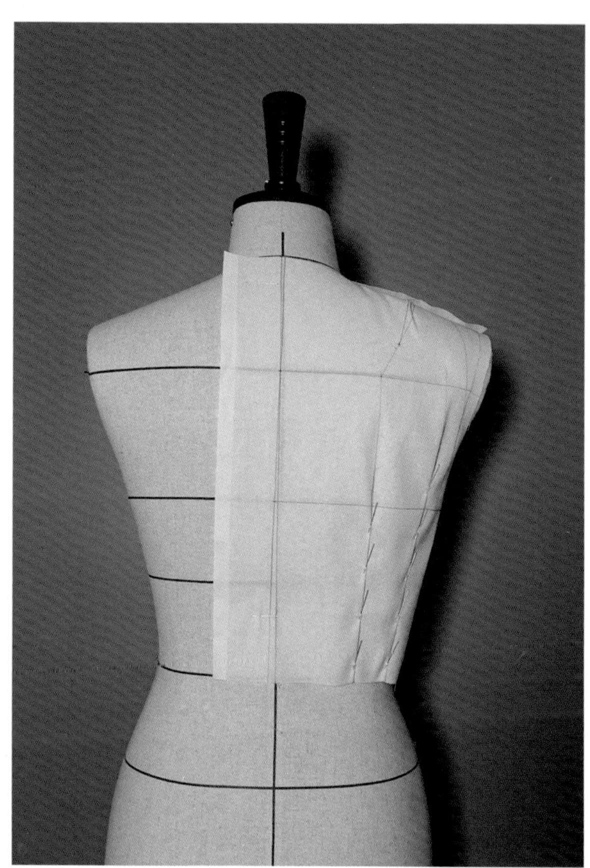

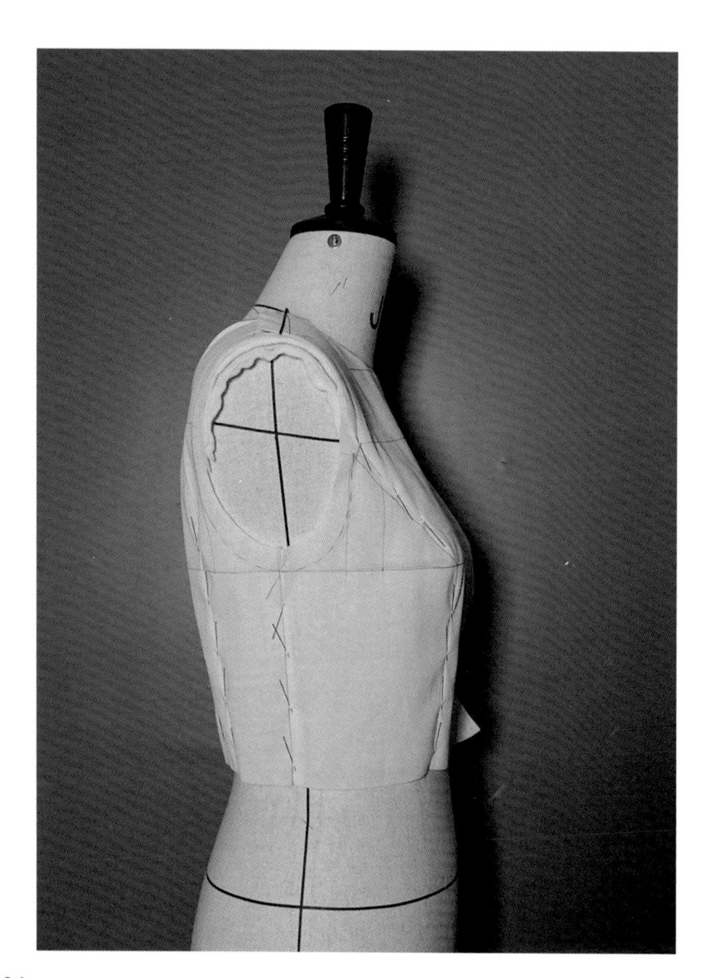

将原型绘制在坯布上，腰省别合后将坯布还原至人台，固定前后中线，胸围以上部分在人台上直接立裁并做好标记。

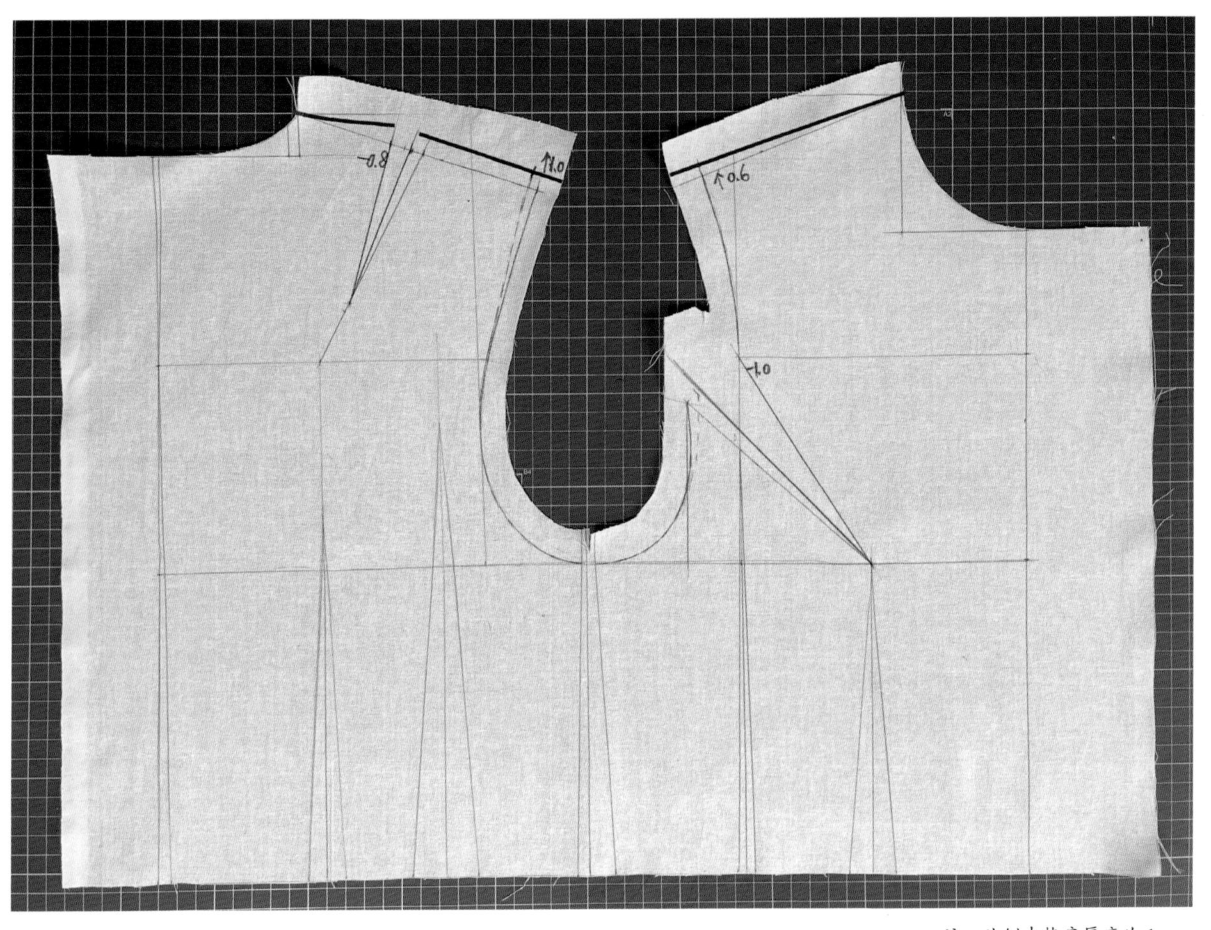

注：此例中垫肩厚度为 1cm。

将坯样取下，根据新的标记与原型进行比对得出以下结论：

假设垫肩厚度为 r，在原型基础上前胸省减小 r，后肩省减小 $0.8r$，前肩点上抬 $0.6r$，后肩点上抬 r。

CHAPTER 4

无省原型

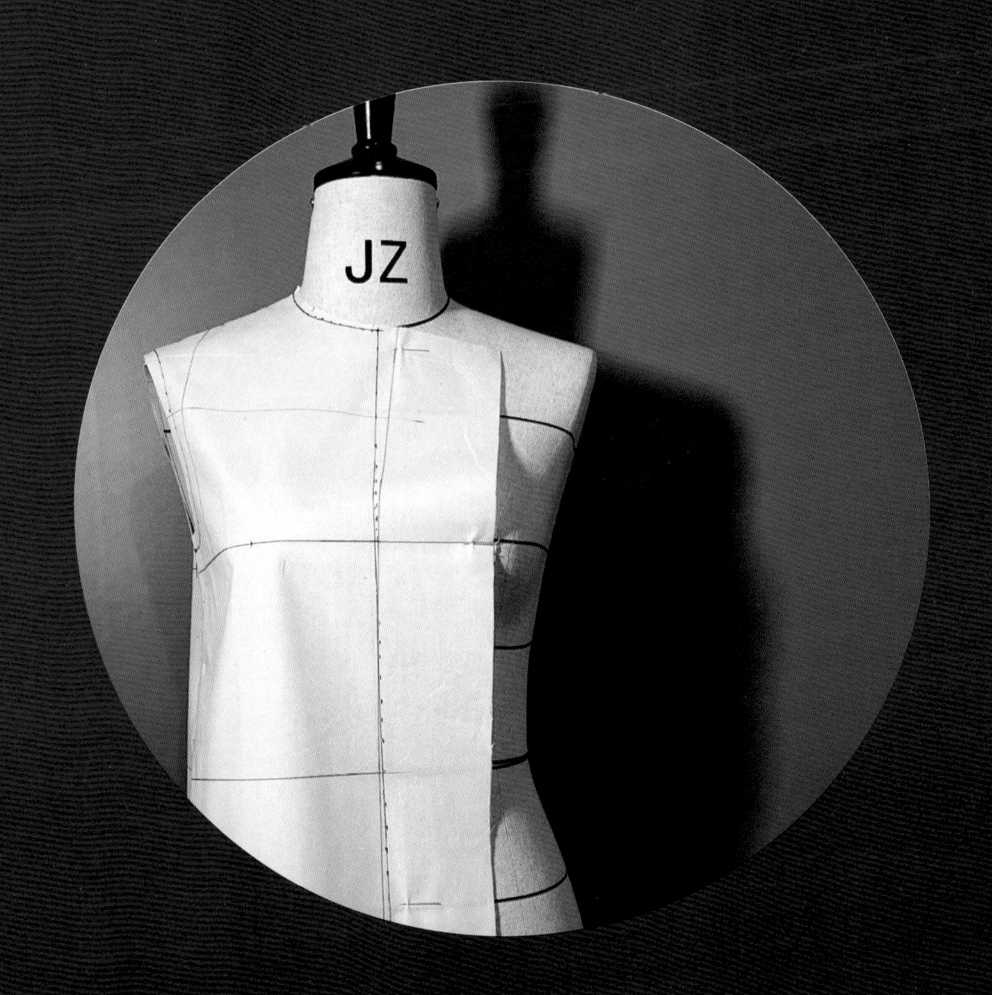

重点：

- 胸省和肩省的分散处理
- 衣身平衡的调整

4.1 取布及标线

取布总长：后侧颈点至臀围线的距离 +5cm+5cm；前侧颈点至臀围线的距离 +5cm+5cm。

取布总宽：臀围后中心线量至侧缝线 +20cm，后中心线外扩 5cm；臀围前中心线量至侧缝线 +20cm，前中心线外扩 7 ~ 8cm。

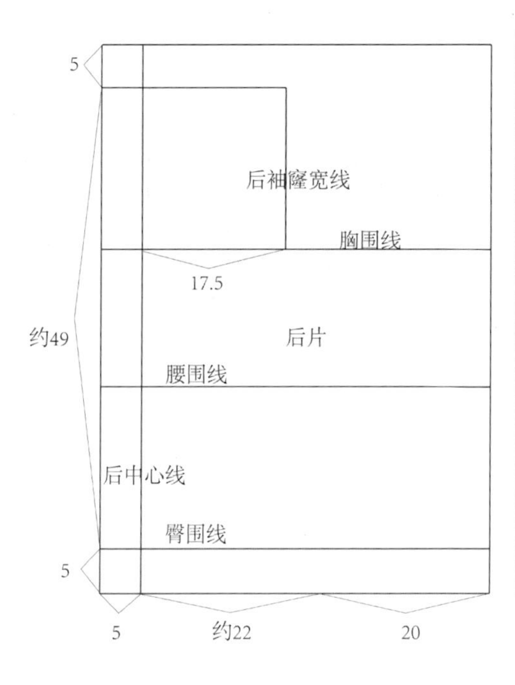

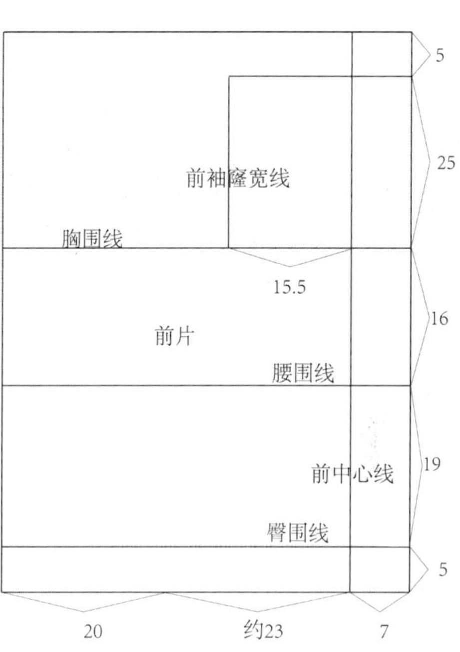

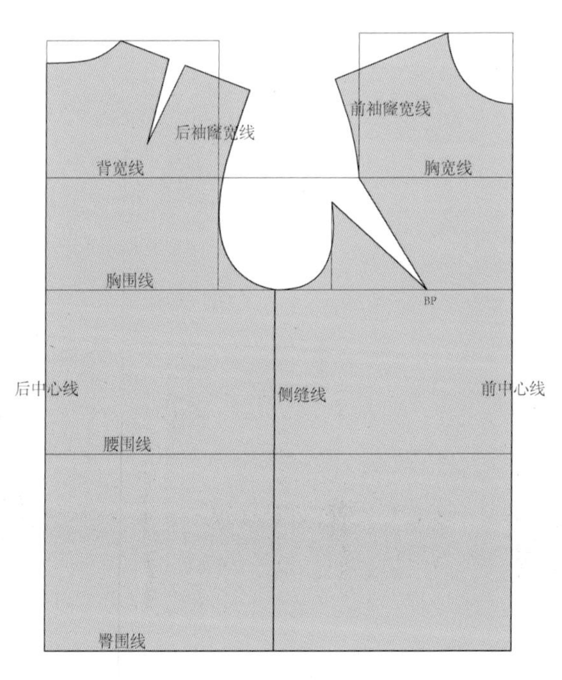

取布时需参考原型框架线进行重点标注，标注前中心线、后中心线、胸围线、腰围线、臀围线、胸宽线、背宽线、前袖窿宽线、后袖窿宽线，以便在立裁过程中准确对位，同时可以对比观察结构的变化。

4.2 后片制作

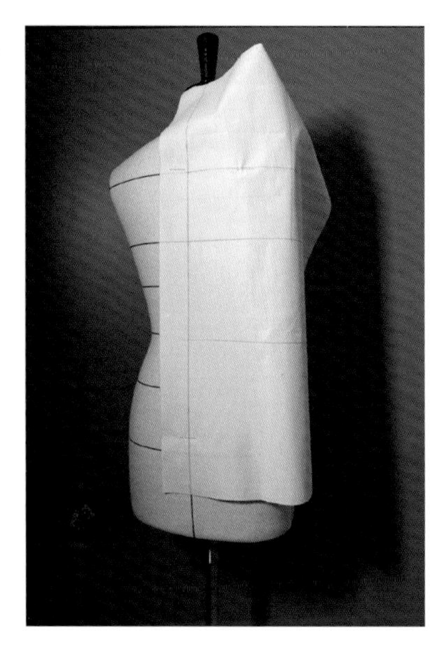

将后片面料后中线固定在人台上，保持背宽线水平，用大头针在肩胛骨位置固定。将肩省量分散到领口、肩线、袖窿以及下摆。

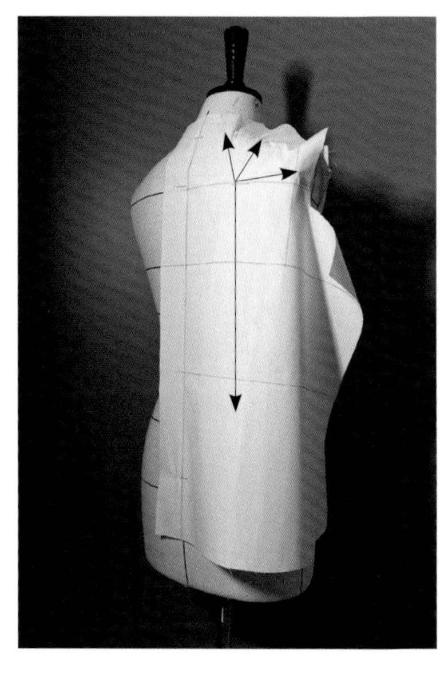

在后腋点附近用大头针固定，两手上下配合调整下摆松量。

将肩省量分散至领口、肩缝、下摆和袖窿。

a: 约 0.3cm 转至后领窝，可做缩缝处理

b: 约 0.5cm 留于肩缝，可做缩缝处理

c：约 0.4cm 转至袖窿，可做缩缝处理

d：约 0.6cm 转至下摆

o：后袖窿增大量

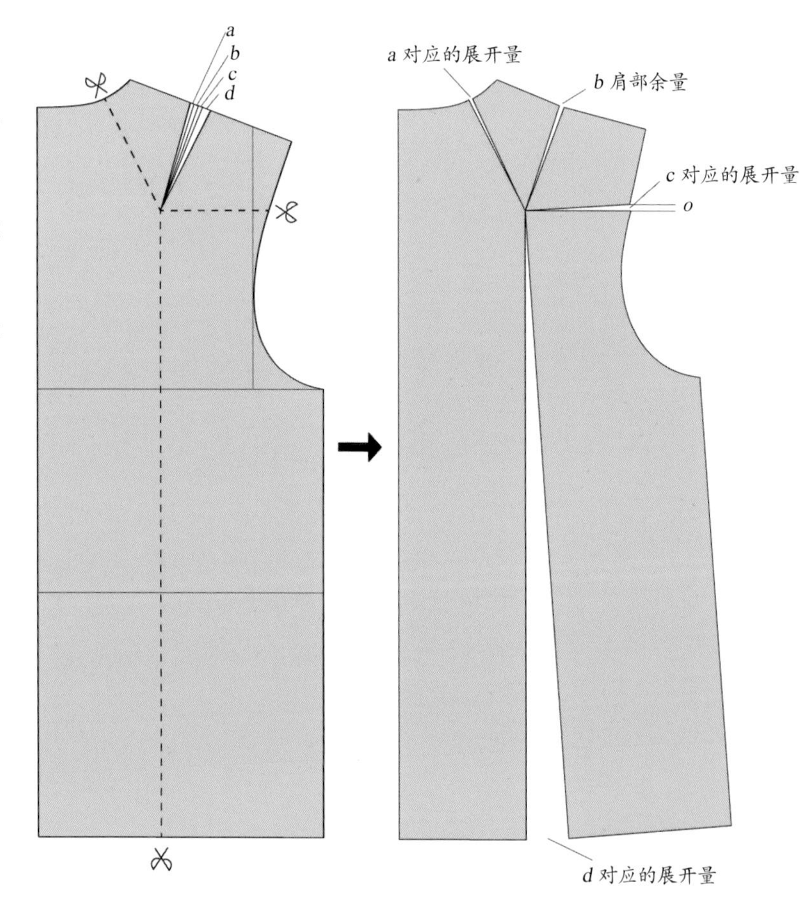

4.3 前片制作

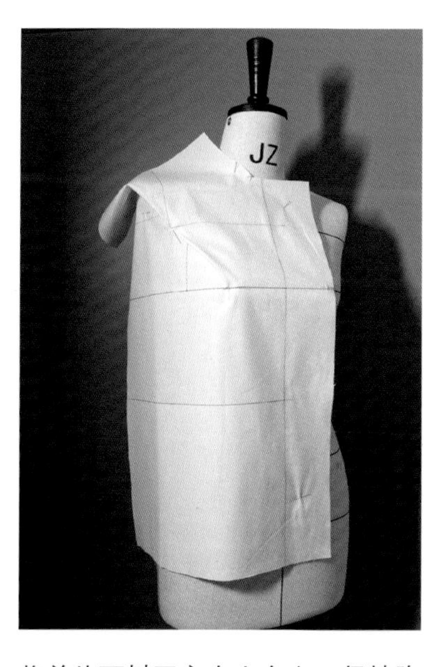

将前片面料固定在人台上，保持胸围线水平，用大头针在 BP 点固定，整理出胸省大小。

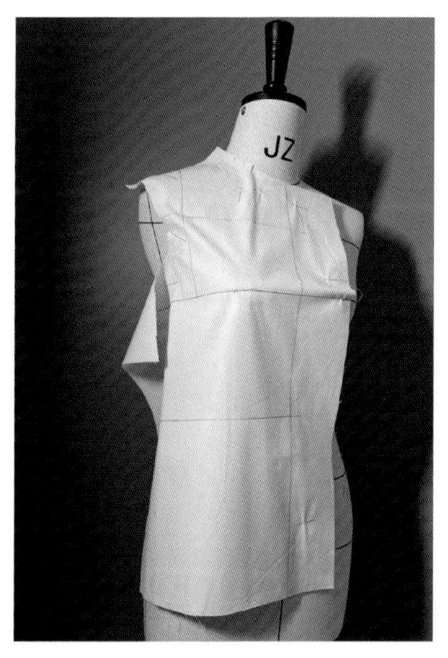

整理侧缝并用大头针别合。

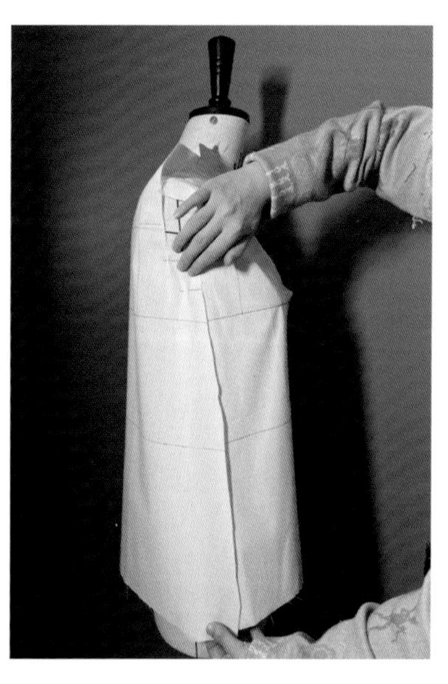

将胸省量分散至前中、领口、下摆和袖窿上端，注意分散至袖窿的量与后片一致。

a': 约 1.5cm 转至前中

b':约0.3cm转至领口，可做缩缝处理

c':约0.5cm留于袖窿，可做缩缝处理

d': 约 1.3cm 转至下摆

o': 前袖窿增大量与后袖笼增大量相等

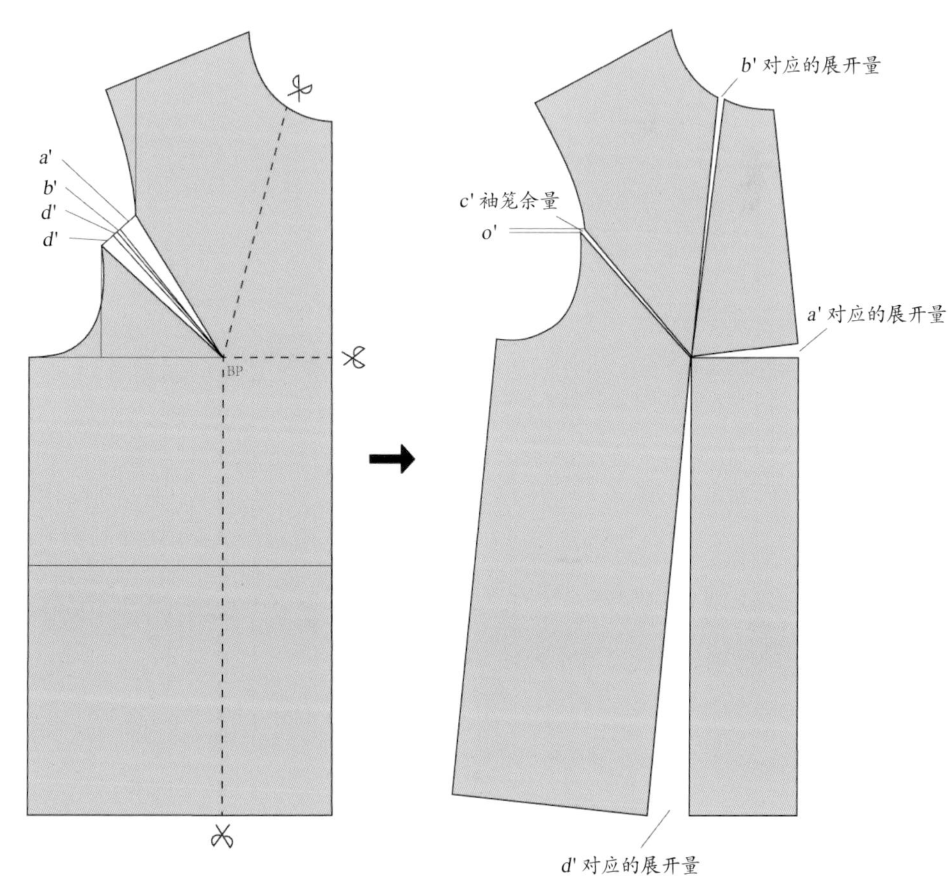

4.4 后片调整

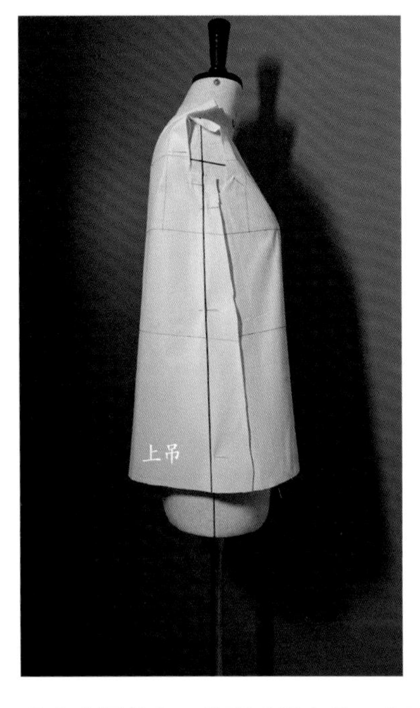

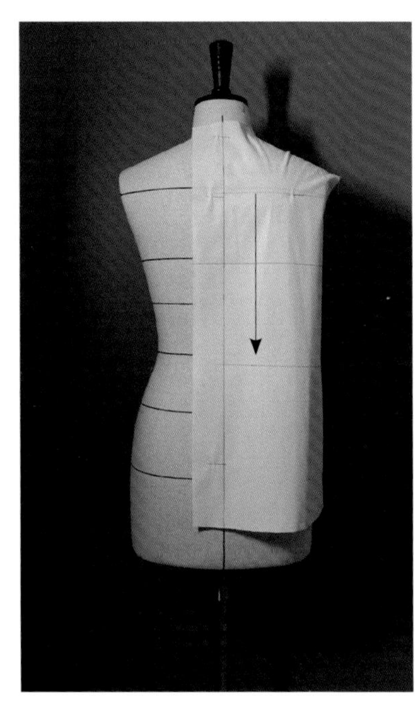

观察底摆状态，发现后摆上吊，为了调整衣身平衡，拆掉后片固定针，将后片下放。

后片主要重量支撑点位于肩胛骨 / 背宽线附近，因此沿背宽线切开将后片分成上下两段，并竖直拉展 0.7cm（此数据根据服装款式和面料性能有所增减），使后片下落，实现前后衣片的衣身平衡。

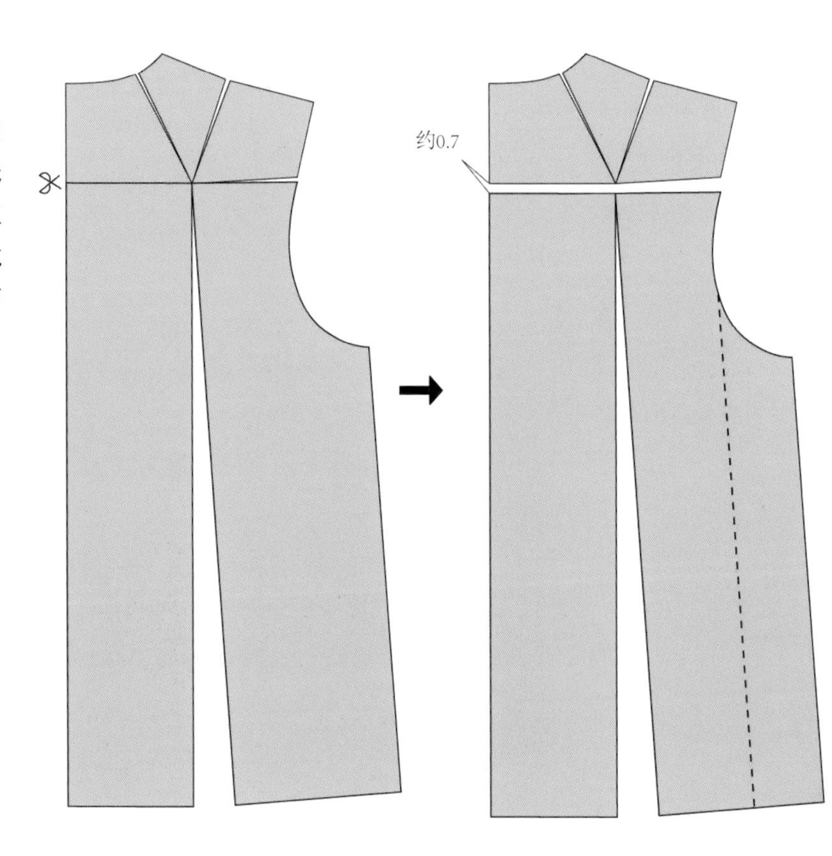

4.5 侧面调整

从侧面观察发现前后摆围较大，偏A型，需要缩小摆围形成H型。

将前后腋下用大头针固定，松开侧缝，双手上下配合将侧摆回收，然后重新确定侧缝线。

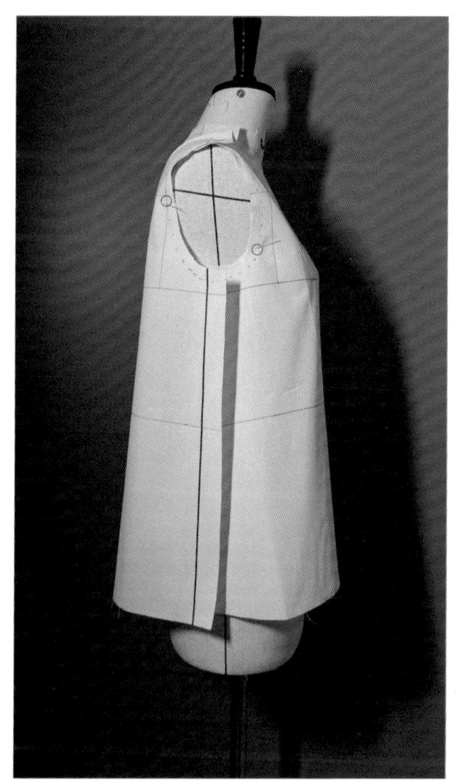

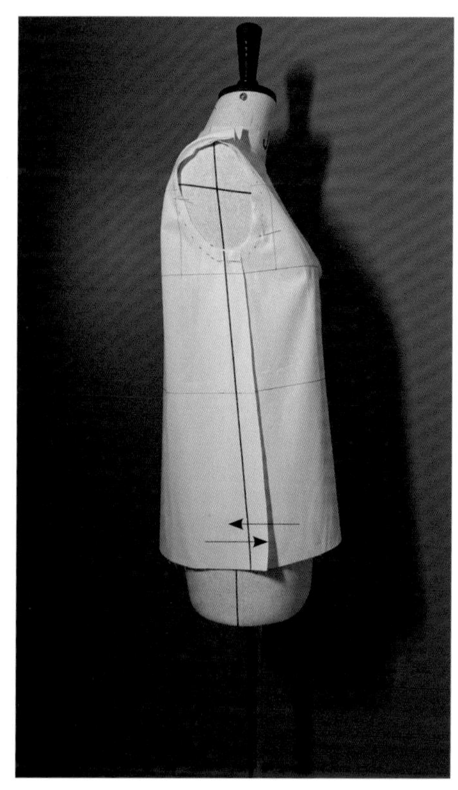

调整后的服装呈现H型，无上吊或斜绺等不良外观，前后衣片处于平衡状态，达到衣身平衡的效果。

将前中处胸量的一半下放转至下摆，余量可作为缩缝量处理。

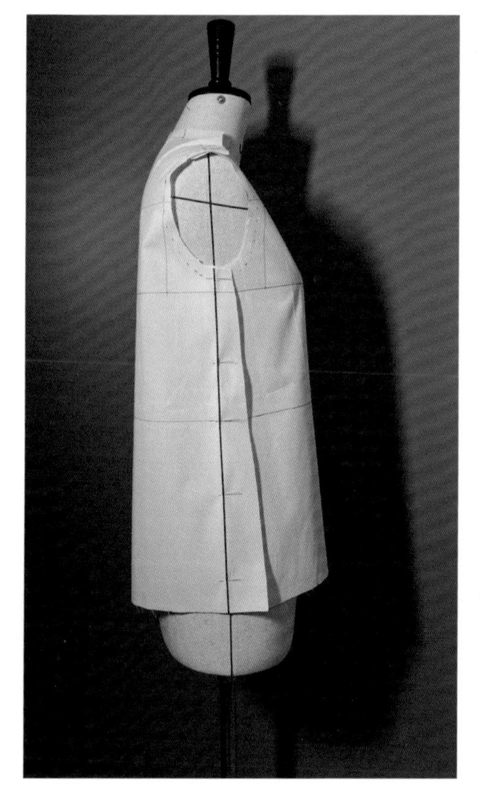

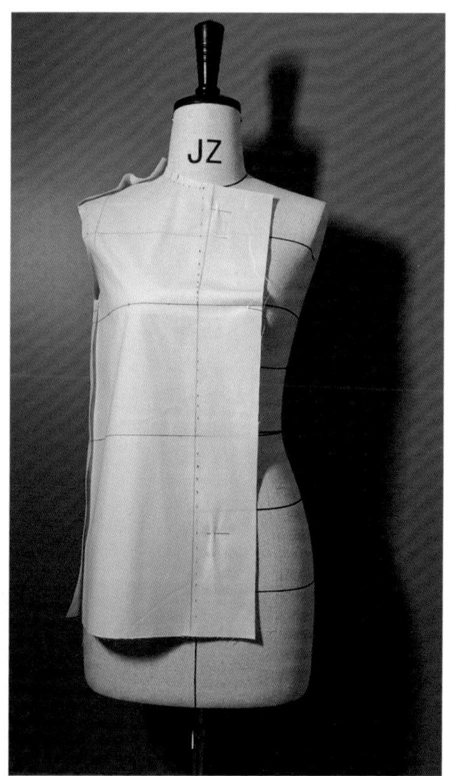

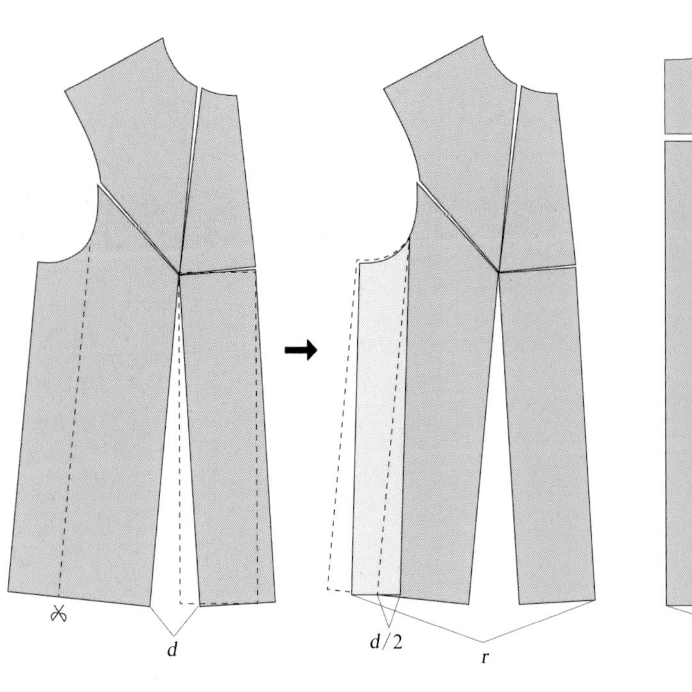

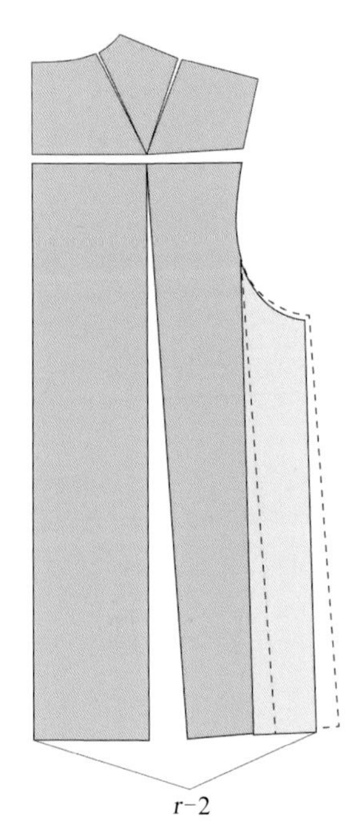

设胸省转移至下摆使下摆扩大的量为 d，侧缝平移约 5 ~ 6cm 画分割线，将侧片旋转与前片重叠，重叠量为 $d/2$。完成后前下摆长设为 r，后侧缝平移约 5 ~ 6cm 画分割线，将侧片旋转与后片重叠，重叠后后下摆长为 $r-2$。

4.6 成图展示

用顺滑的曲线将所有的完成线画顺，并做好标记。

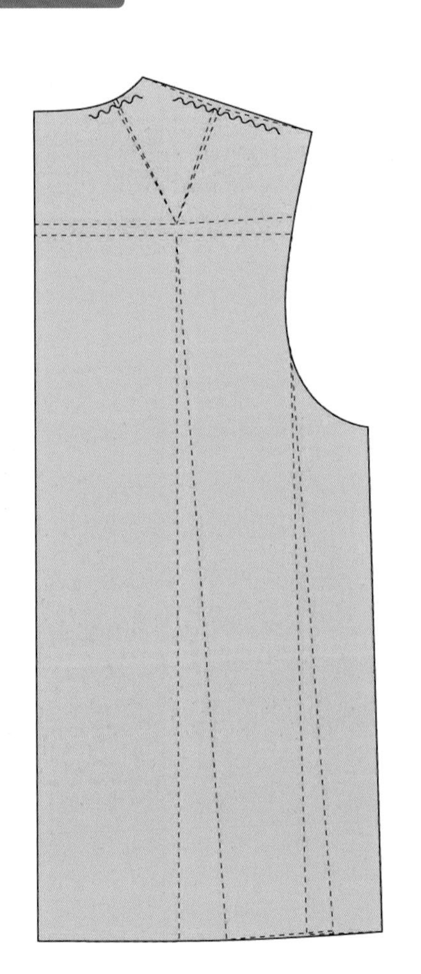

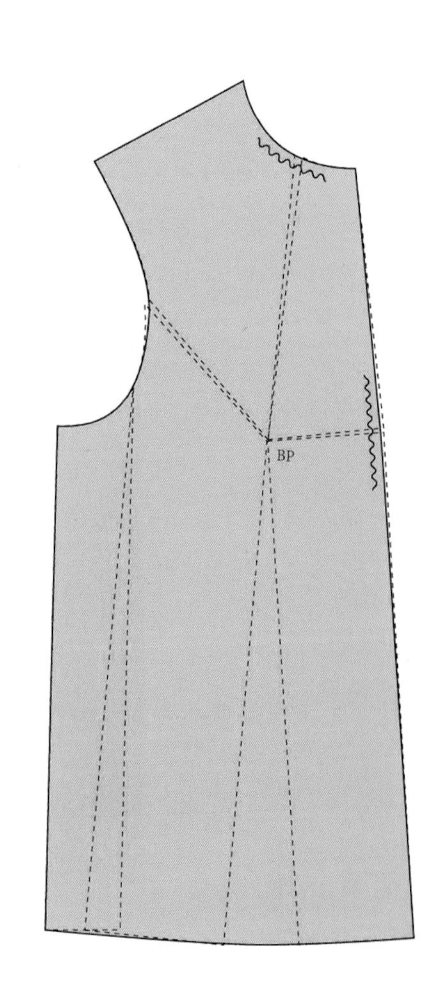

无省原型适合作为宽松版型的母版使用，如大衣、外套、运动服等。

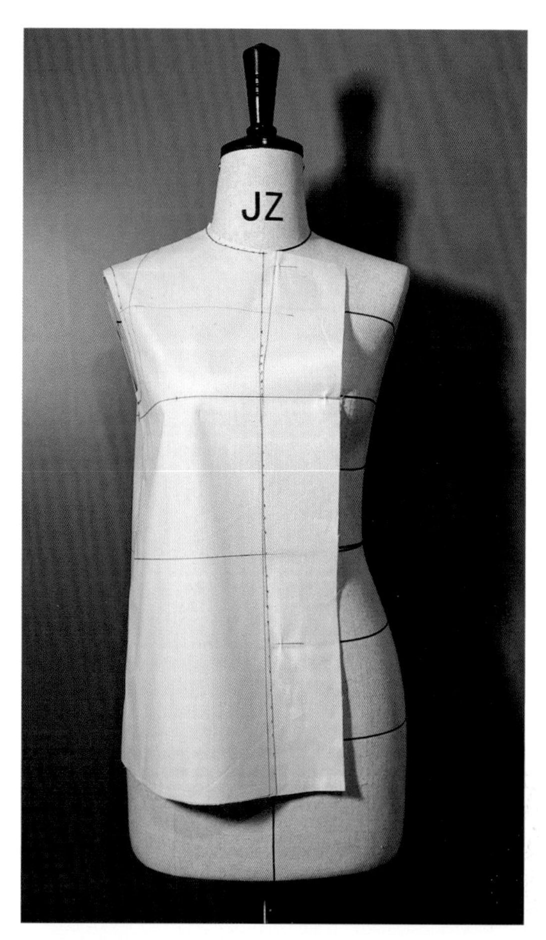

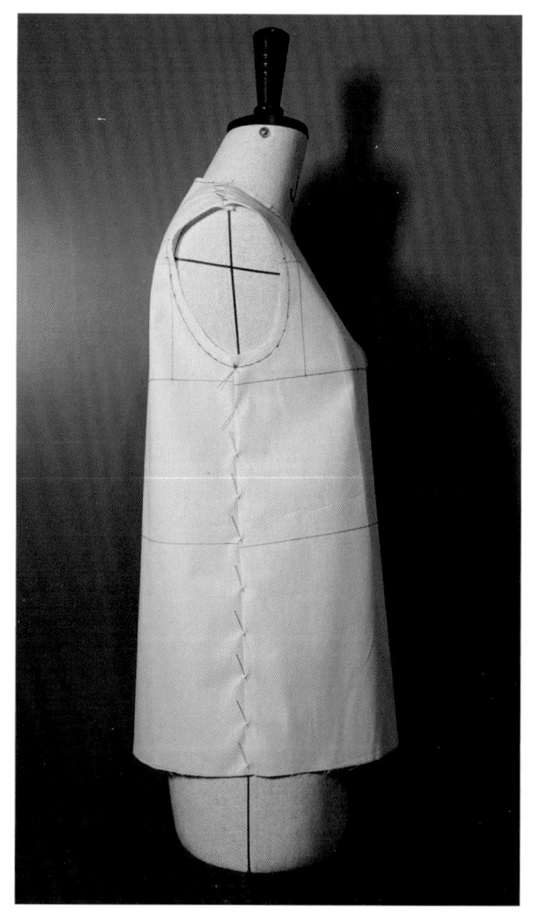

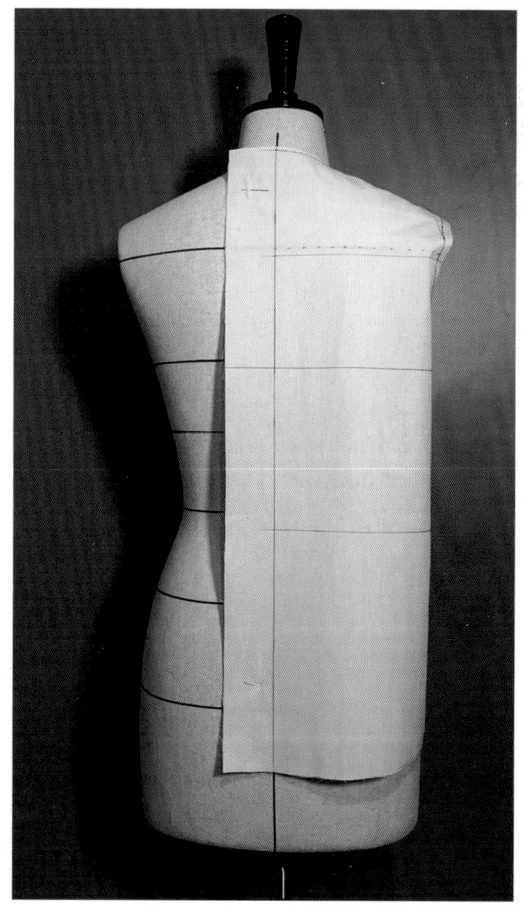

CHAPTER 5

衣袖原型

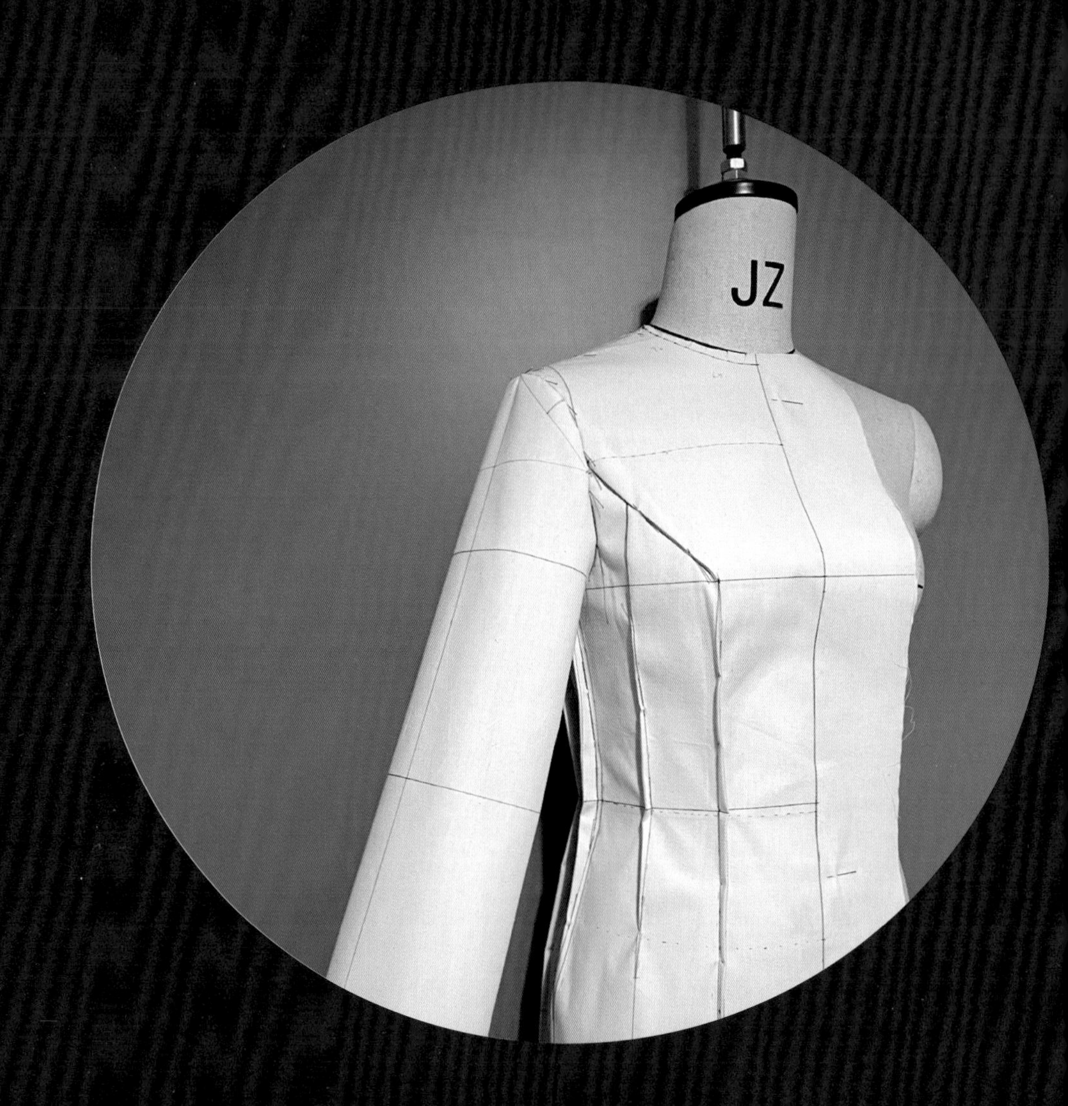

重点：

- 袖山与袖窿的匹配
- 袖身的不同造型

5.1 手臂分析

手臂形态分析：手臂自然下垂时呈现整体前倾，下端内旋的状态，前倾角度约为 6.18° 。

尺寸：臂长 51cm，臂围 28cm，腕围 16cm，肩点至手肘约 31.5cm。

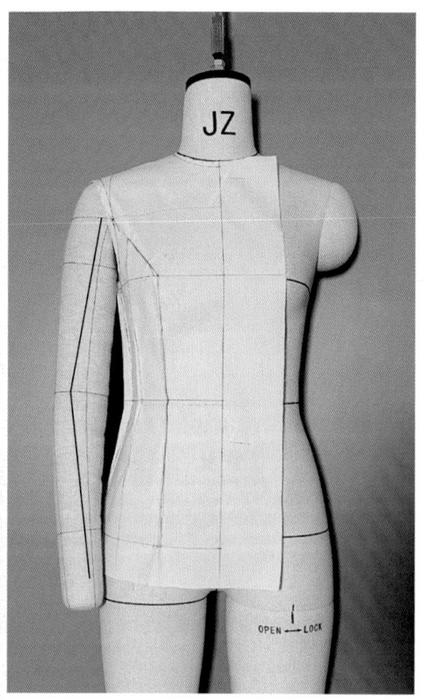

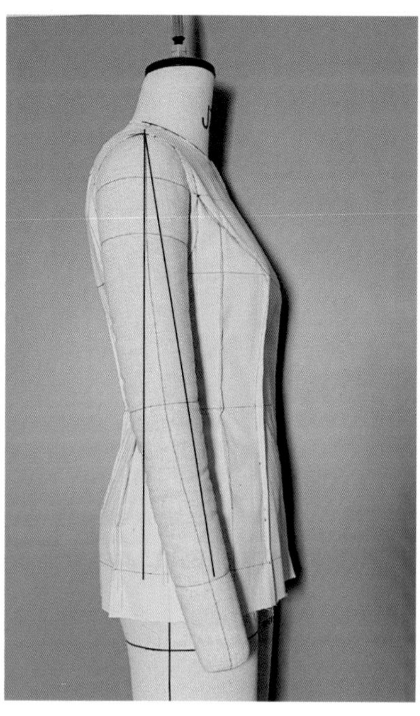

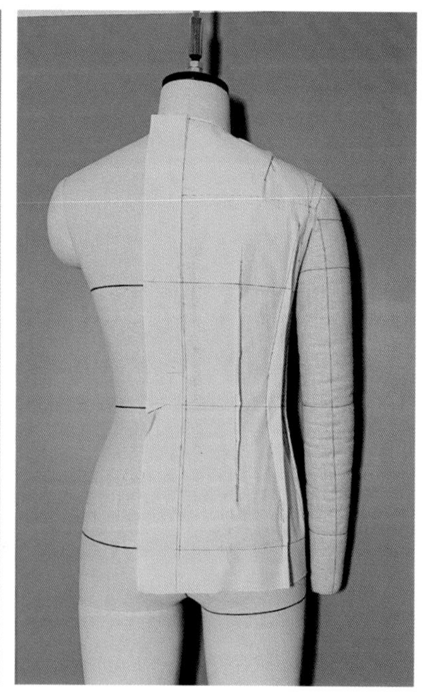

5.2 立裁过程

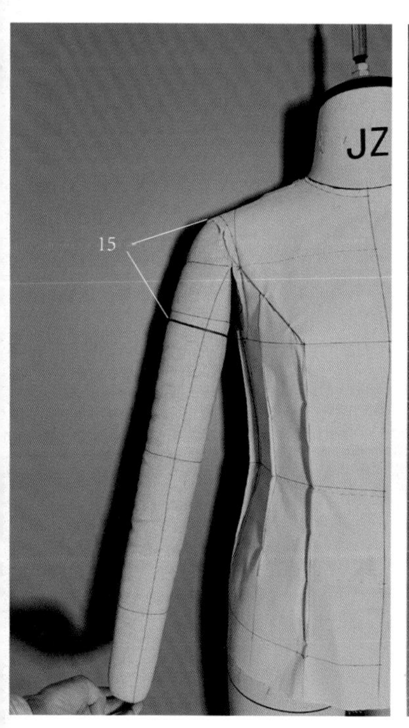

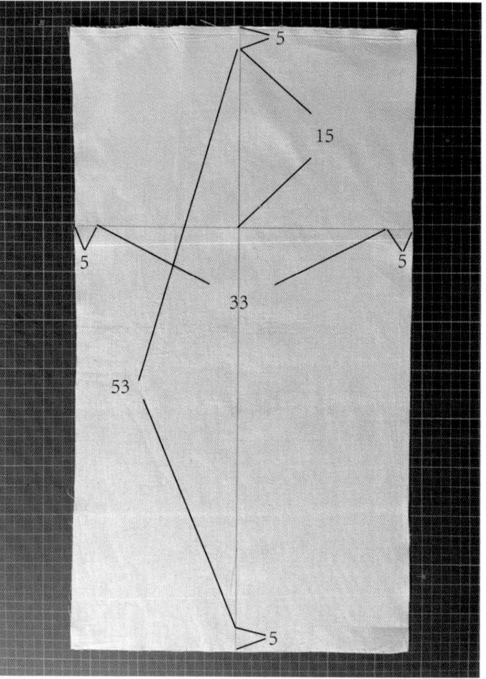

根据抬手角度需求将立裁手臂抬至合适角度，过腋下点作袖中线的垂线，沿此垂线绕手臂一周贴出袖肥线。

在坯布上画出袖子中心线和袖肥线。

将坯布附在立裁手臂上，中线和袖肥线分别对齐，包裹一周，在前、后中线的位置分别捏出一个约 2cm 的活动松量，将侧缝竖直对齐并别合，留出 2~3cm 左右布边后修剪袖眼形状。

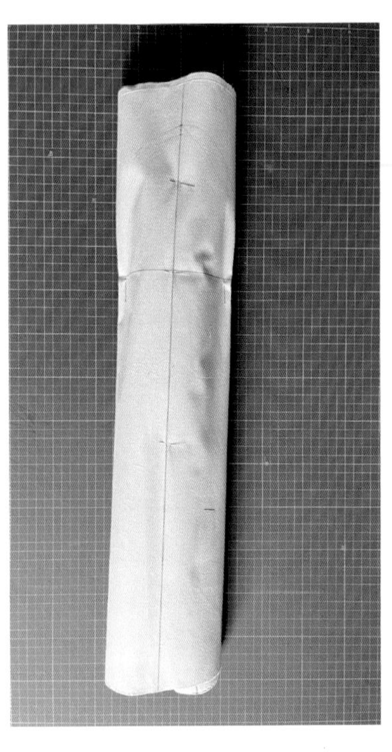

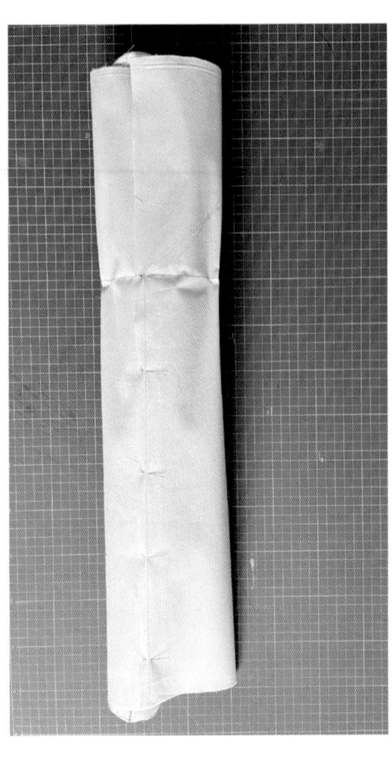

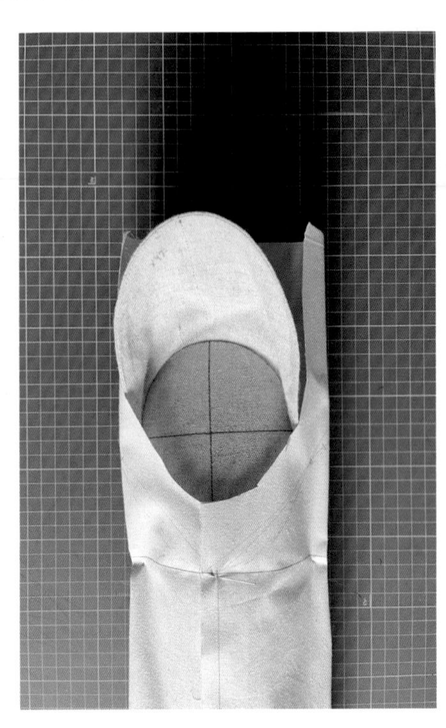

将立裁手臂固定在人台上，在前、后转折点打剪口，将袖山分成上、下两段，用大头针将下段与衣身袖窿别合，注意别合时将手臂抬起到设定抬手位置。

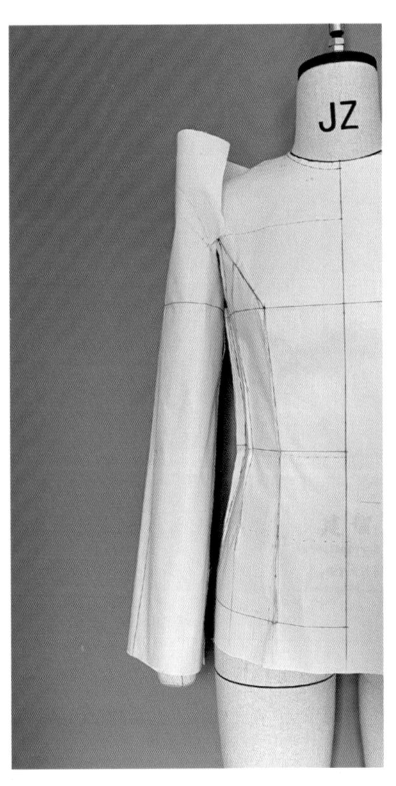

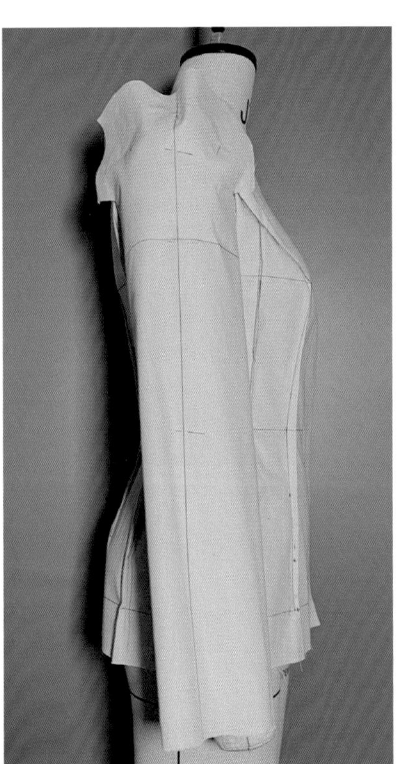

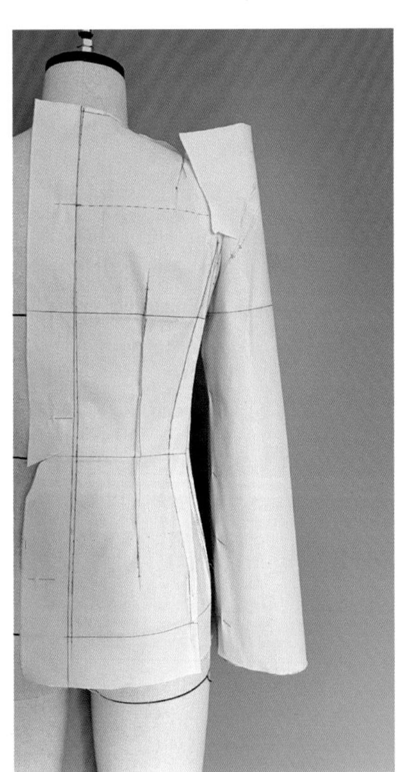

将手臂抬至设定抬手位置，将袖山上段和袖笼别合，中点与肩点对齐，前、后浮余量均匀分散在袖山头，呈中间多两边少的趋势。

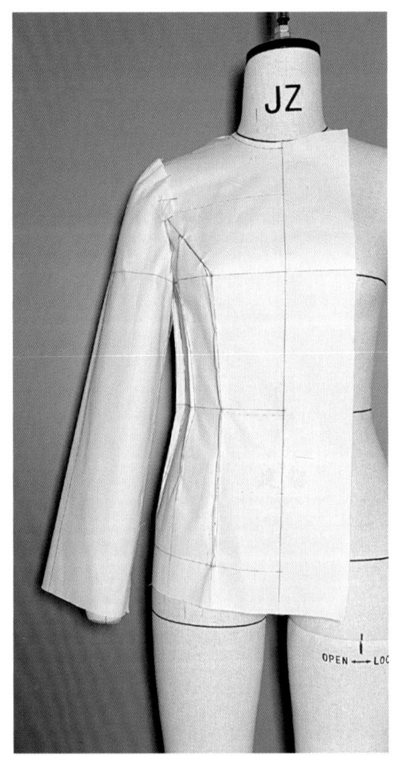

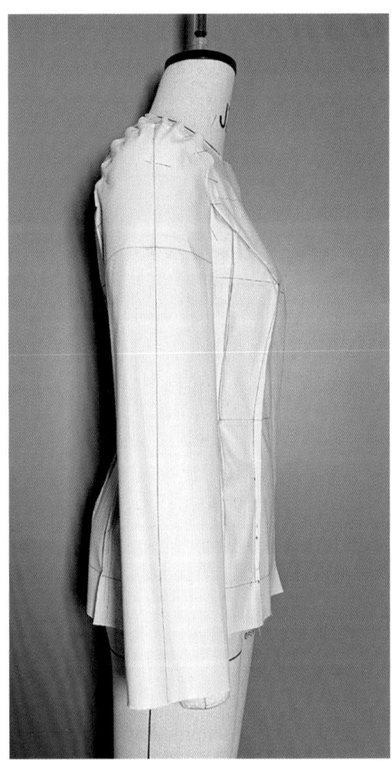

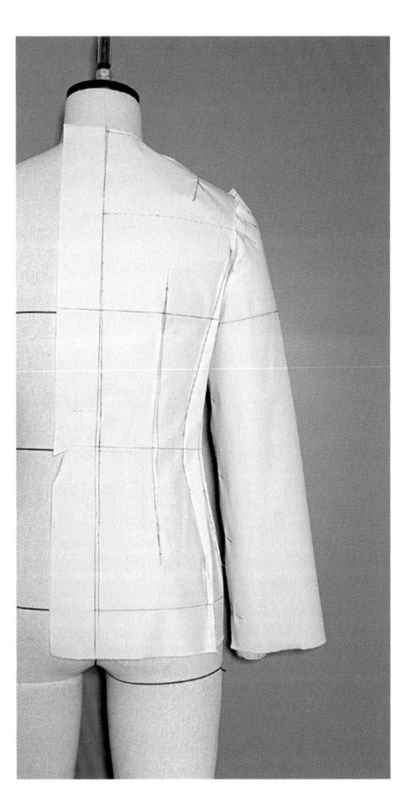

做好标记后将坯样取下，将袖山弧线修顺，修剪布边得到袖子样板。

将衣身袖窿下端拓印后与袖山下端重合，发现腋下附近两线呈重合状态，然后逐渐分离。

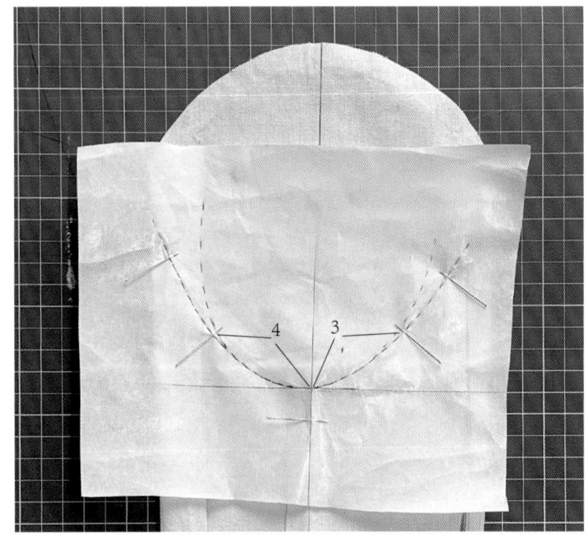

5.3 袖原型平面制版

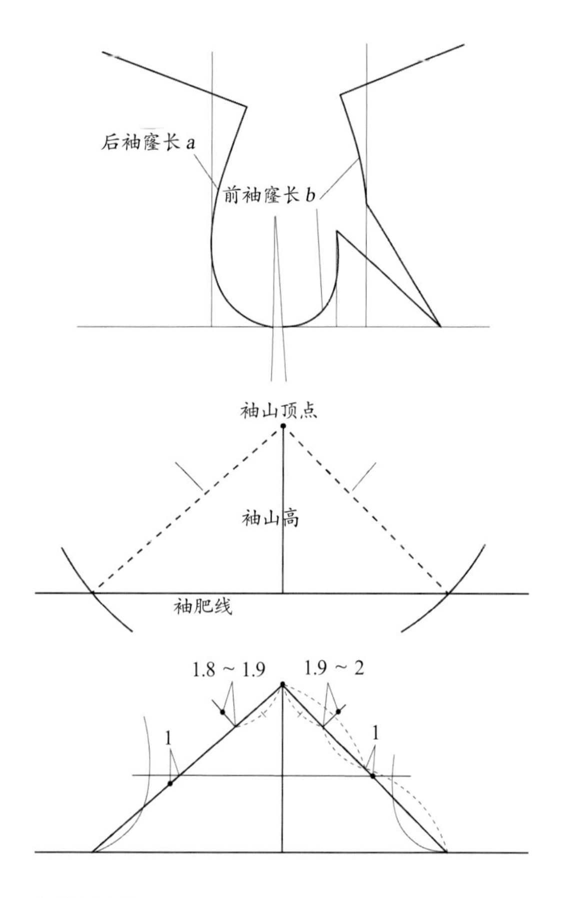

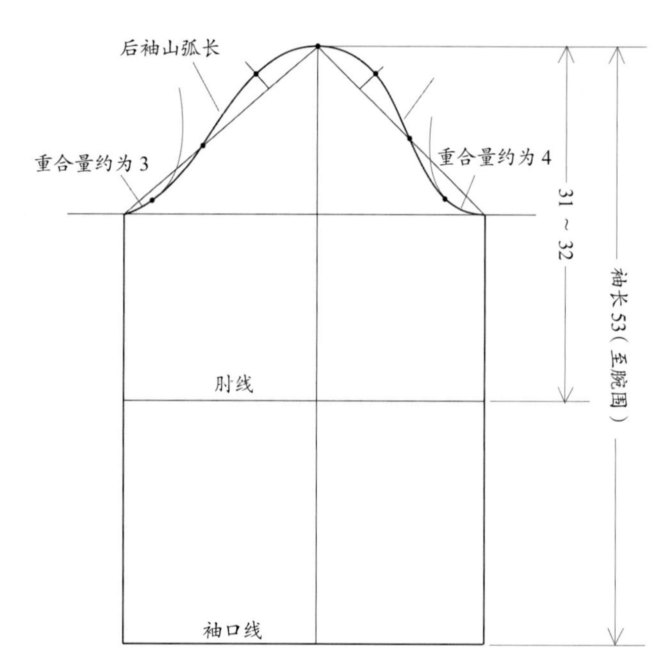

绘图步骤：

（1）画出袖肥线，测量袖山高为 15cm，以袖山顶点为圆心，根据前、后袖窿长 *a*+0.5cm 和 *b* 为半径画弧线与袖肥线相交，得到袖肥长度。

（2）绘制前后转折点。

（3）将袖窿拓印与前后腋下点重合，用圆润的弧线画出袖山线，注意袖山头呈前倾状，且弧线转折平滑流畅。

（4）绘制袖身。

注意：

根据前、后袖窿长确定袖山三角框架时，原始袖窿长 *a*、*b* 分别加减一定值，如 *b*+1cm 与 *a*，*b* 与 *a*，*b*+0.5cm 与 *a*−0.5cm 等，这个值的大小取决于最终袖山造型所需的袖山与袖窿的长度差，即袖山吃势量，吃势量的分布前少后多。

一般规律：袖型越合体，袖山高越高，吃势量越大，袖山饱满度越高。

前吃势量 = 前袖山弧长 −*b*；后吃势量 = 后袖山弧长 −*a*（吃势量为工艺缩缝量）。

5.4 袖山高与袖肥的变化规律

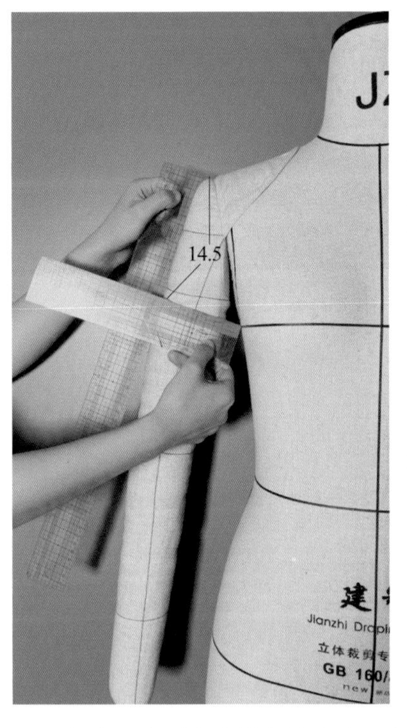

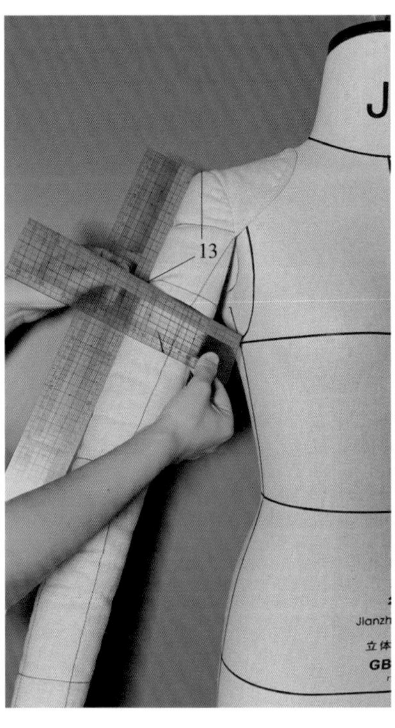

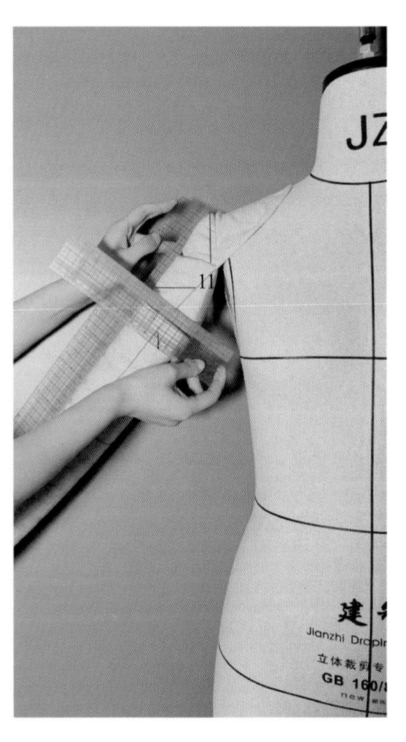

将直尺分别紧靠袖中线和腋下点，通过滑动调整两直尺形成垂直关系，观察袖山与袖肥的关系变化。

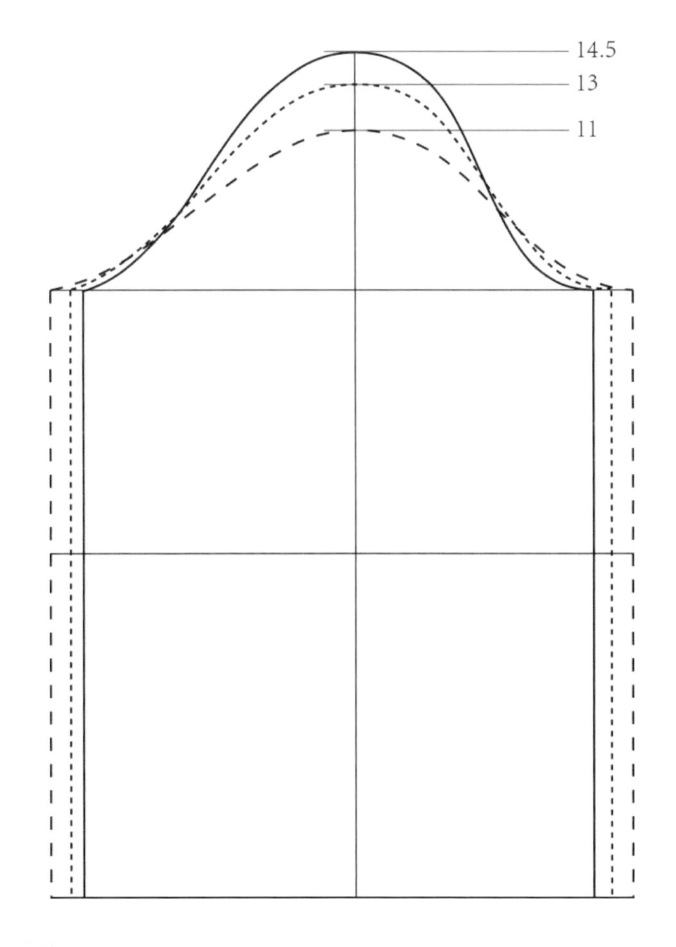

袖山高与袖肥的变化规律：袖窿不变的情况下，袖山高越低，袖肥越大；袖山高越高，袖肥越小。

根据前面总结的规律设置新的袖山高为 13cm，得到配袖结构图，测量袖肥为 35cm，袖山吃势量为 1.1cm 。

实验发现：同一袖窿，袖山高越低，袖子宽松度越高，袖窿与袖山在袖底的重合量越少，适合度越低。

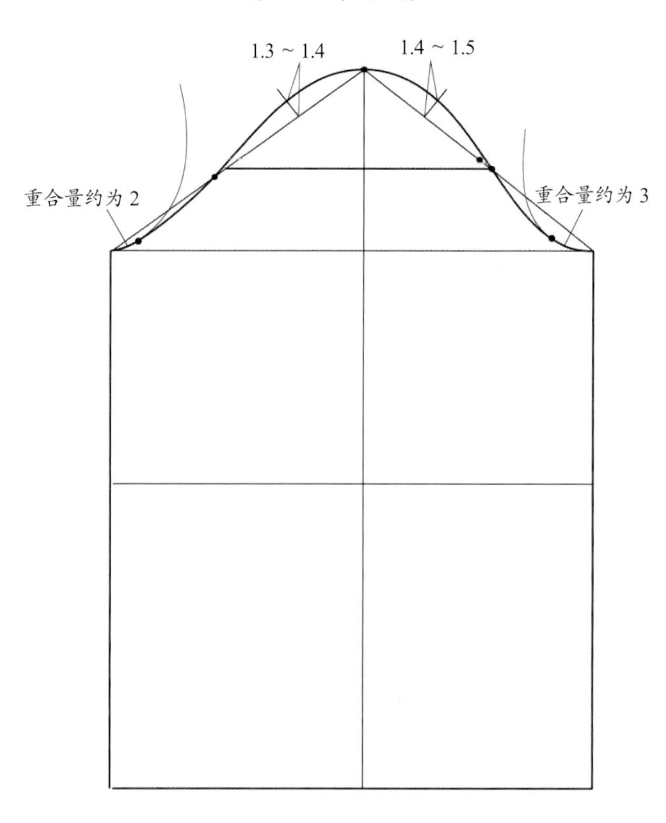

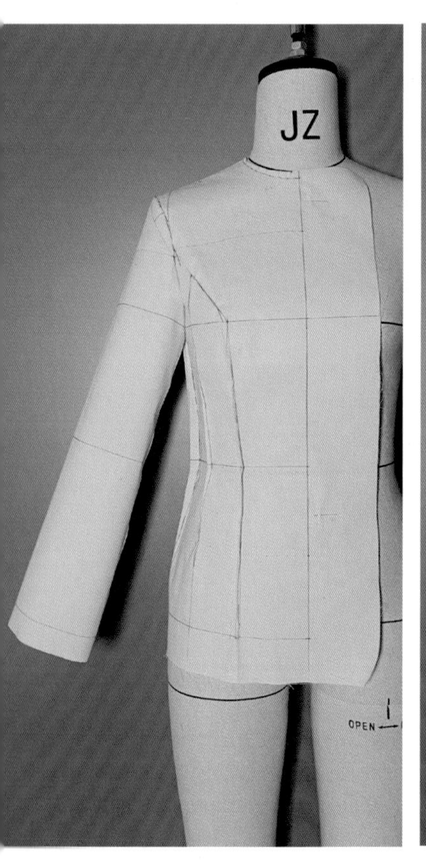

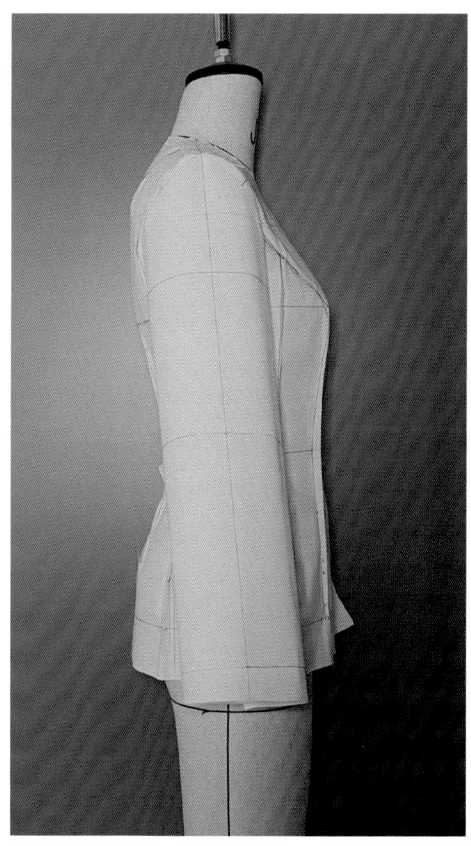

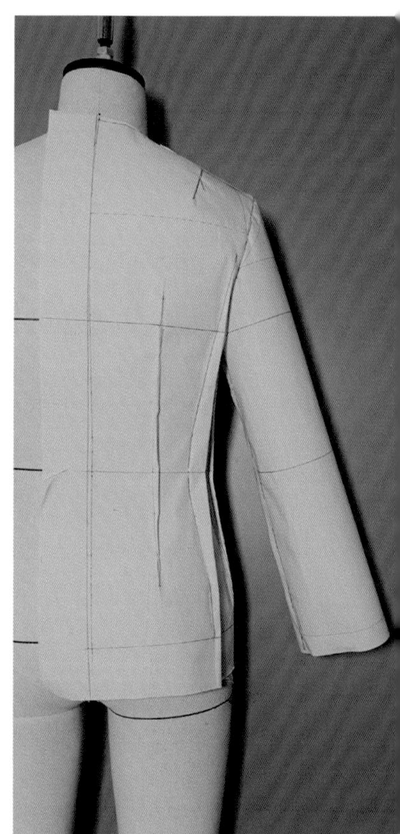

5.5 两片袖

根据手臂趋势在原型一片袖的基础上对袖身进行合体变形，即在保留一定松量的前提下在前、后中线附近进行收量处理。

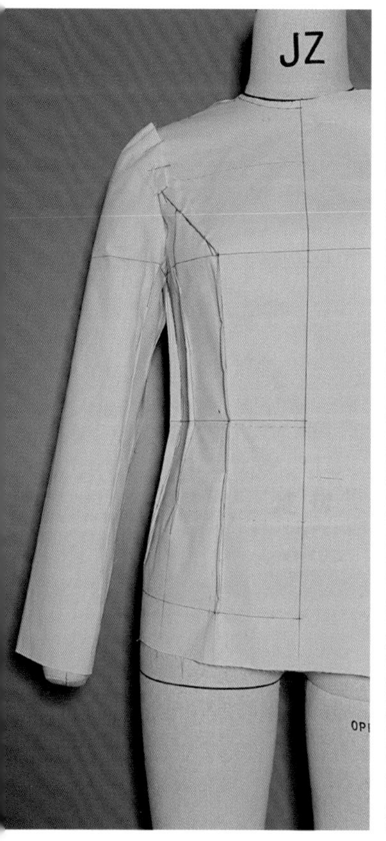

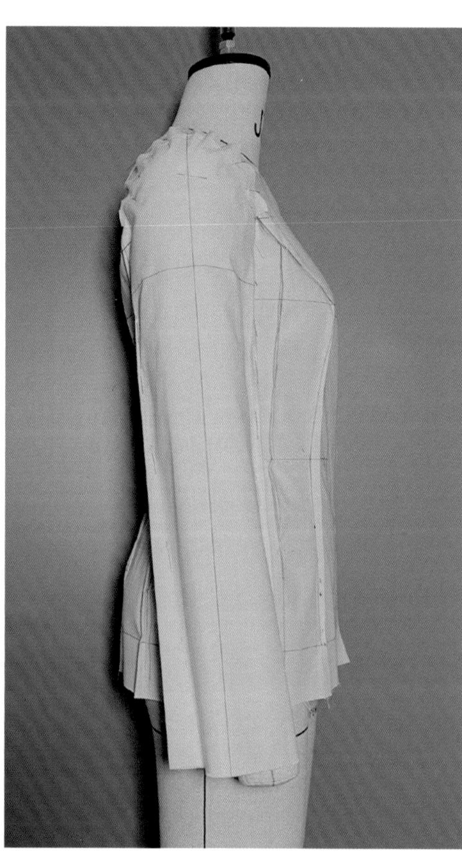

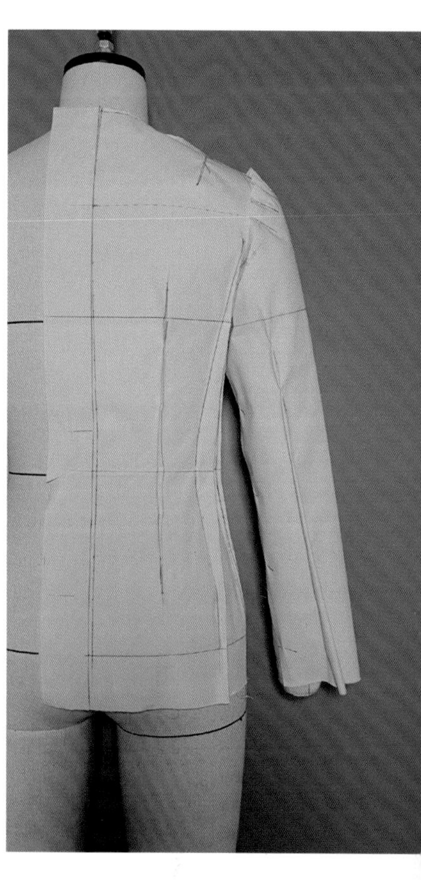

将坯样取下进行修正后得到如下两片袖结构。

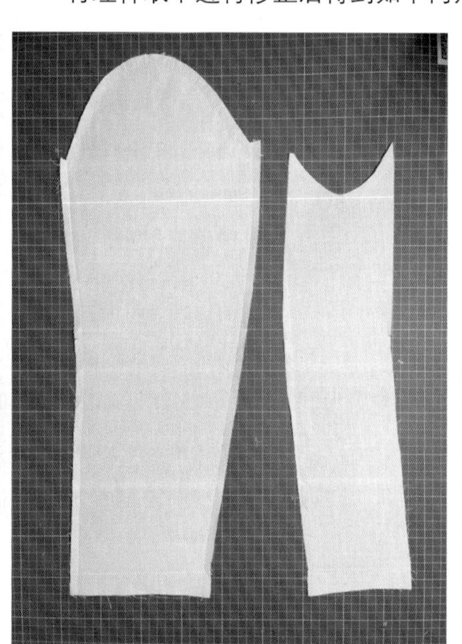

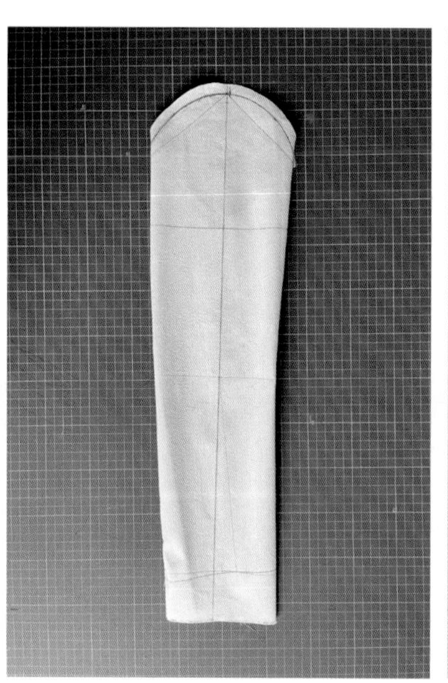

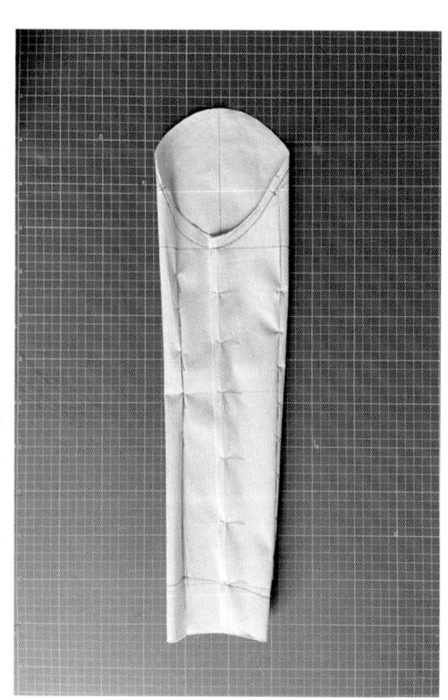

根据立裁结果进行平面制版。

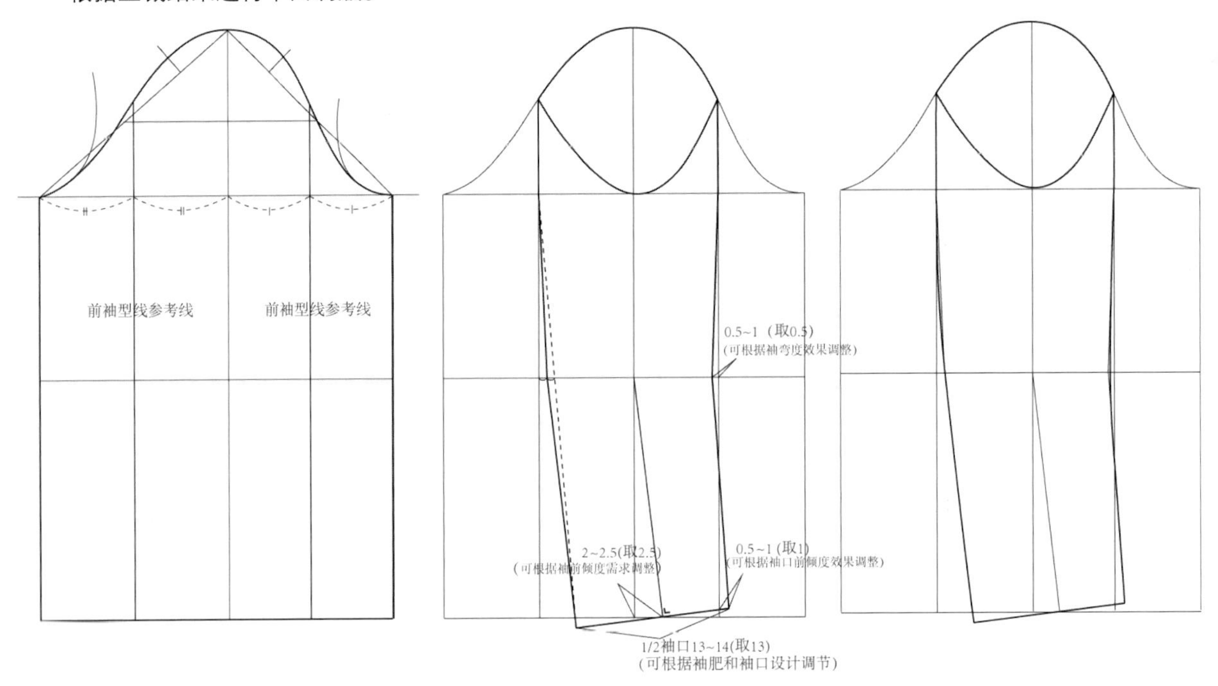

绘制一片袖原型。确定袖口宽，绘制袖型线。

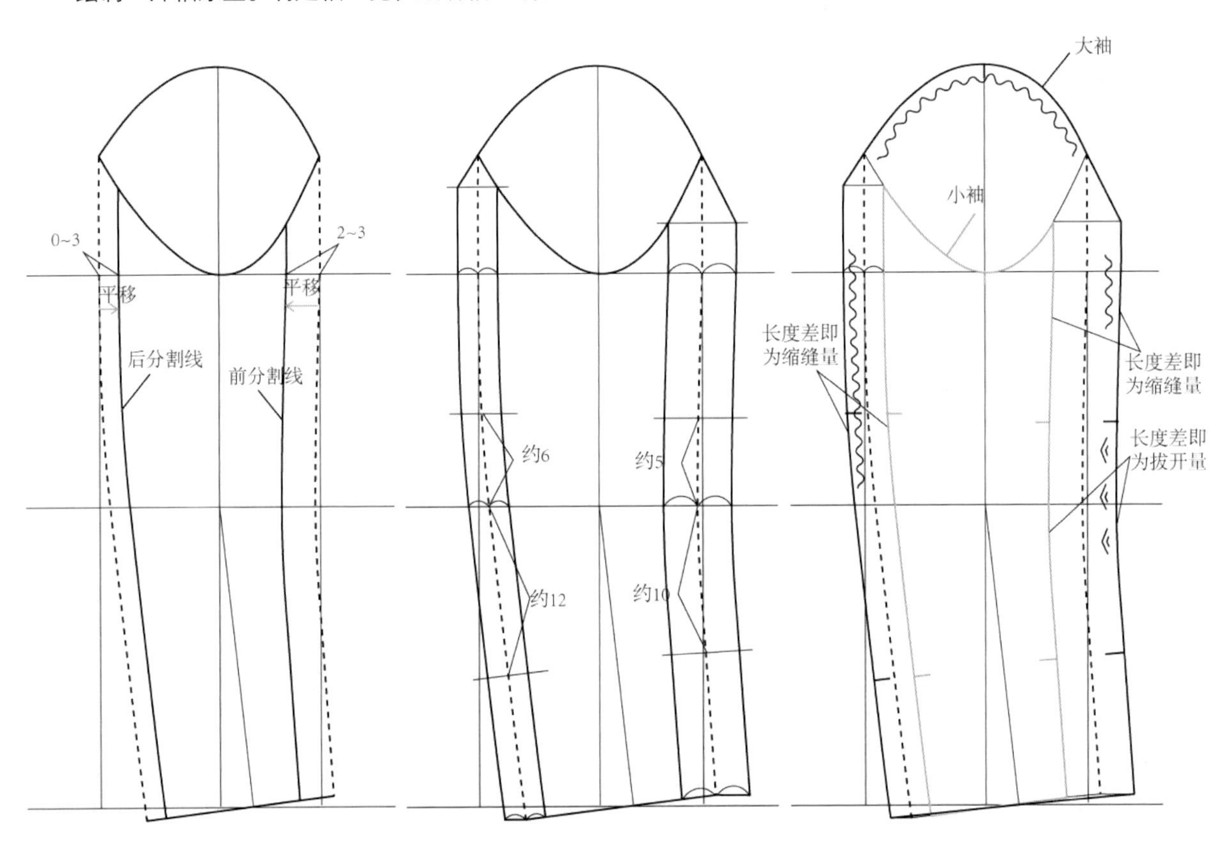

根据袖身造型需要重新划定新的分割线。

根据袖型线进行对称拆解和组合。

用圆顺的弧线绘制新的袖片外轮廓线。

测量前、后关联轮廓线的长度，长度差量需通过工艺手法处理，标注相应工艺符号。

5.6 合体一片袖

合体一片袖的合体度介于两片袖和一片袖之间，袖身前倾度和弯势适中，袖肘处设省。

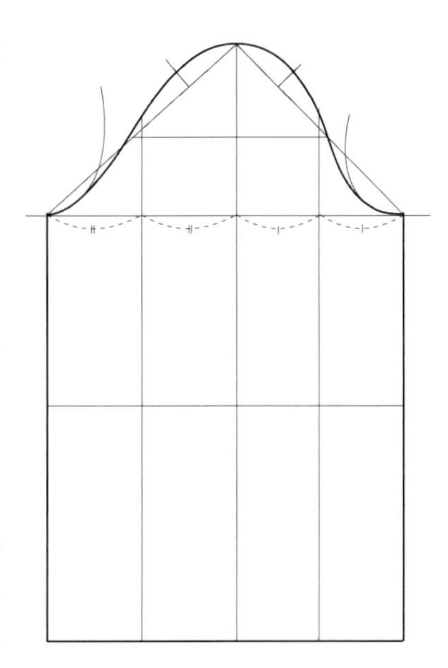

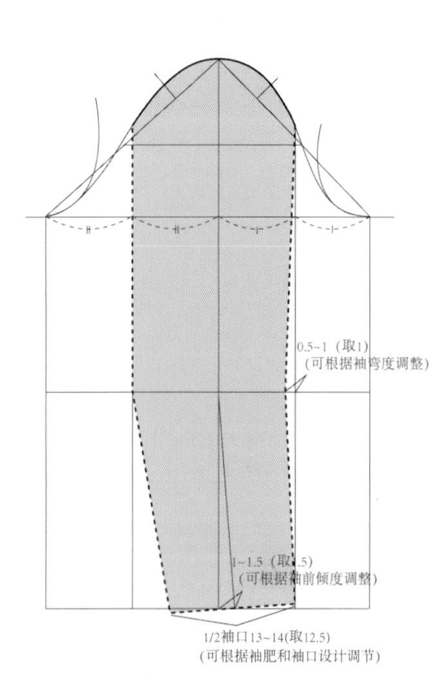

绘制一片袖原型。设置新的袖中线，确定袖口宽，绘制袖型线。

注意：袖型线可根据造型需要做适当调整，袖中线偏移量、前袖肘弯曲量等均可在一定范围内发生变化。

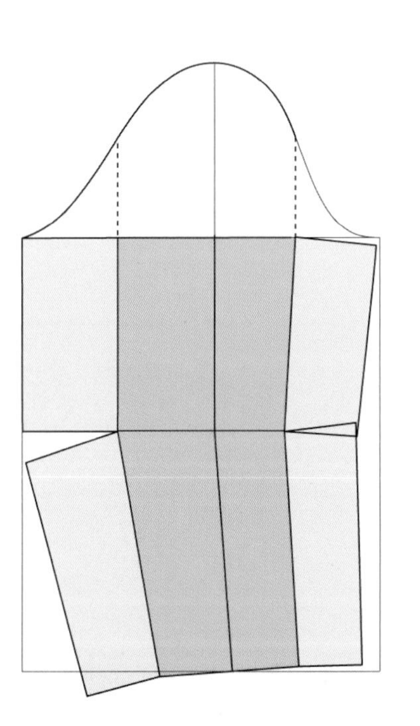

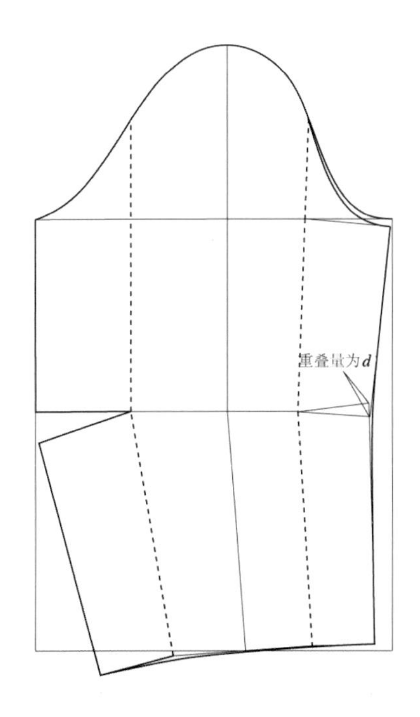

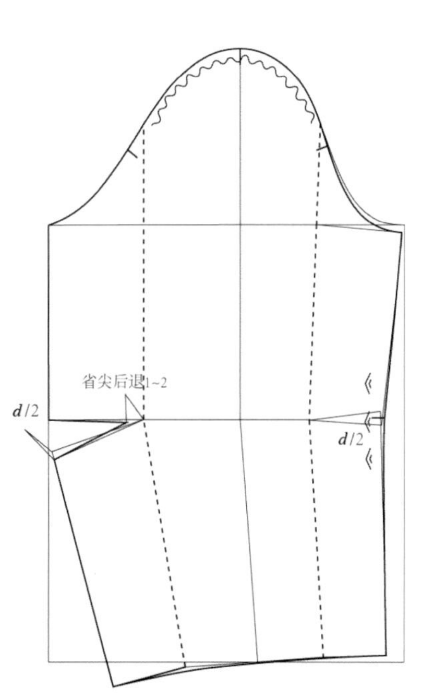

以袖型线为中轴线将袖片进行对称处理得到袖身展开图。

重新绘制前袖窿弧线；用圆顺的弧线重新绘制前后侧缝线，并测量其长度，前后侧缝线长度差一部分作为工艺拔开量，一部分合并至后肘收省量。

绘制完成线并标注工艺符号。

CHAPTER 6

3D-2D的转换原理

6.1 省转移原理

6.1.1 省的形成

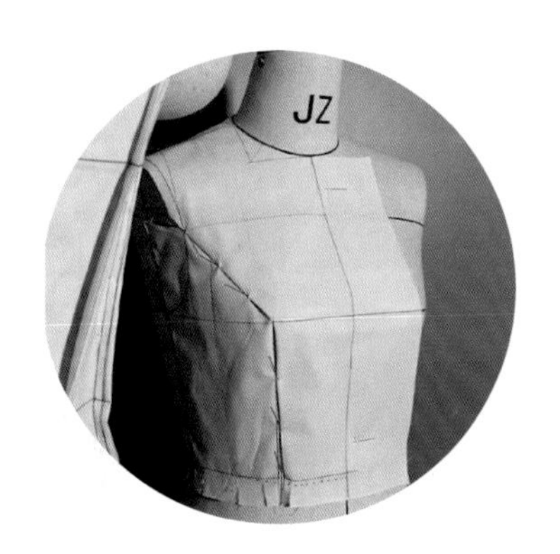

从平面到立体的过程就是省形成的过程，款式中胸省和腰省两条缝就是平面版中缺失的三角区形成的。

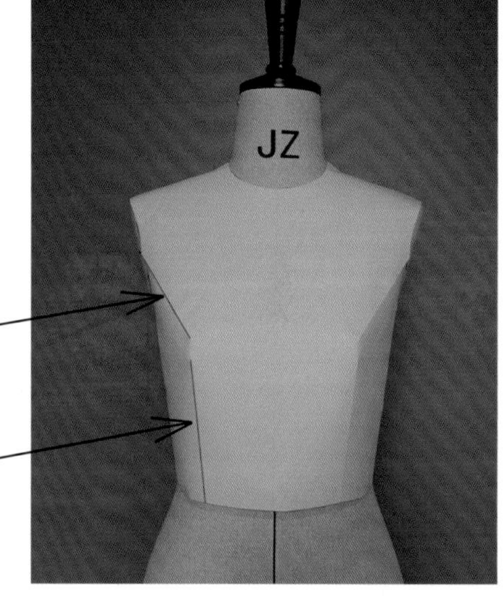

把 BP 点和后肩胛骨点当成圆心，则省可以围绕圆心 360° 旋转，因不同服装款式结构线的位置需求不同，便产生了省位转移处理。

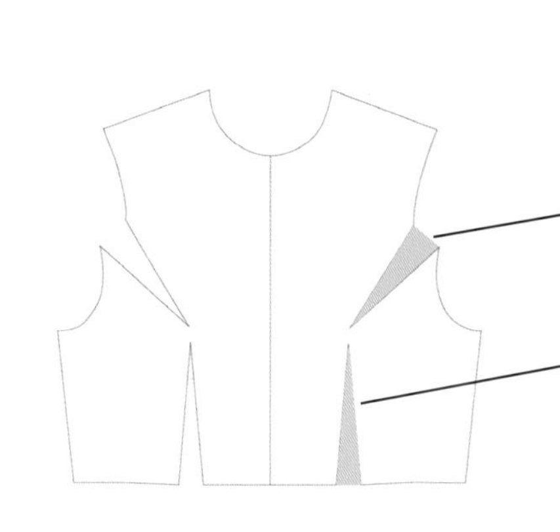

省转移，即将缺失的三角区围绕 BP 点和肩胛点旋转到相应的位置上形成新的缝。

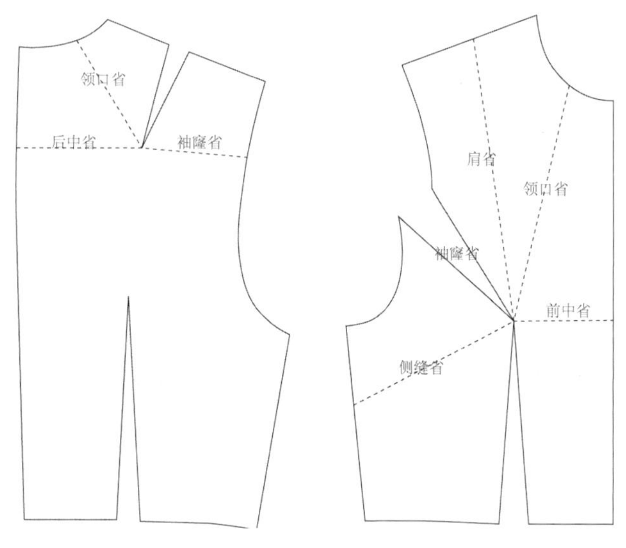

常见省位示意图

6.1.2 基础省转移案例

案例一：单省位置转移

将肩省转移合并，省量转移至领口形成领口省。

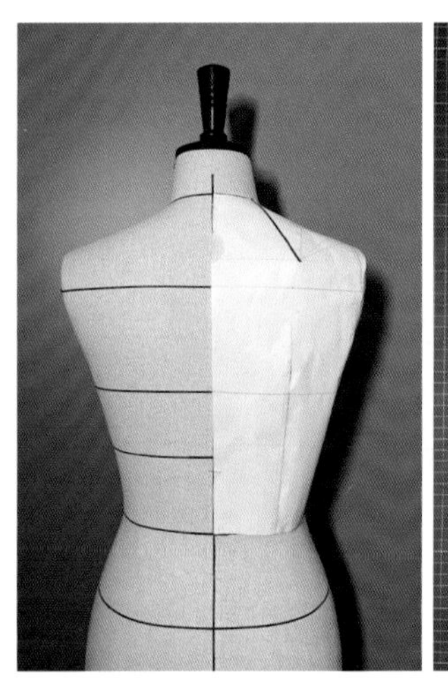
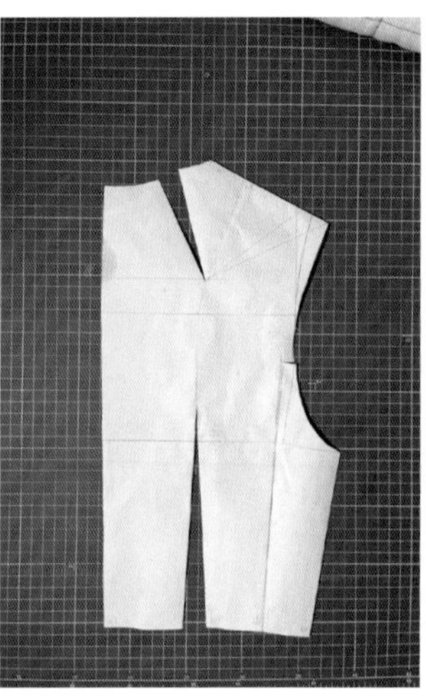
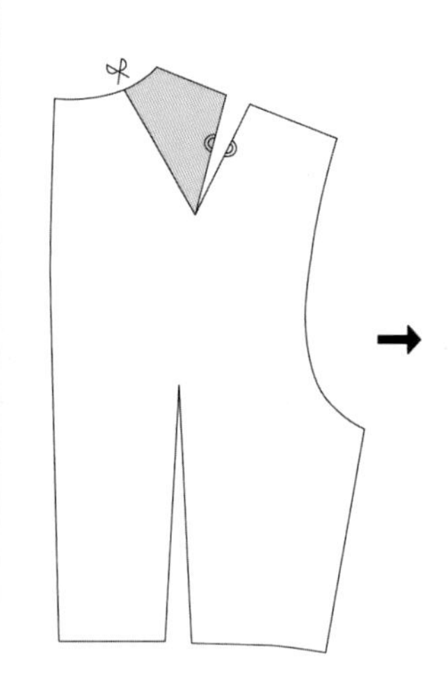
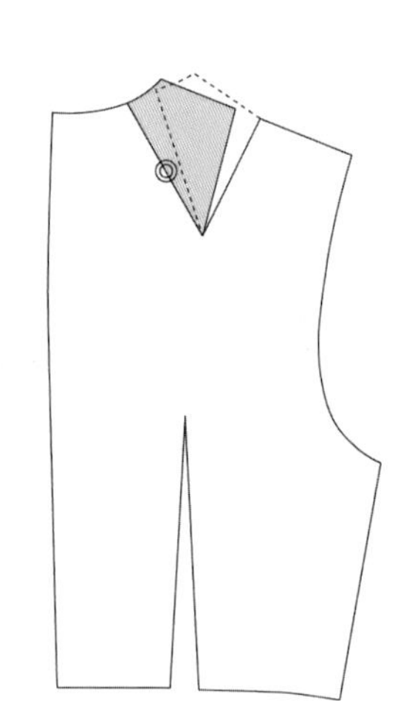

将胸省转移合并，省量转移至肩部形成肩省。

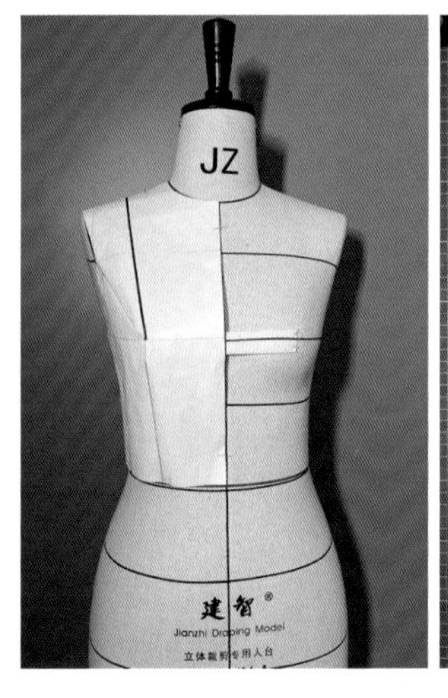

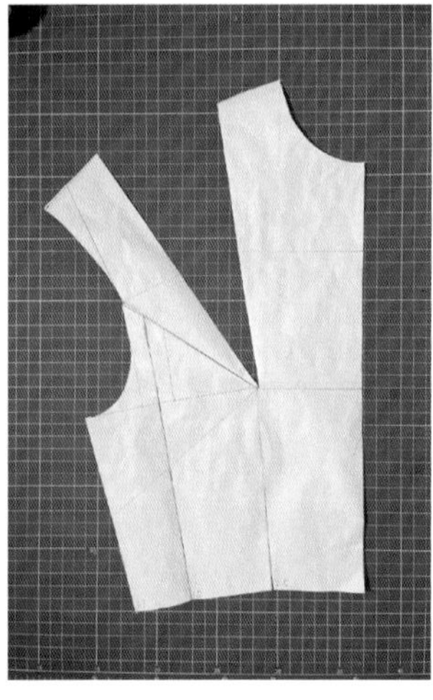
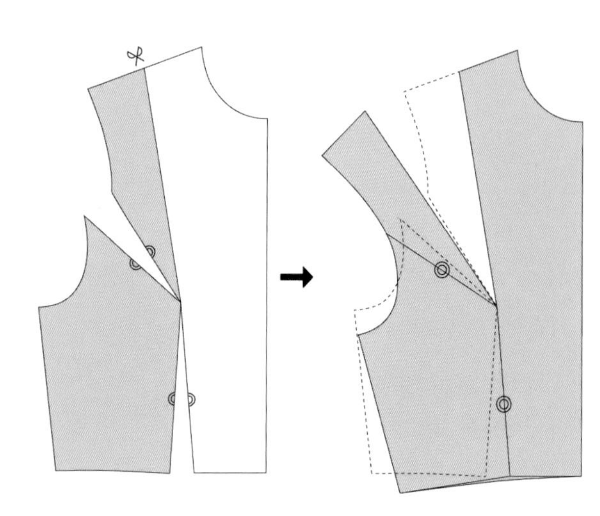

案例二：省转移形成分割线

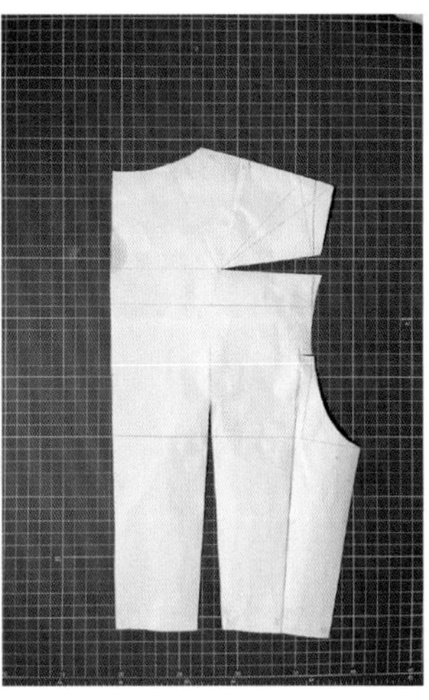

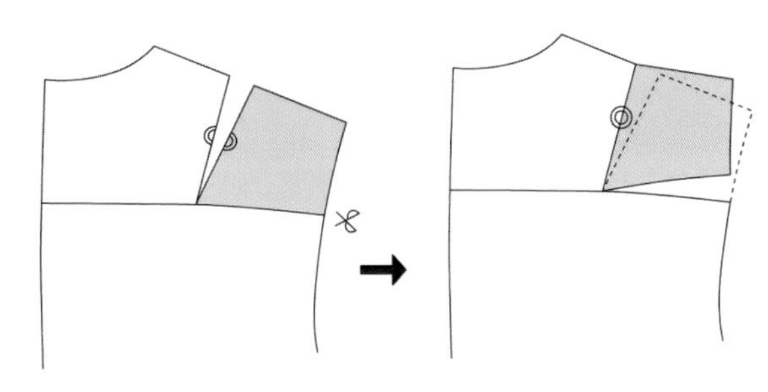

在衣片上画出分割线位置和形状。

将肩省转移至分割线。

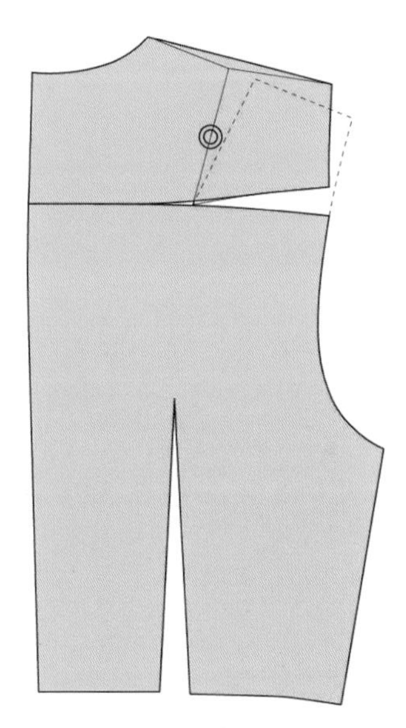

用顺滑的弧线绘制肩线、分割线。

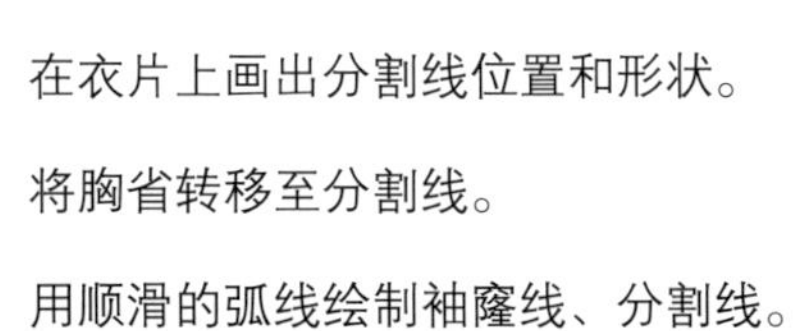

在衣片上画出分割线位置和形状。

将胸省转移至分割线。

用顺滑的弧线绘制袖窿线、分割线。

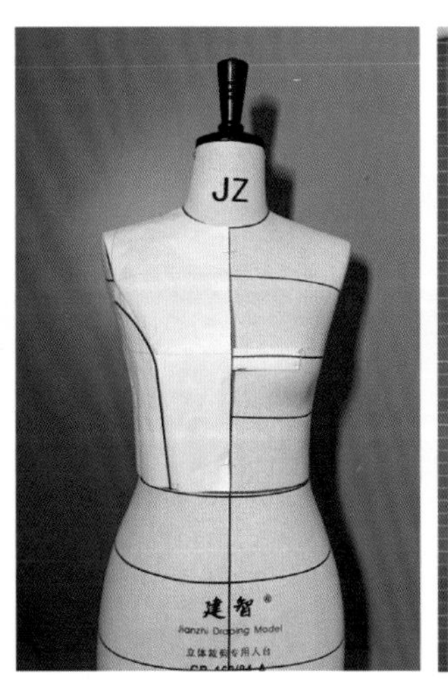

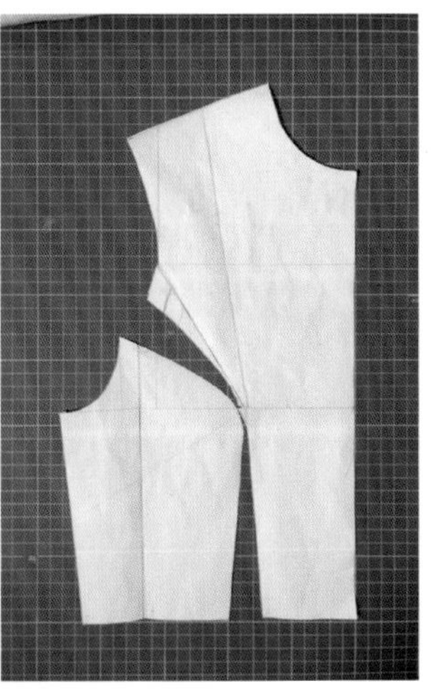

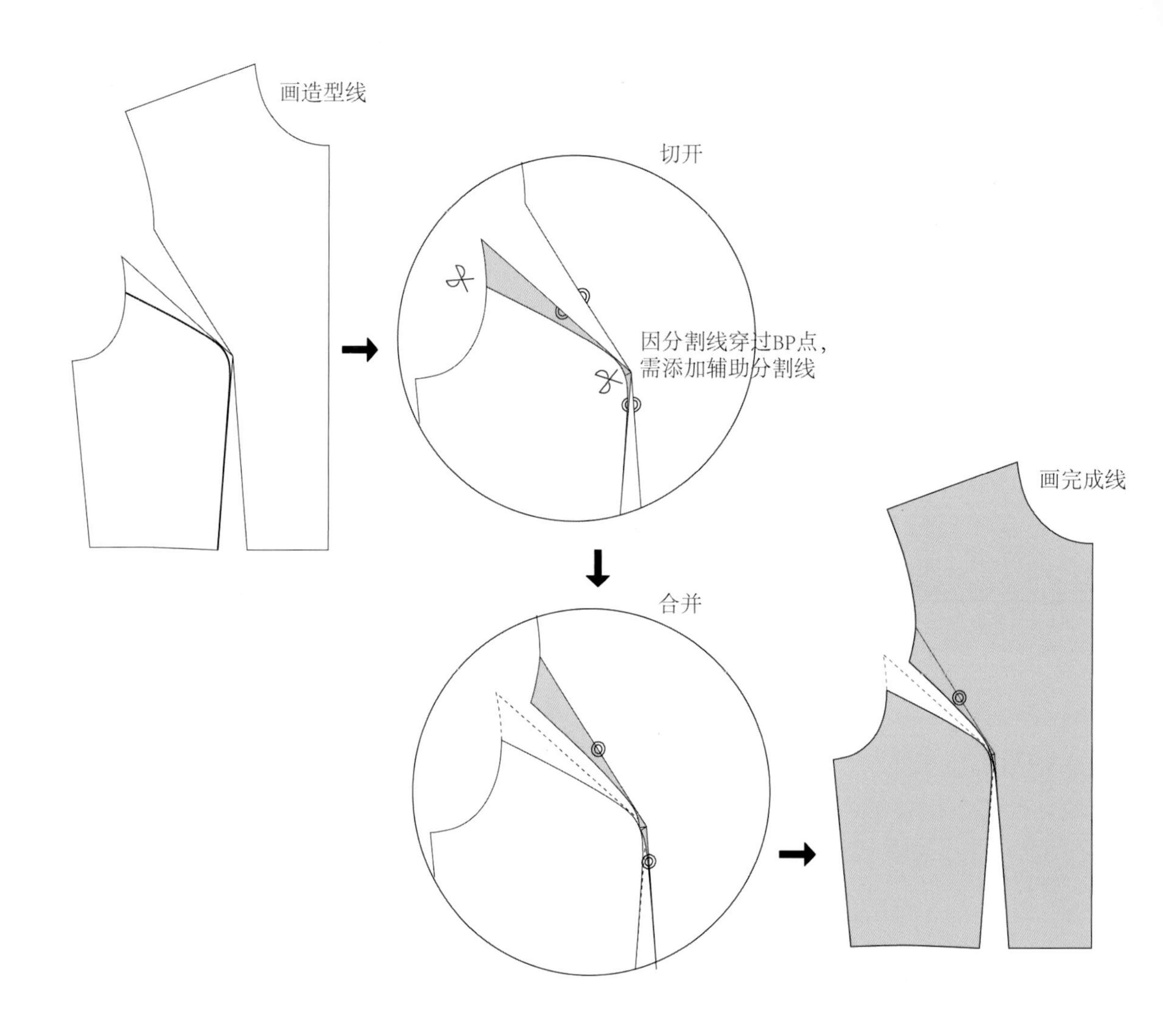

6.1.3 省尖后退

原型中腰省和胸省省尖均为 BP 点，即理论胸点，腰省和胸省合并后胸部凸起形成尖锐的椎体。

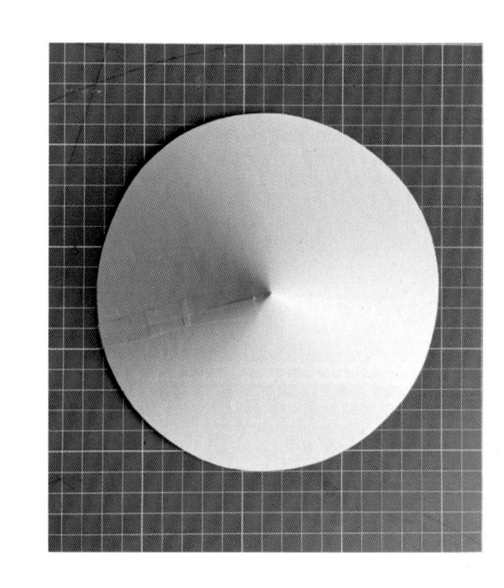

人体表面是光滑的，不存在尖锐的面，胸的形状为半球体，BP 点作为一个理论胸点在原型里是为了方便制图，因此在实际款式运用中需弱化这个尖点，即做省尖后退处理。

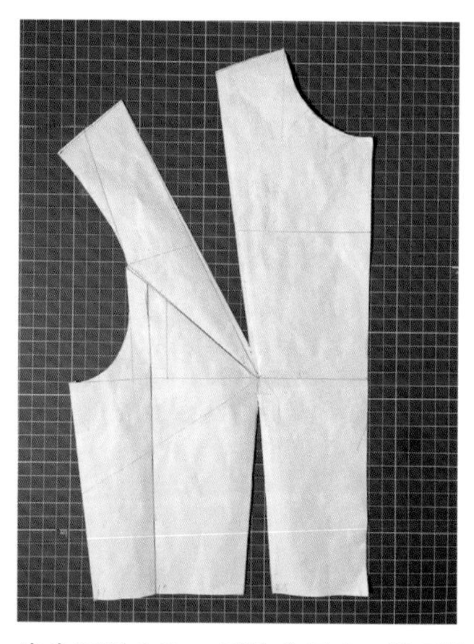

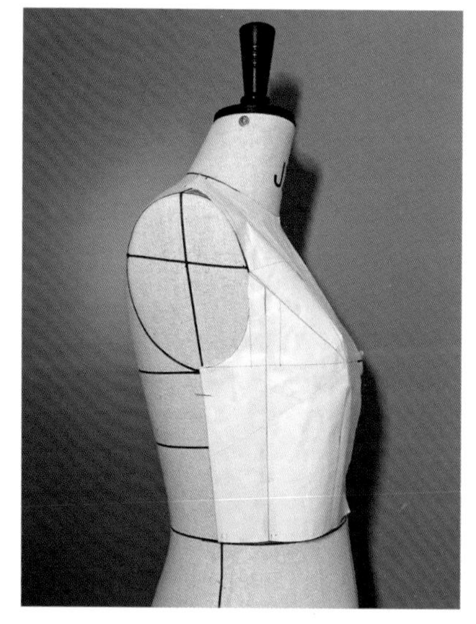

省尖后退 2.5cm 时胸高适中，胸型饱满圆润。

1~3

BP

在省量较大时，省尖后退量在 1 ~ 3cm 之间较为合适。

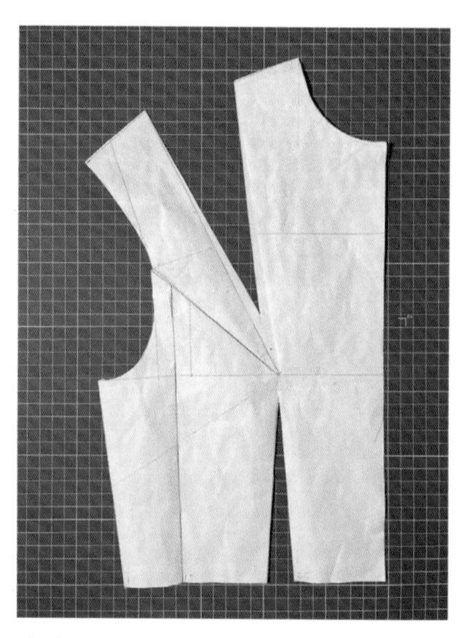

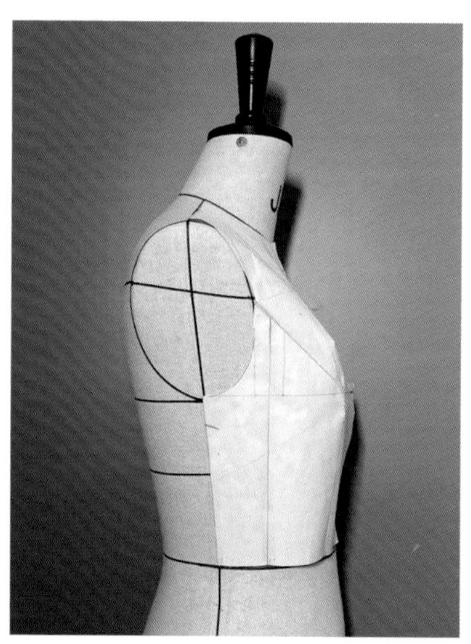

省尖后退 5cm 时胸高点偏上，胸型圆润度较差。

规律：

同等大小的省，省尖距离 BP 点越远，其与 BP 点关系越弱，因此经过 BP 点附近的省或者分割线等结构，距离 BP 点越远，其与胸省量关系越弱，可分担的胸省量亦越少。如右图所示，在圆 B 范围内可与胸省产生联系，在圆 A 范围外则关系微弱。

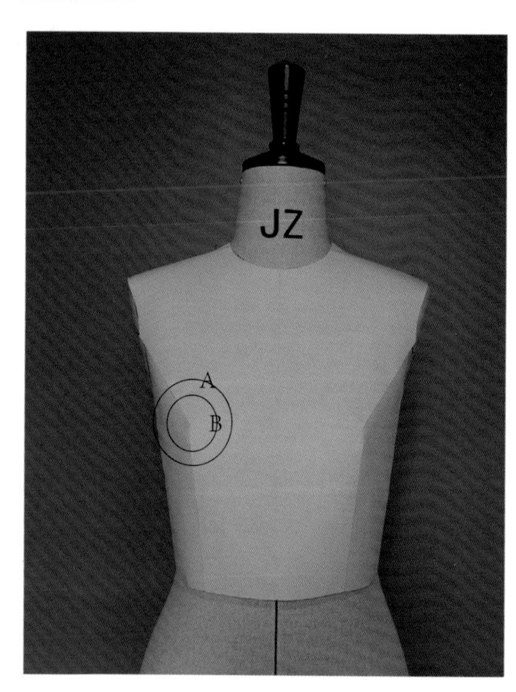

6.1.4 省的结构形式

同一省结构在最后款式的呈现上可以有所不同，主要体现在制作工艺上，形成省、倒褶、碎褶。

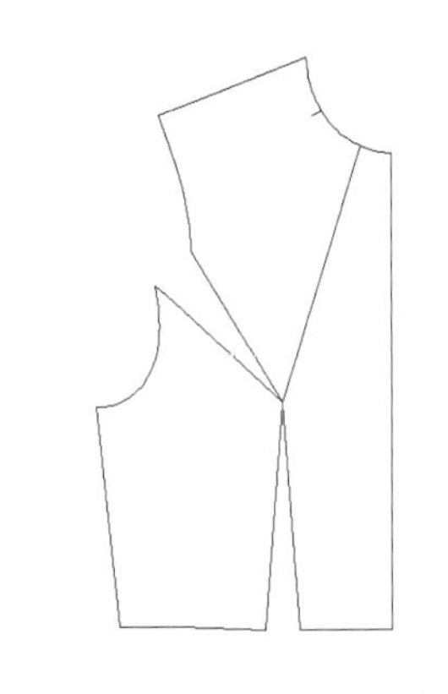

省

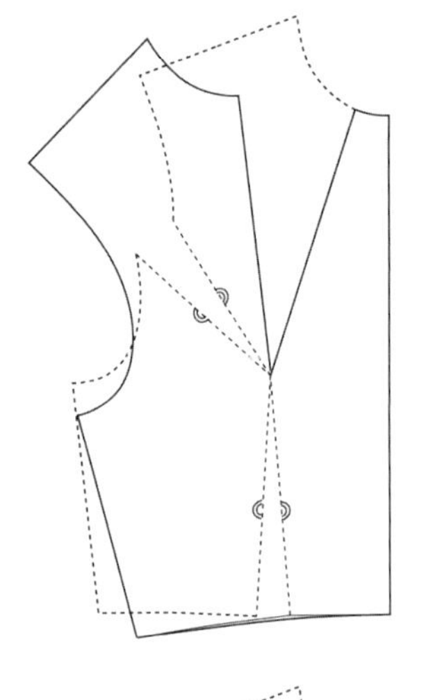

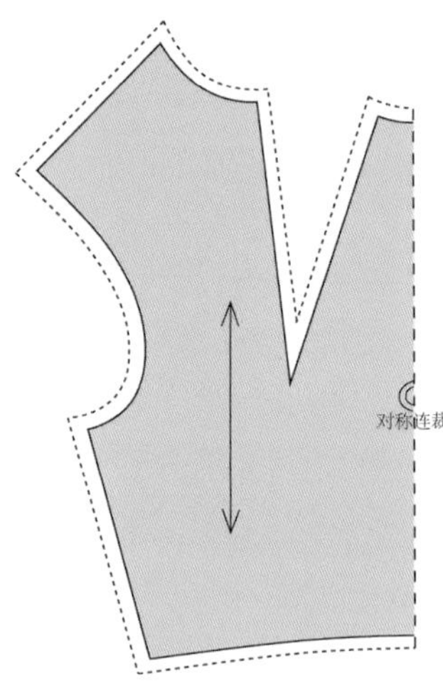

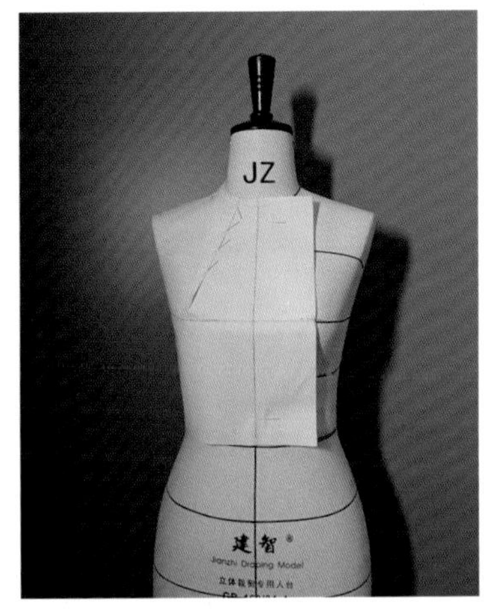

倒褶

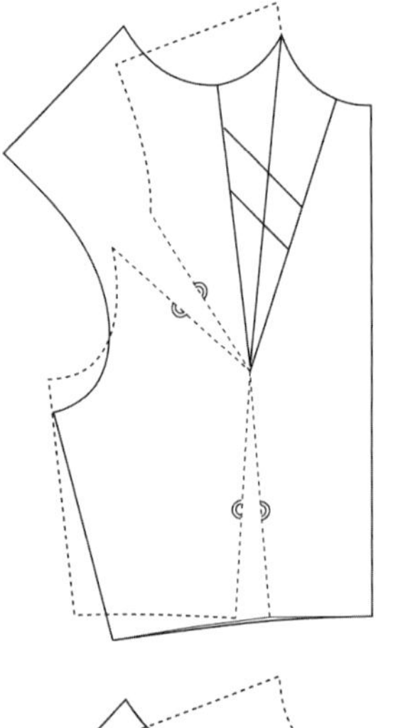

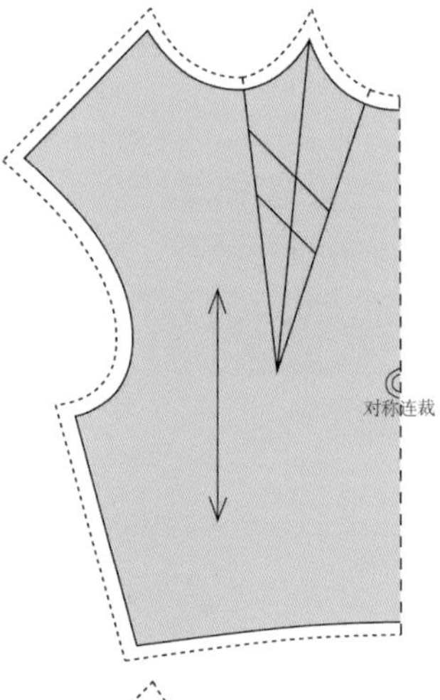

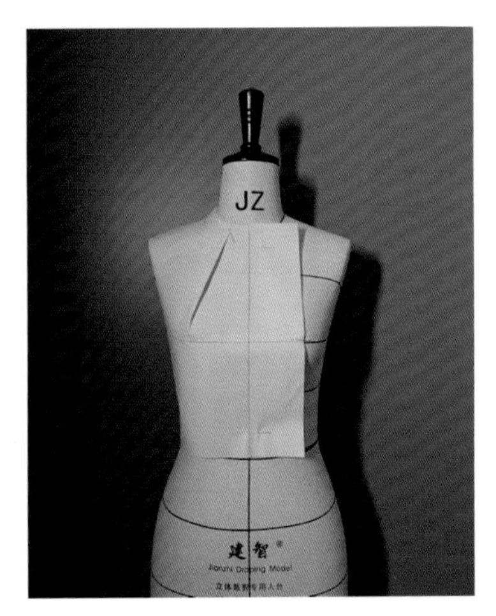

碎褶

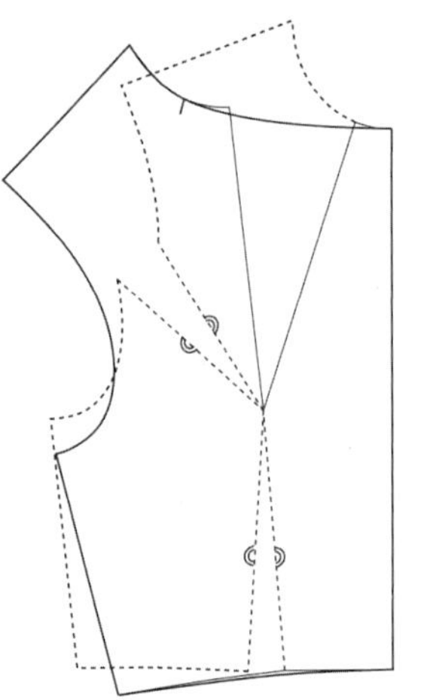

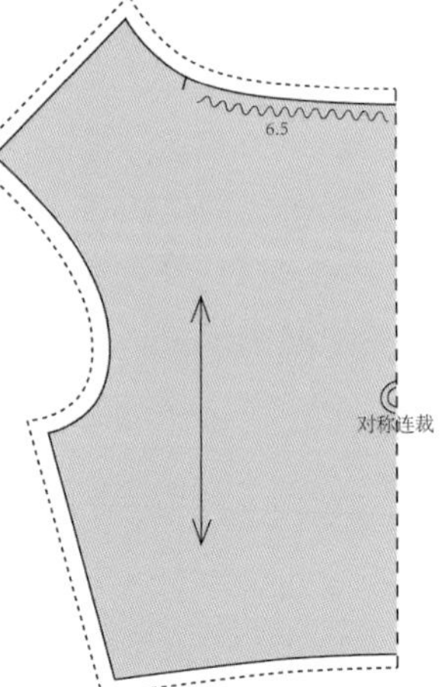

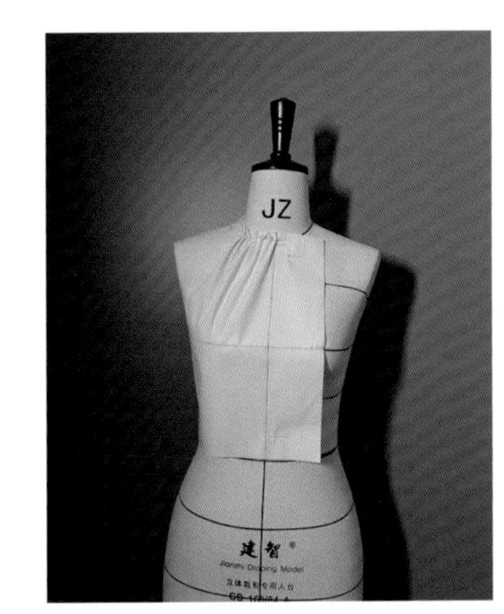

6.2 省转移案例一：直线型分割

6.2.1 审图

款式风格及特征

款式为收腰合体型短上衣，前衣身分割线经过 BP 点，后衣身分割线经过肩胛点。

版型分析

衣身仅有腰线以上部分，平面制版时可用侧省合并的简化原型。

对于合体款式，设计时需考虑结构线与 BP 点的位置关系，为了更好地处理省量，分割线离 BP 点越近越好。因此在不太影响外观的前提下可适当调整。

6.2.2 立体造型

使用的是腰围 73cm 的上衣原型。

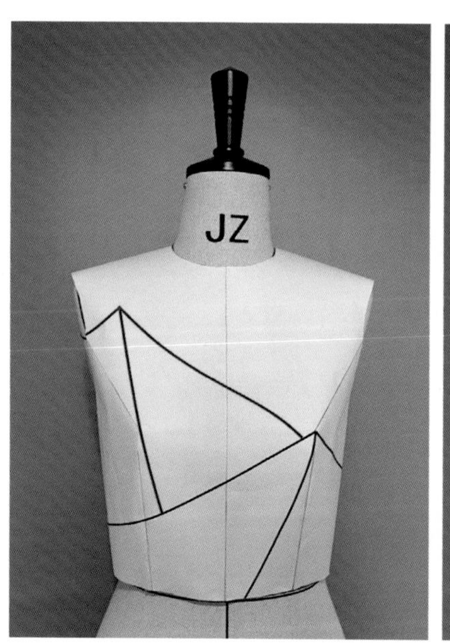

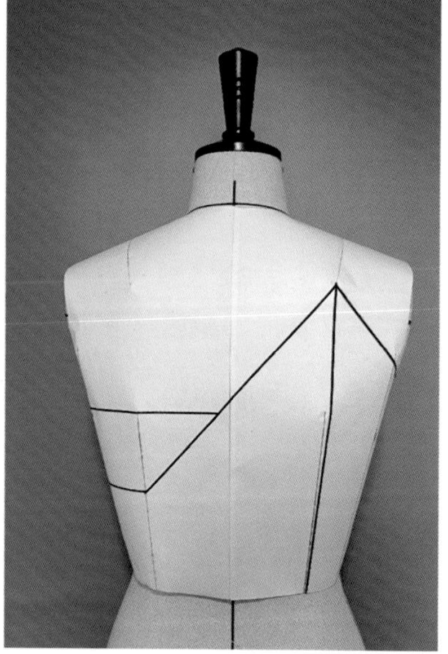

将原型粘贴好之后放回到人台上，然后根据设计图用标记带贴出分割造型线，注意线条的流畅自然。

6.2.3 平面纸样还原

将纸样从人台上取下，并用剪刀沿着标记带将衣片分离出来，得到完整的纸样。

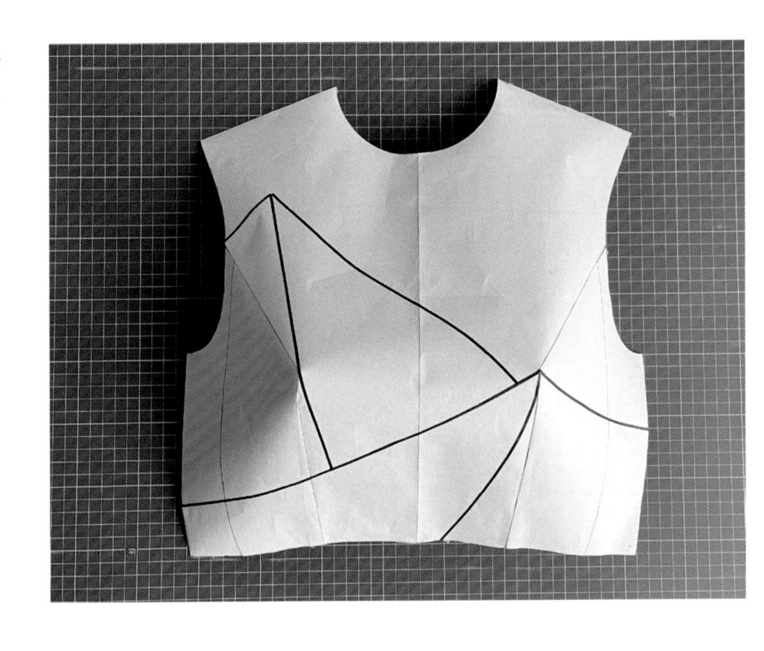

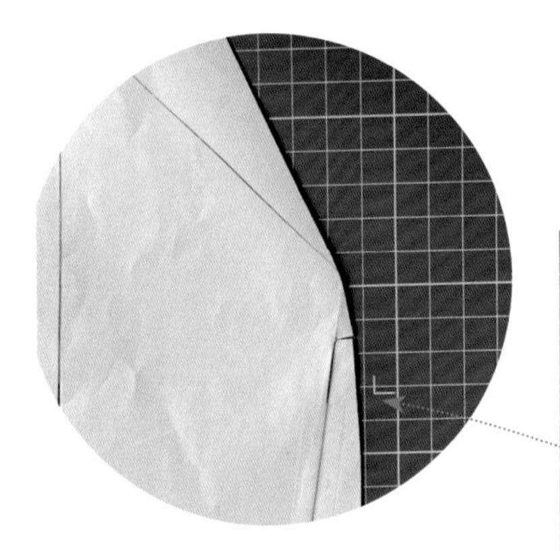

分割线未经过 BP 点但在 BP 点附近的，可以在分割线与 BP 点连线最近的位置加一个辅助剪口，以达到平整效果。

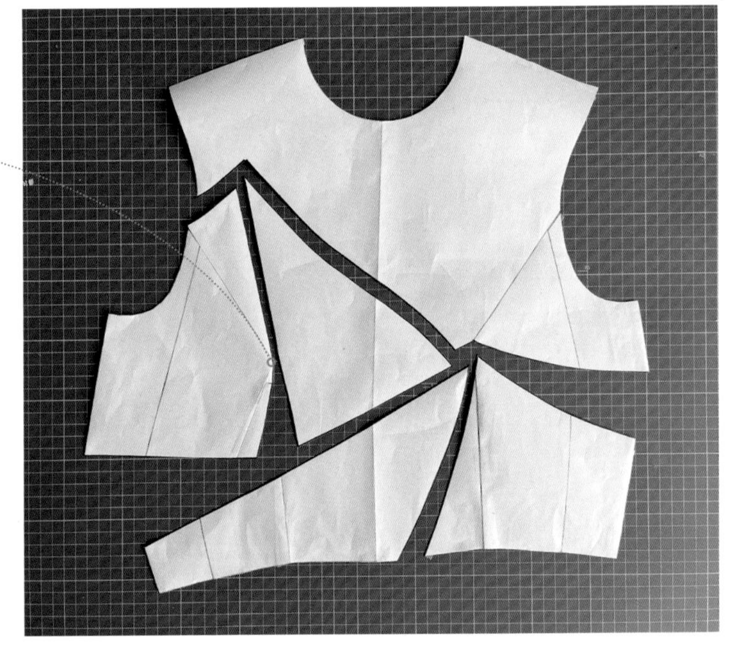

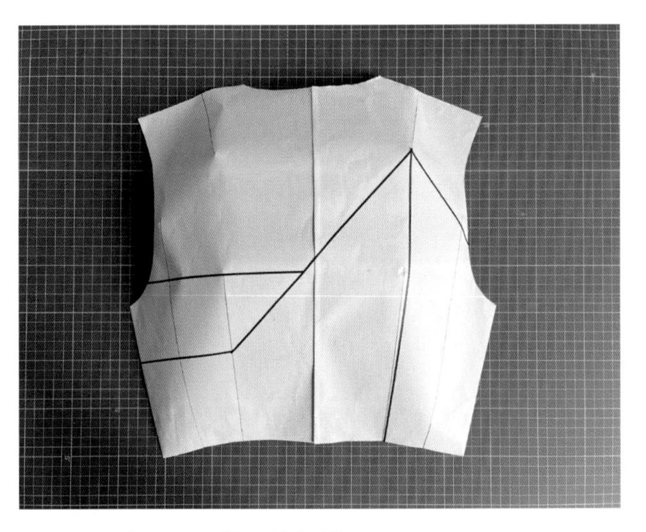

从人台上取下的立体纸样。

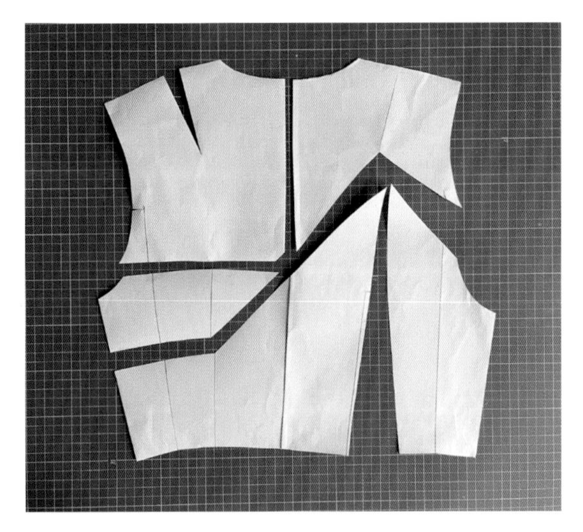

沿着标记线将立体纸样拆解成平面纸样。

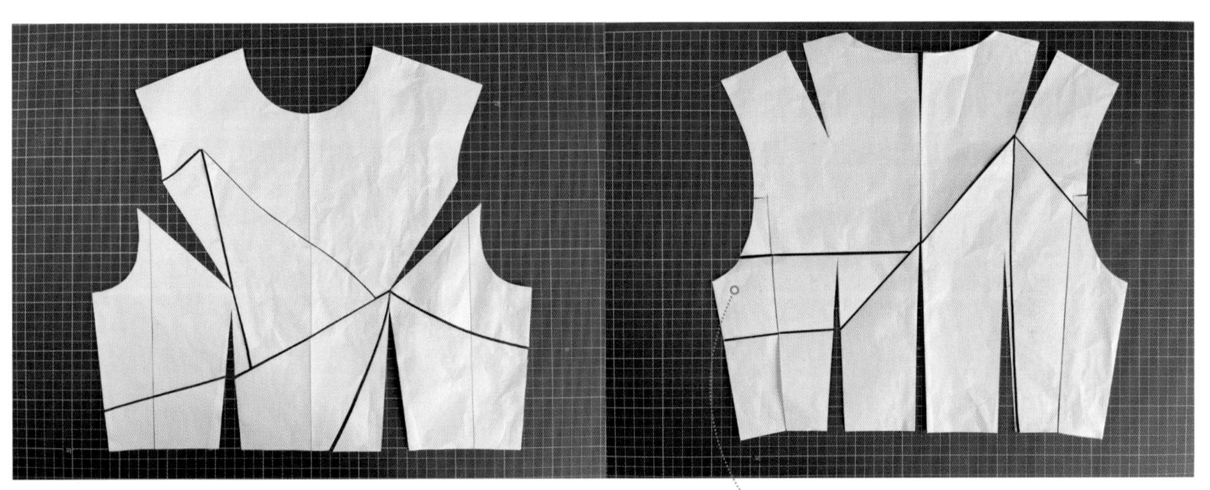

因人体立体弧度变化的关系，在平面图中看到的靠近侧边的直线实际上是曲线。

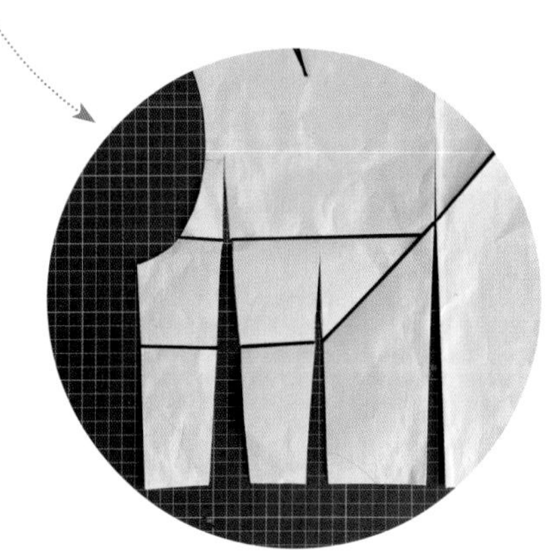

6.2.4 平面制版

根据设计图在原型上画出结构线和造型线，注意比例和位置关系。

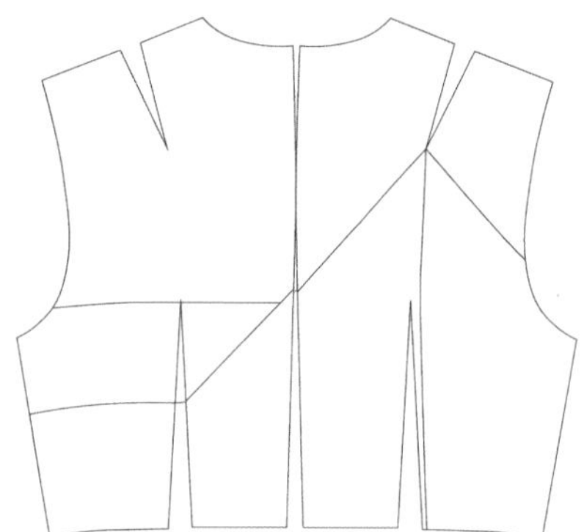

注意：部分分割线横跨了腰省，需要将省对分割线造型的影响去掉，可以将省合并后再画顺造型线。

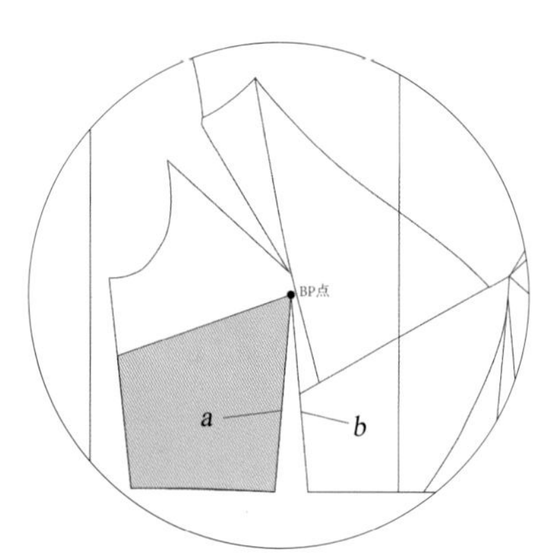

根据设计图画出靠中心线一边的部分分割线，并找到分割线另一端需要经过的衣片部分，围绕着BP点画一条临时辅助线，即为省的临时安置处。此线与原衣片的边缘合起来形成了待转区（红色区域）。

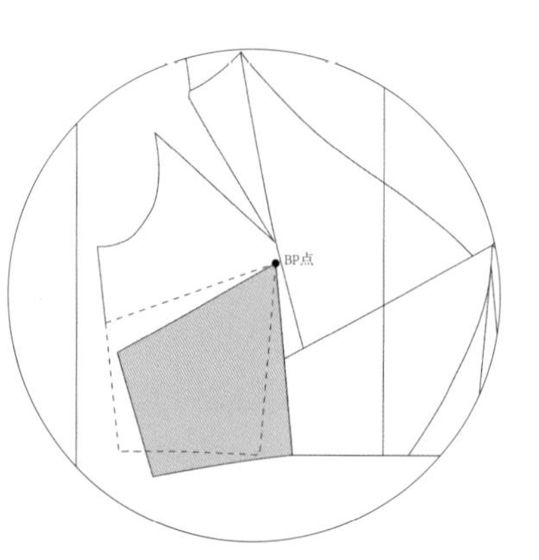

将红色区域围绕BP点旋转，直到省消失（即 *a* 和 *b* 两条线靠近并重合在一起）。

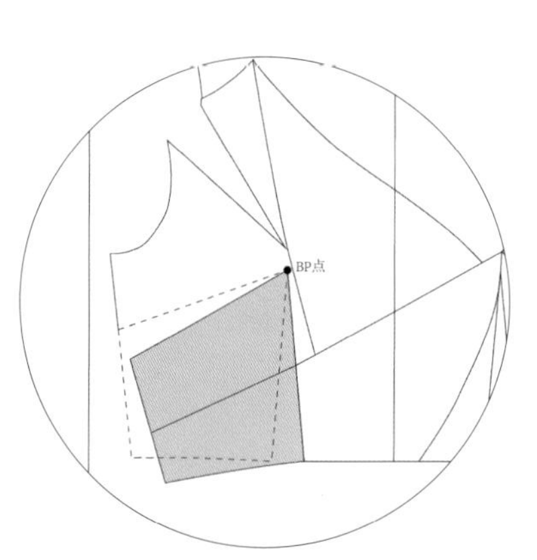

根据设计图将分割线画完整，注意靠近侧边的部分要参考底边形状。

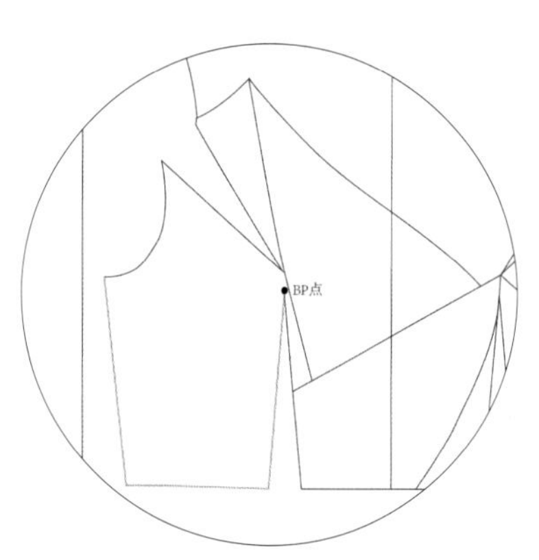

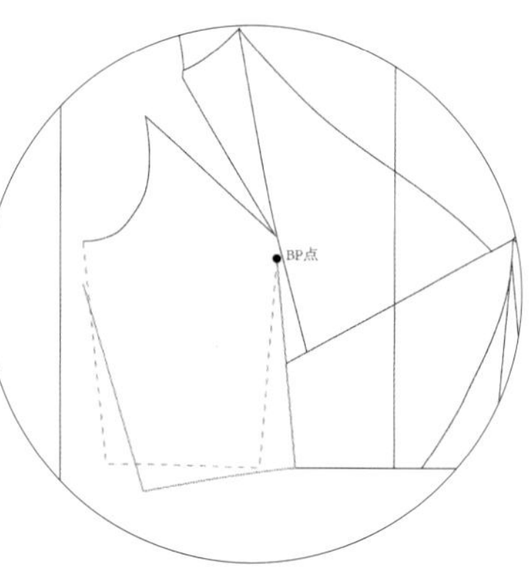

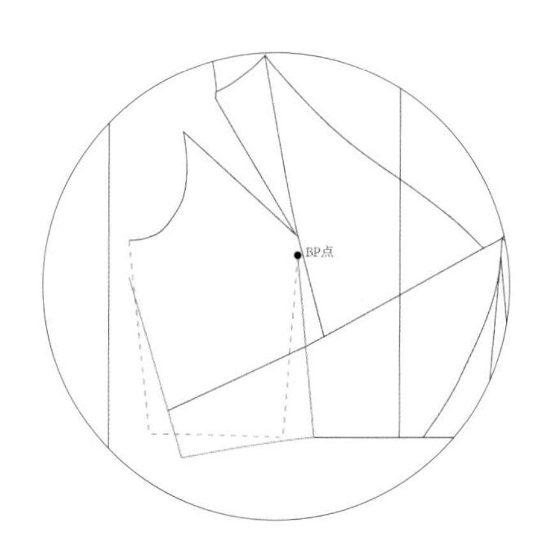

简化版：不加辅助线，直接转移衣片轮廓线。

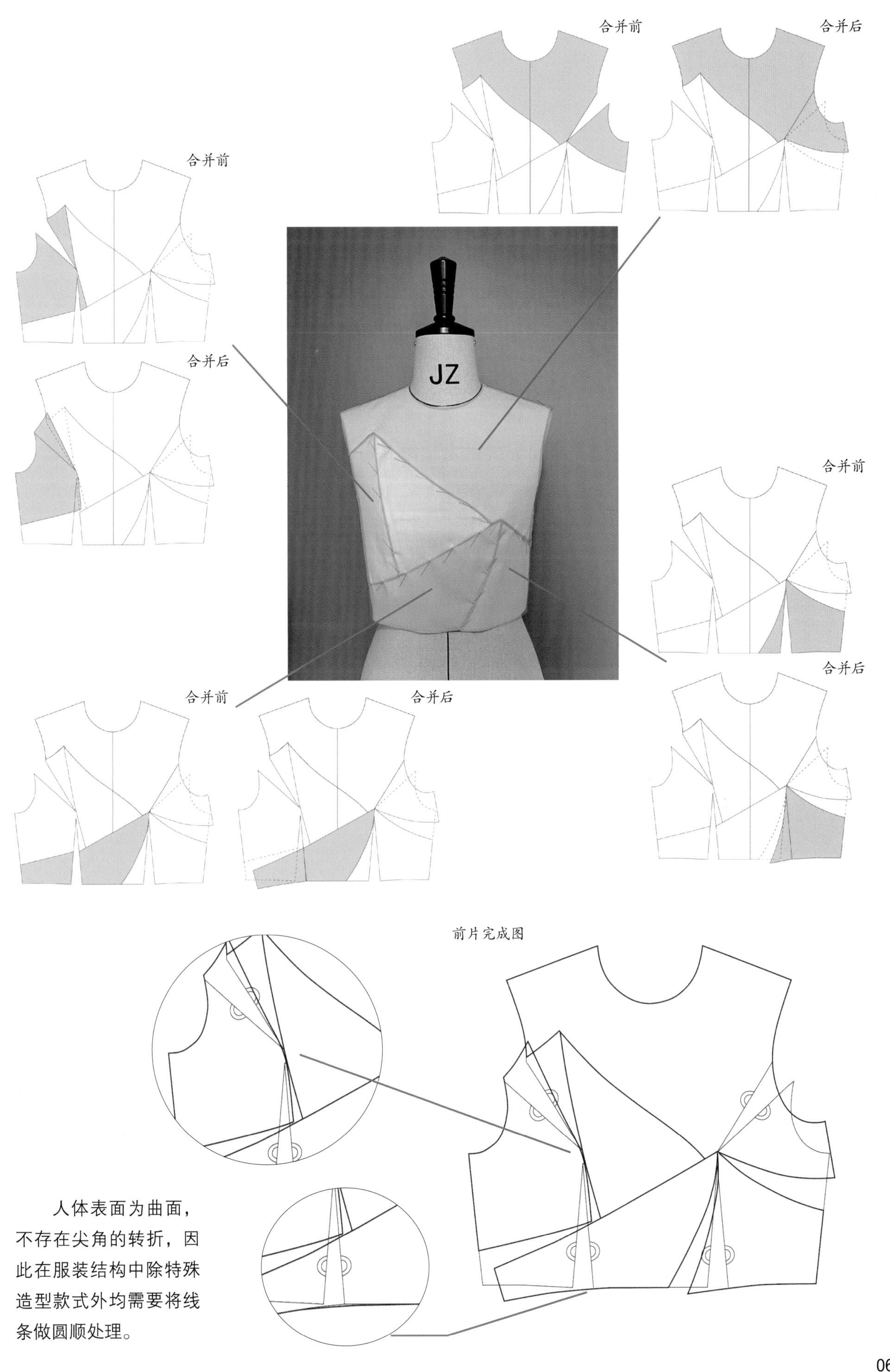

人体表面为曲面，不存在尖角的转折，因此在服装结构中除特殊造型款式外均需要将线条做圆顺处理。

红色和绿色两个区域都横跨了同一个省，则可以同时进行省的合并转移处理。

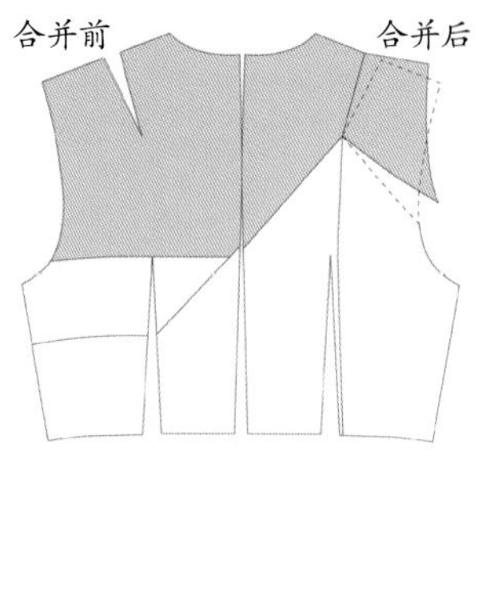

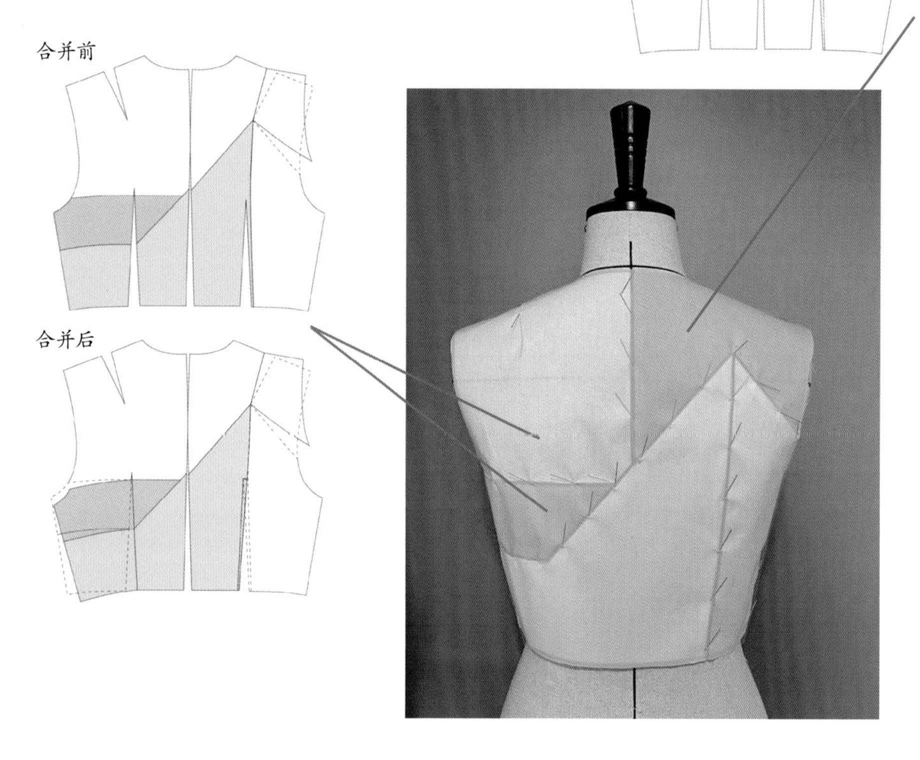

后片完成图

完成转省合并之后的结构图。

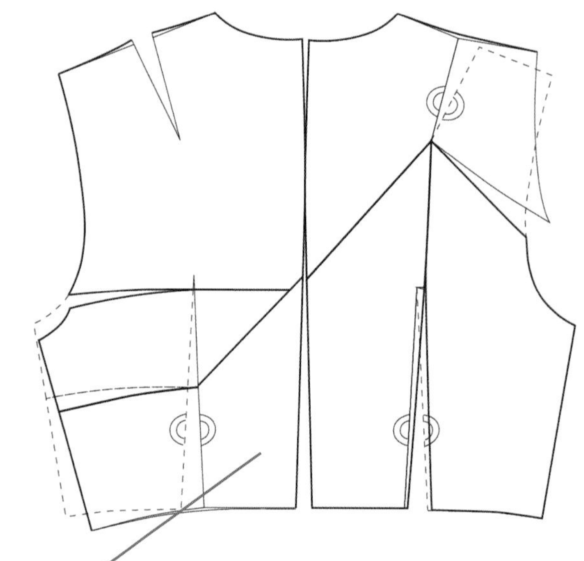

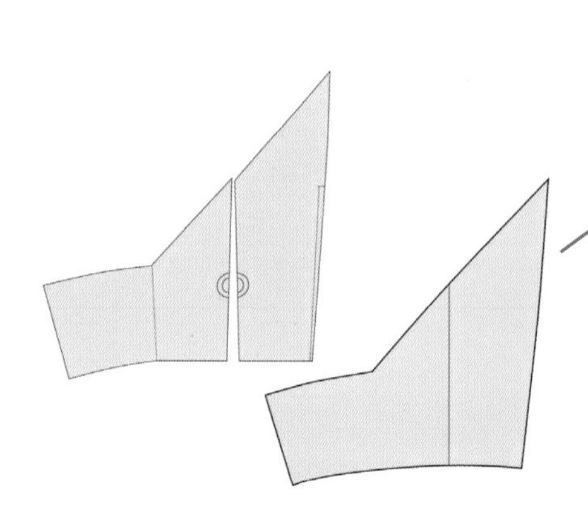

由于版面比较拥挤，后中省的合并在完成其他步骤之后单独进行处理。

6.3 省转移案例二：曲线型分割

6.3.1 审图

款式风格及特征

款式为收腰合体型短上衣，前衣身分割线经过 BP 点附近。

版型分析

衣身仅有腰线以上部分，平面制版时可用侧省合并的简化原型。

曲线分割较多，注意线条的流畅度和衔接角度，为了便于后期缝合，交接的尖角角度不能过于尖锐。

为了更好地处理省量和保证成衣外观的美观，分割线的设计可适当靠近 BP 点。

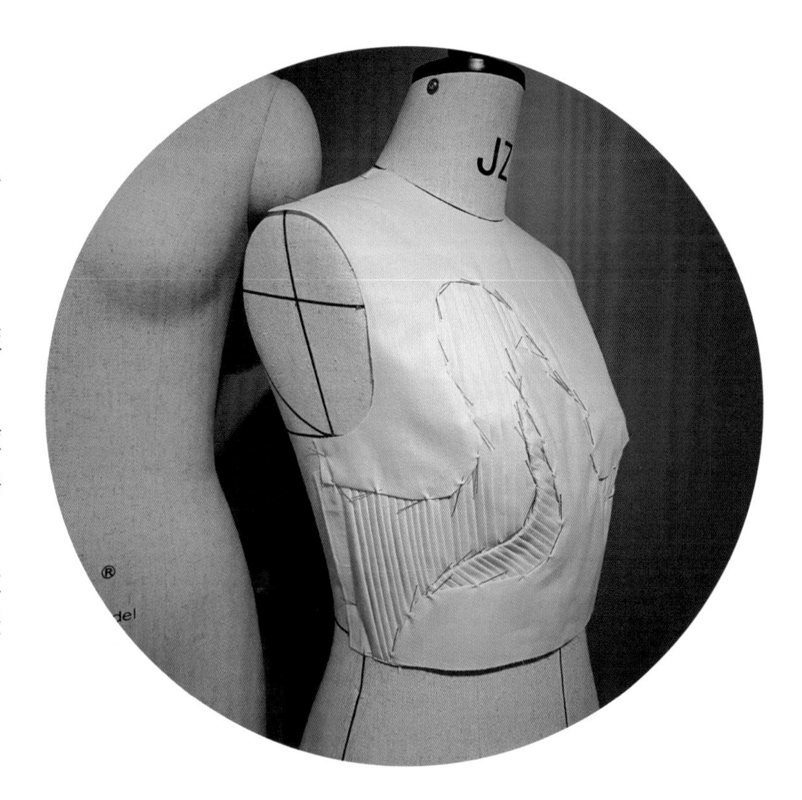

6.3.2 立体造型

使用的是腰围 73cm 的上衣原型。

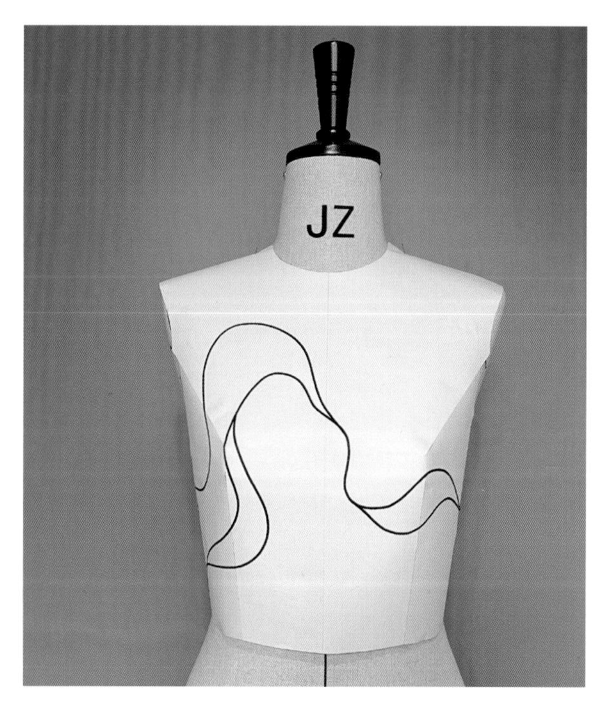

将原型粘贴好之后放回到人台上，然后根据设计图用标记带贴出分割造型线,注意线条的流畅自然。

6.3.3 平面纸样还原

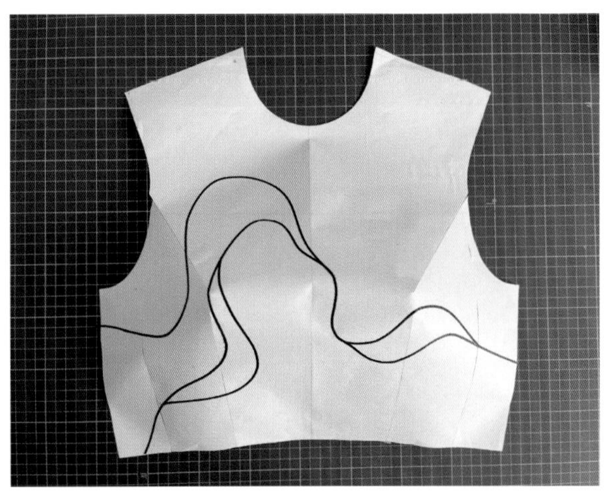

从人台上取下立体纸样。

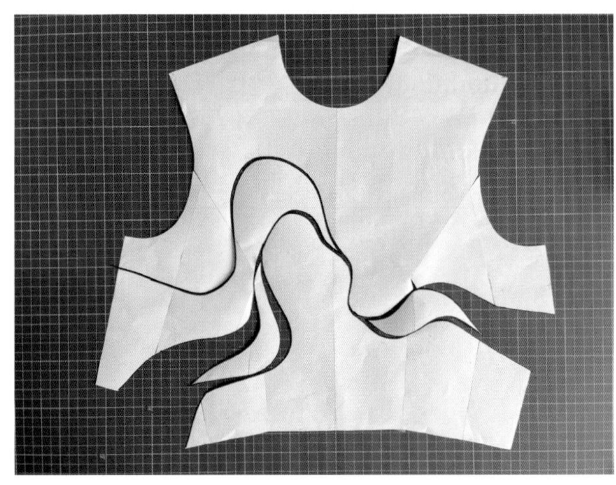

沿着分割线将立体纸样拆解成平面纸样。

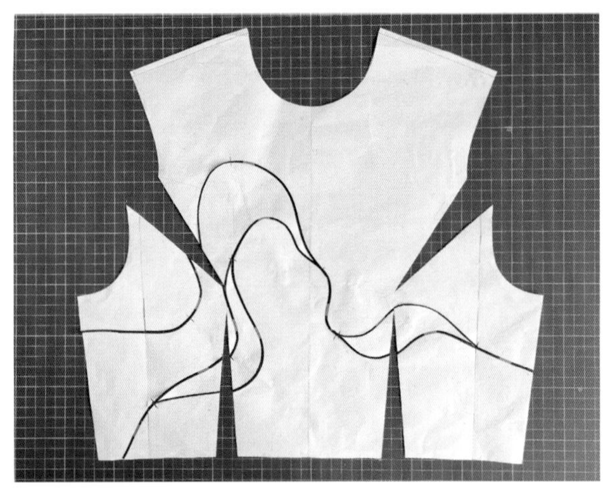

将胸省和腰省剪开得到完整平面结构图。

6.3.4 平面制版

根据设计图在原型上画出结构线和造型线，注意比例和位置关系。

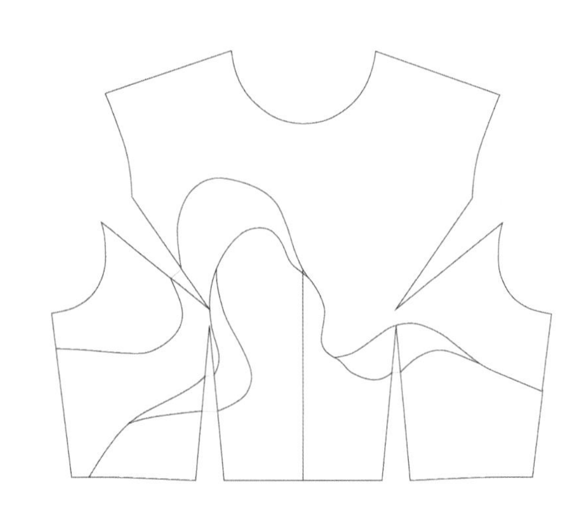

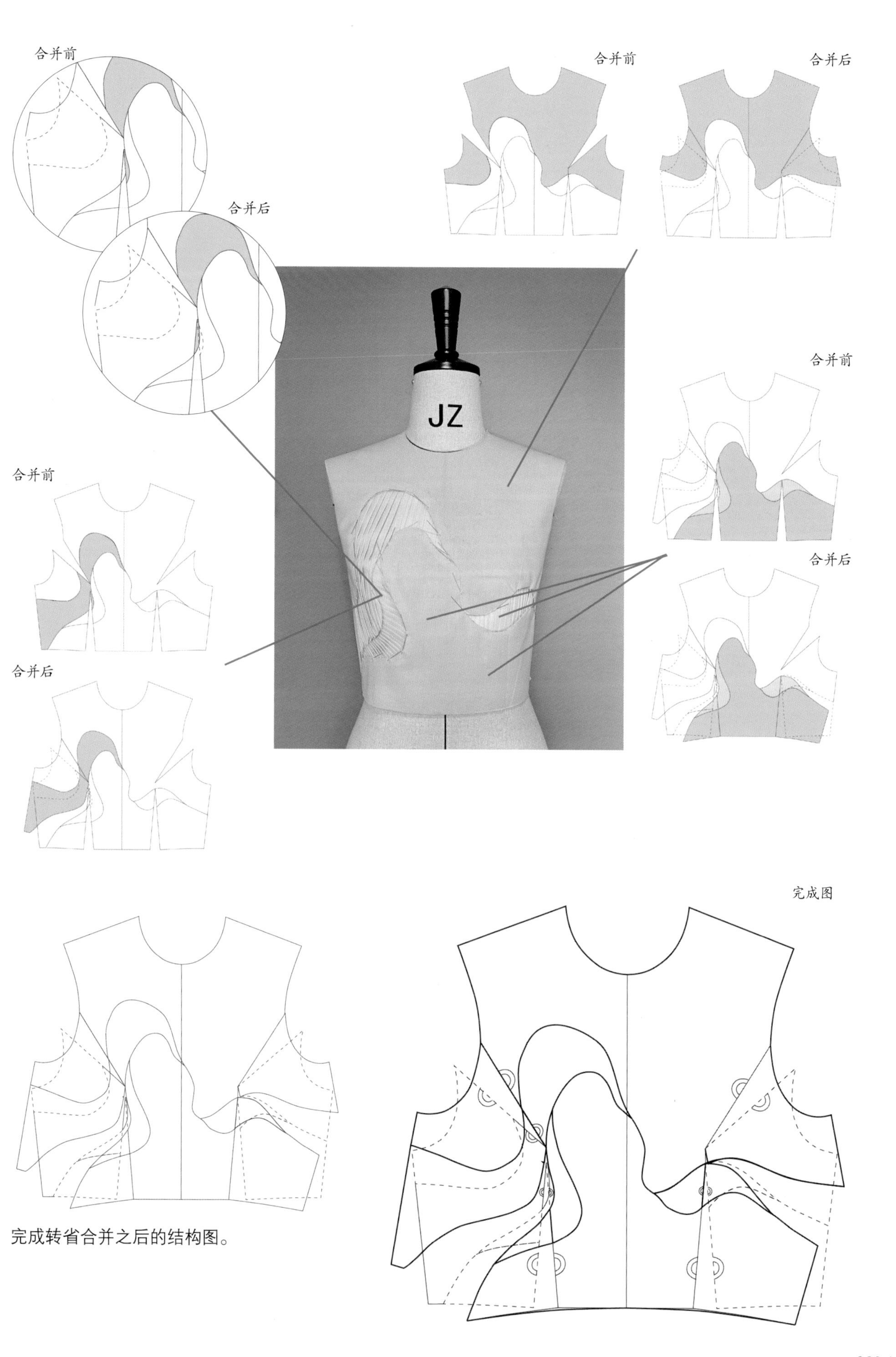

完成转省合并之后的结构图。

CHAPTER 7

服装成衣版型实例解析

7.1 立领衬衫裙

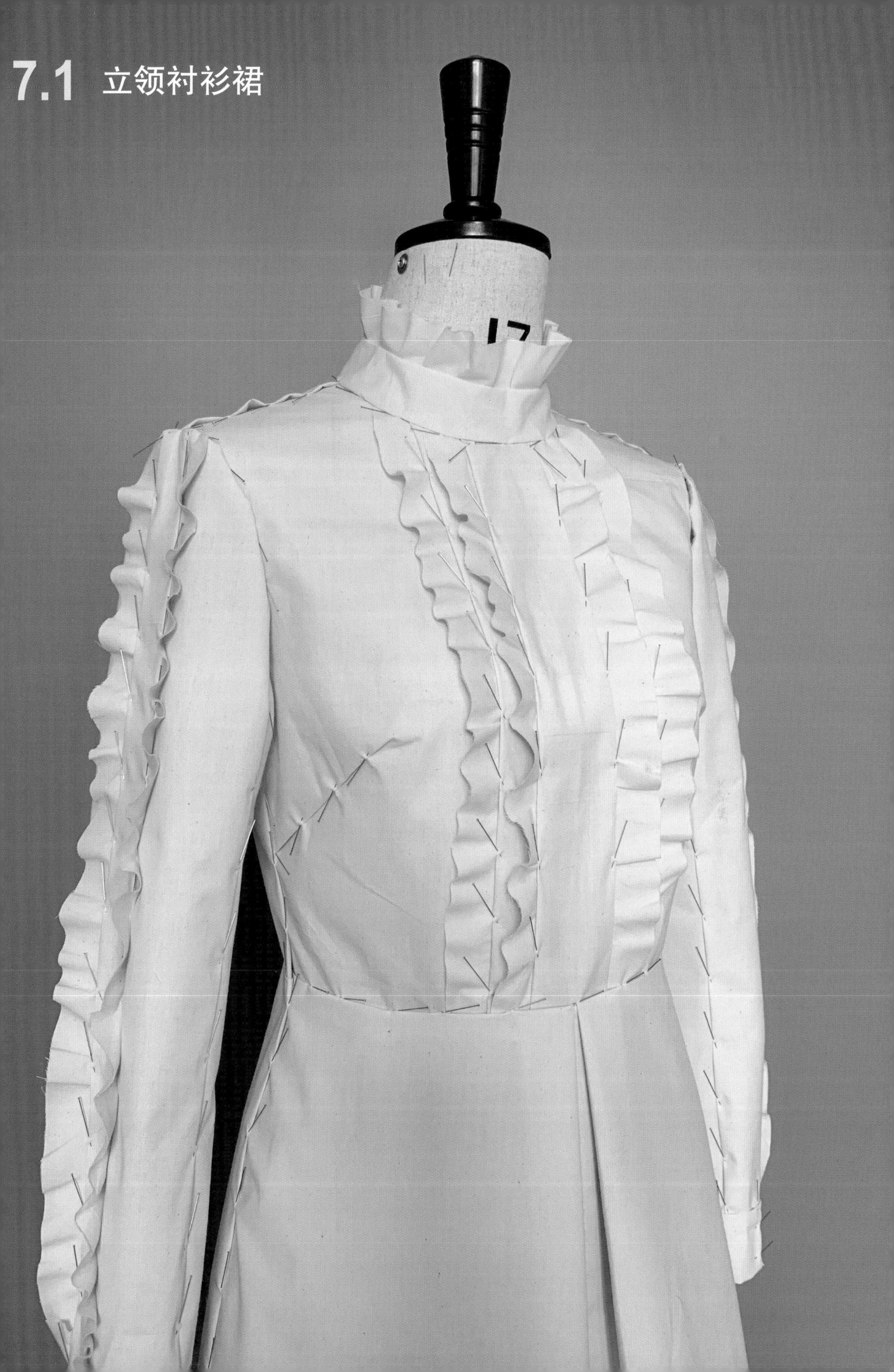

7.1.1 款式分析

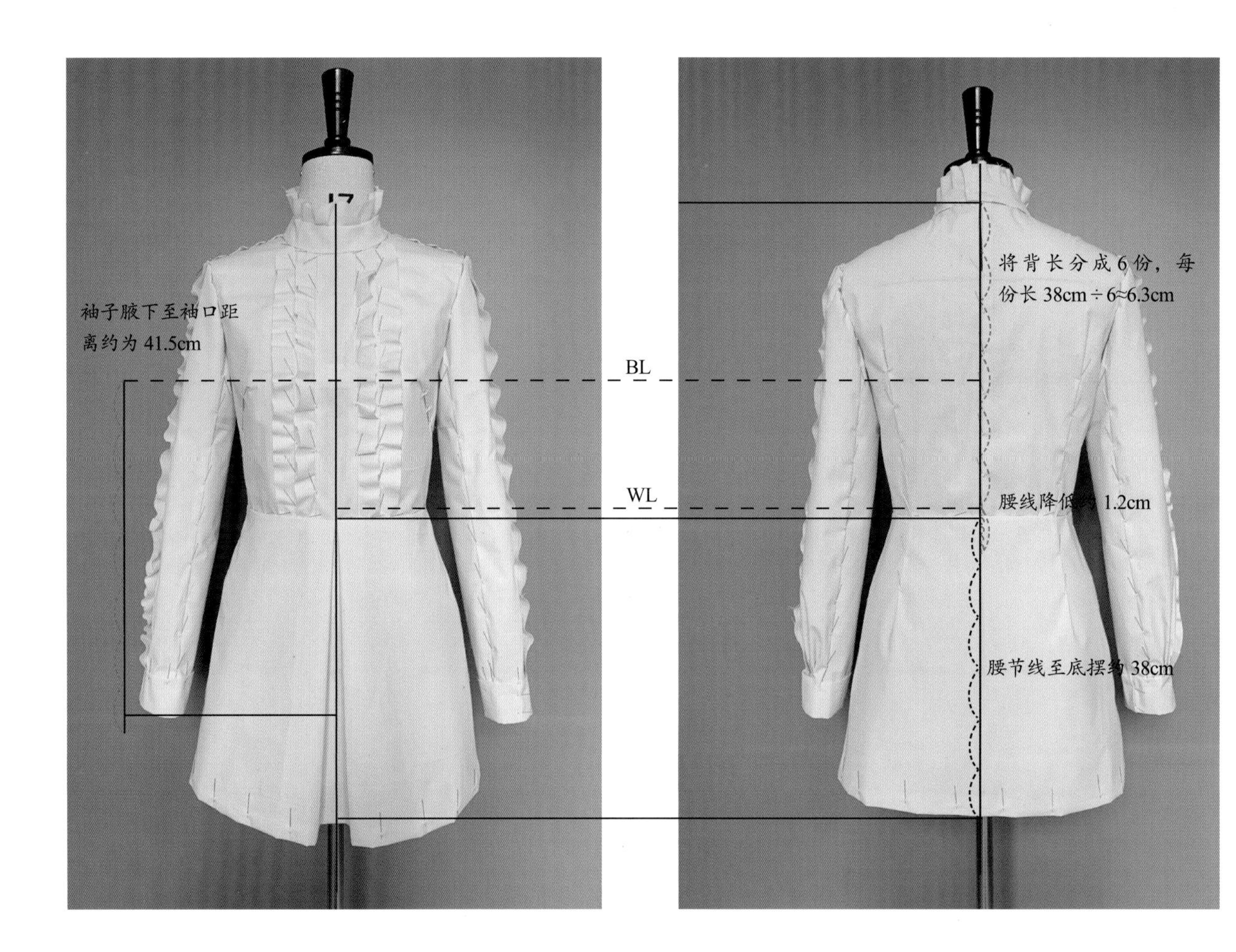

款式特征

上衣前片收腋下省，前胸竖向分割加两层荷叶边装饰，后片收腰省。

下裙前中做工字褶，后腰收省。

抱脖小立领 + 荷叶边。

袖子前后中线附近有分割线，袖中线附近有分割线且以荷叶边装饰，袖口为袖育克加褶造型。

版型分析

合体 X 型廓形，H 型肩，合体袖两片袖结构，裙长未过膝。

该款属于成衣款，衣身合体度较高，结构造型比较常规，用平面制版和立体裁剪的方法均可，但平面制版效率较高。

7.1.2 立裁过程

根据款式分析在人台上用标记带贴出款式造型结构线。

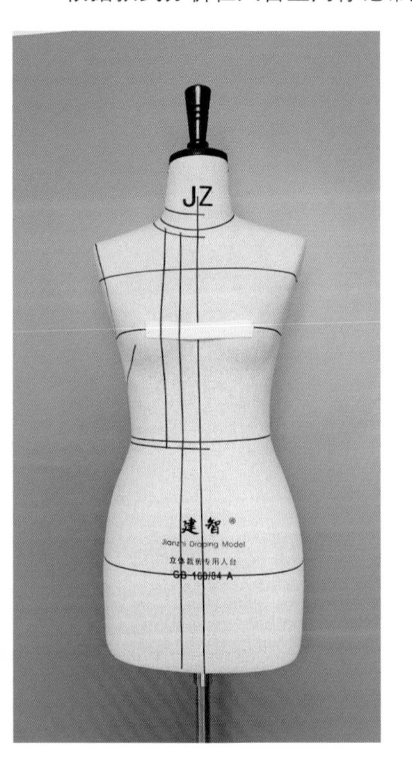

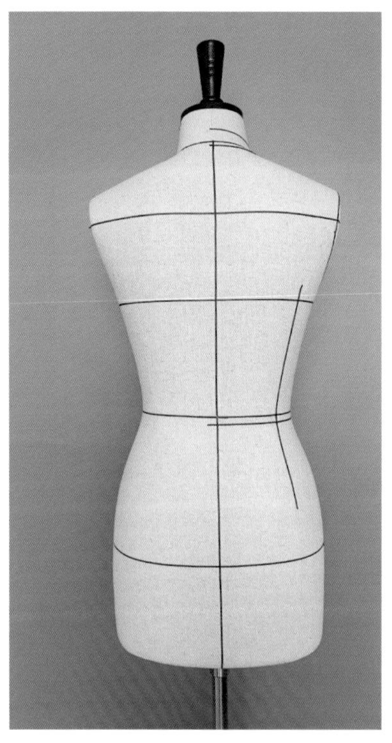

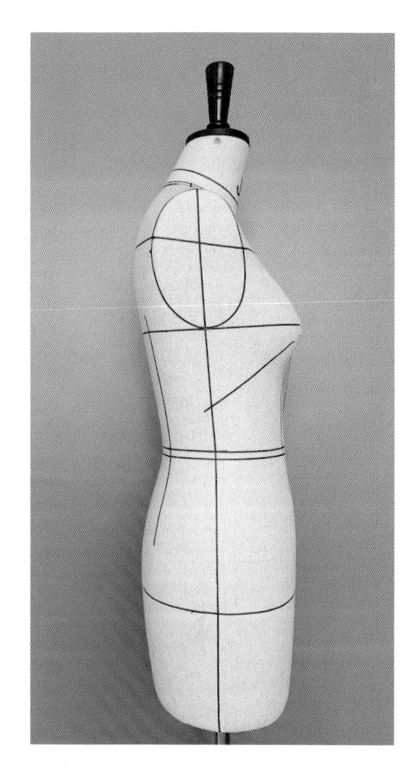

1. 制作前片

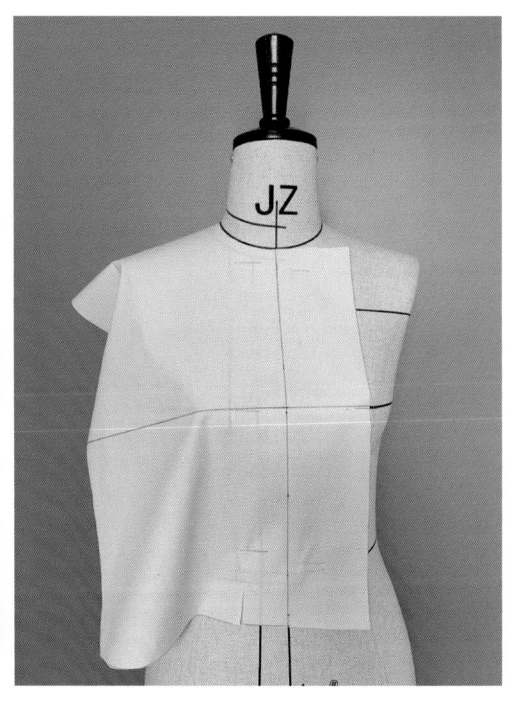

Step 01 将面料附在人台上，对齐前中线和胸围线，用大头针固定，预留 1cm 布边并修剪领窝，将浮余量推至侧边保证肩颈服帖。

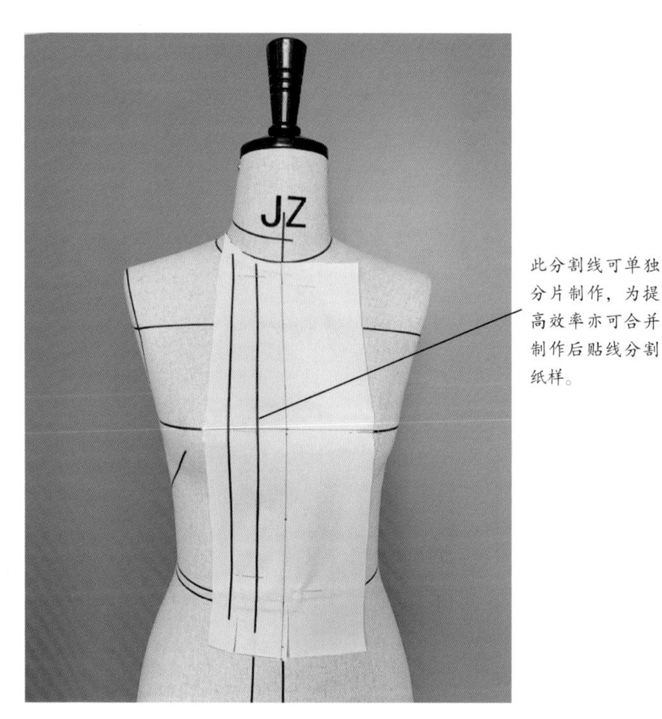

Step 02 用标记带贴出前中片的分割线位置和侧面边缘位置，预留 2cm 布边修剪侧面布边。

Step 03 在修剪下来的侧面布料上重新画上十字交叉线，将侧片垂直置于人台侧面，注意中心线要保持竖直。固定胸围线，整理服帖后将胸以上部分浮余量捏合在一起。

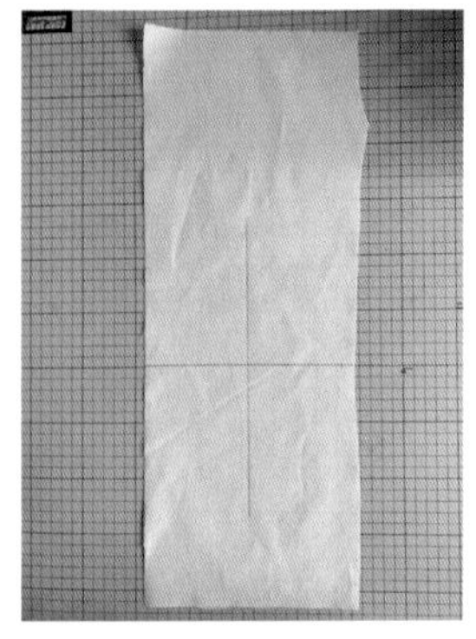

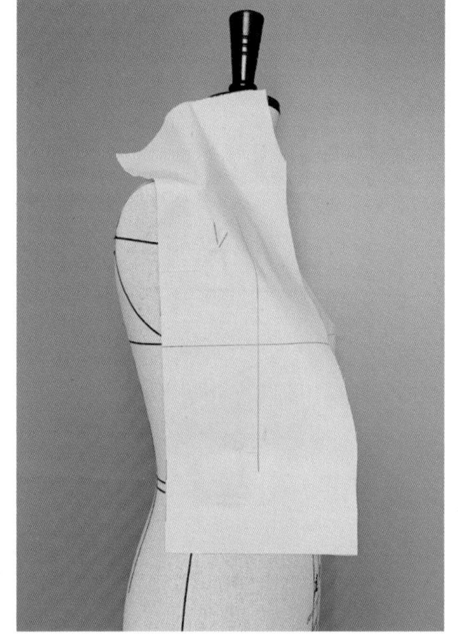

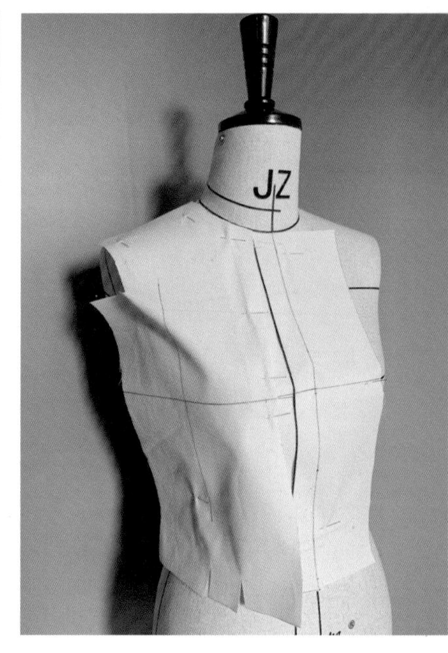

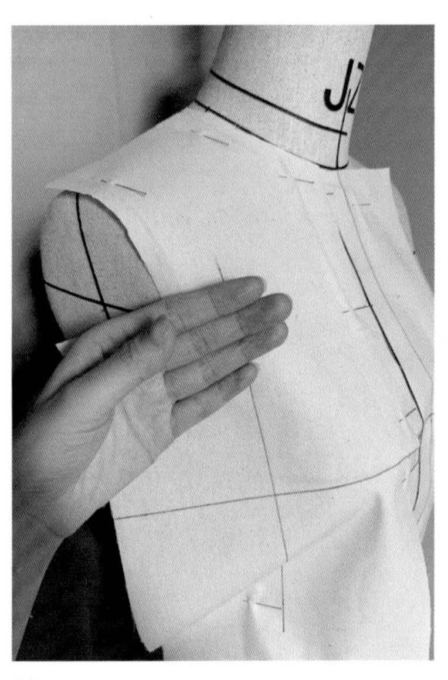

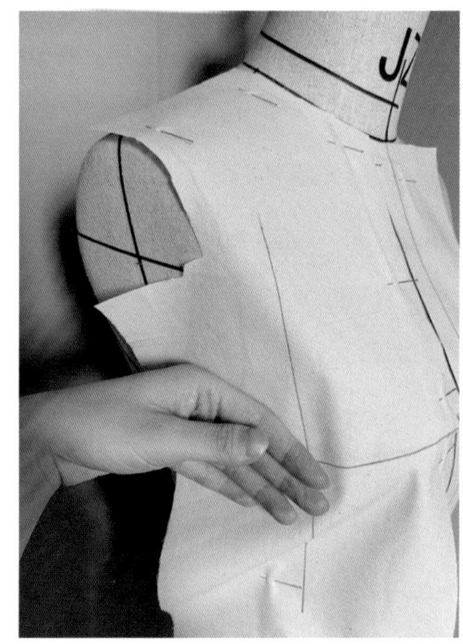

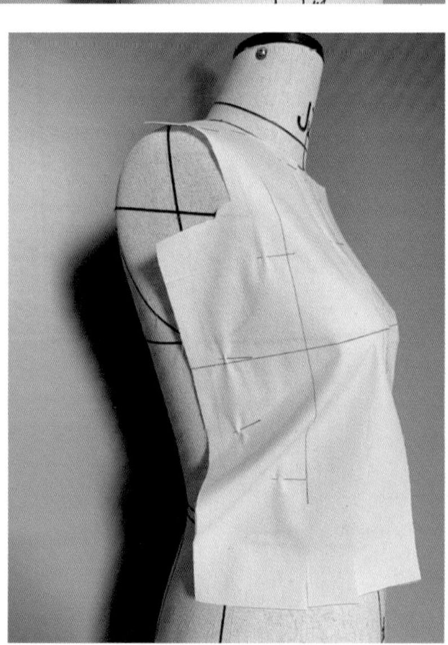

Step 04 将侧缝固定针取下，将胸围上浮余量向下推至侧缝，用大头针固定两侧。

Step 05 ①将腰部浮余量聚拢，边整理边在腰线以下部分打剪口，注意剪口与腰线之间要有一定距离。

②腰部浮余量留一部分作为腰部松量，其余的均转移到侧缝，与胸省的转移省合二为一，用大头针别合。

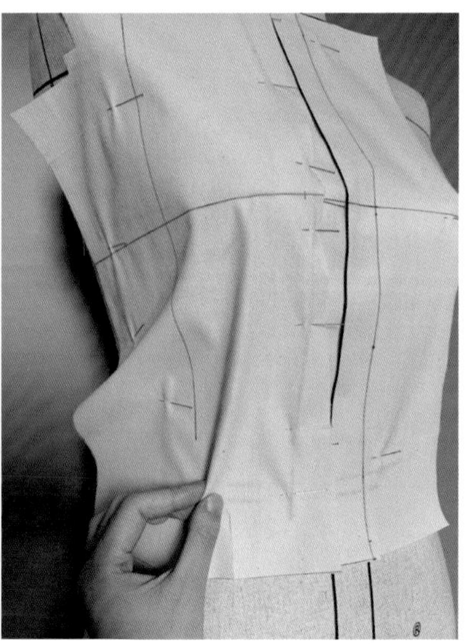

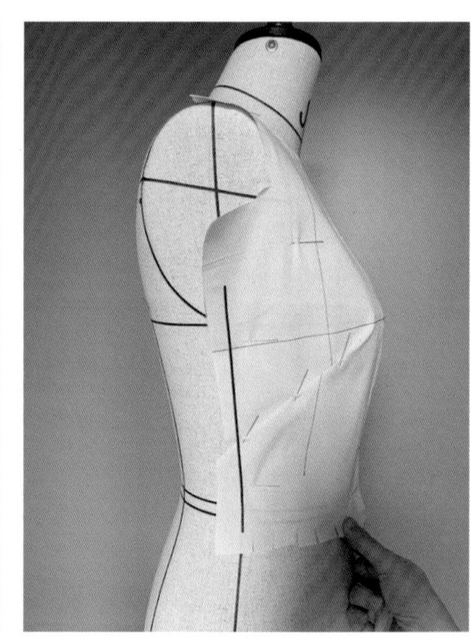

2. 制作后片

Step
01

①将后片置于人台上，后中线和背宽线分别与人台对应并用大头针固定。

②将肩颈处（背宽线以上部分）浮余量聚拢到肩线处后修剪领窝。

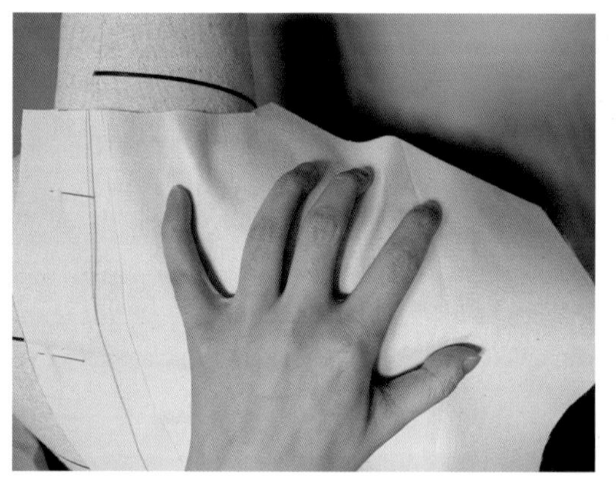

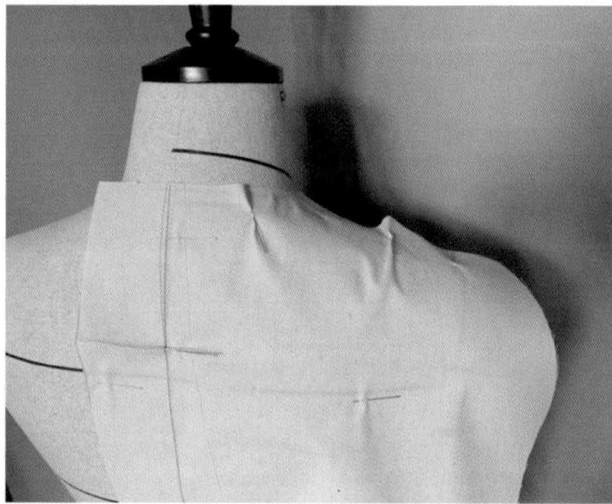

Step
02

手掌从肩胛骨的位置向肩部推动，利用手指将肩省分散到后中线、领口、肩线、袖窿等处，形成肩省的分散处理。

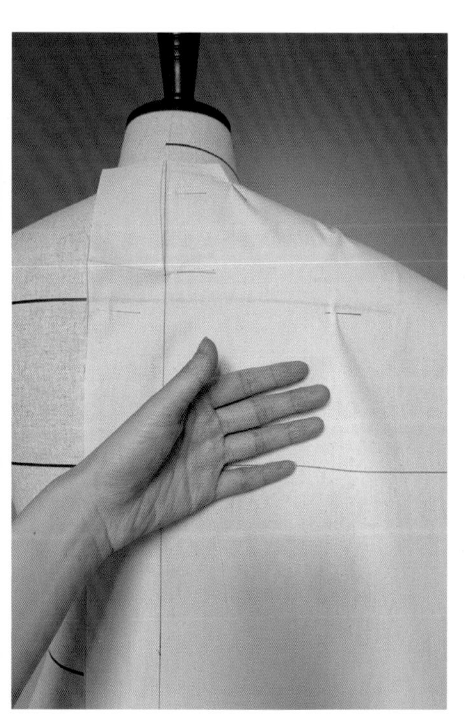

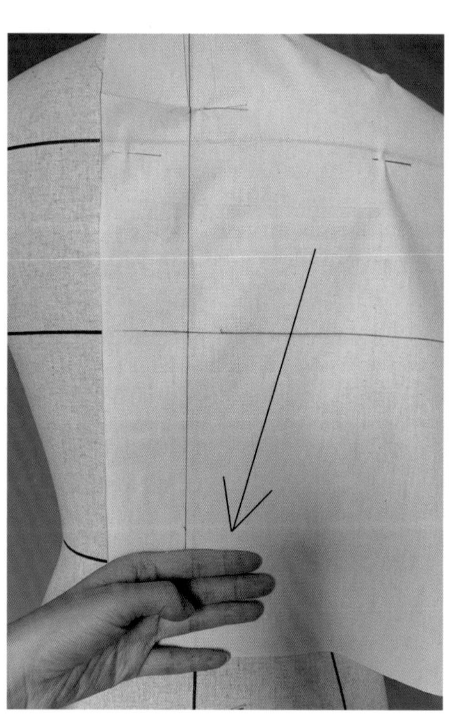

Step
03

将后片背宽线以下部分顺直，然后利用手背斜向下抹平，在后中位置形成中线的偏移，进行收量处理。

Step
04

①将布料水平绕至侧面并用大头针固定。

②双手配合顺着肩胛骨附近竖直向下将腰部浮余量聚拢到腰省位置处。

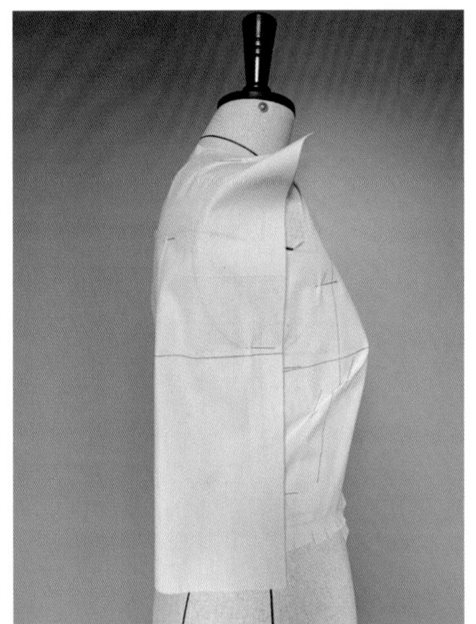

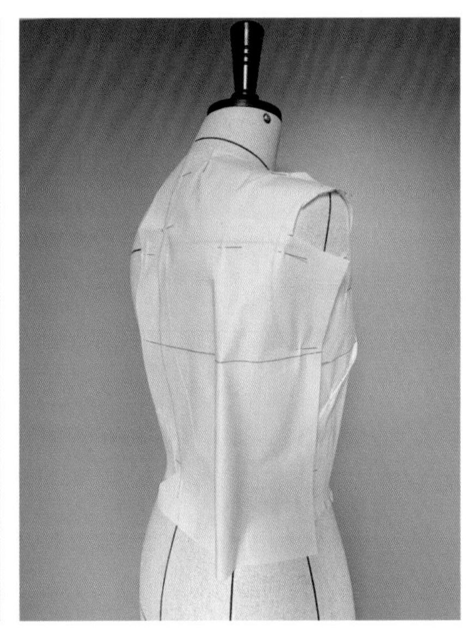

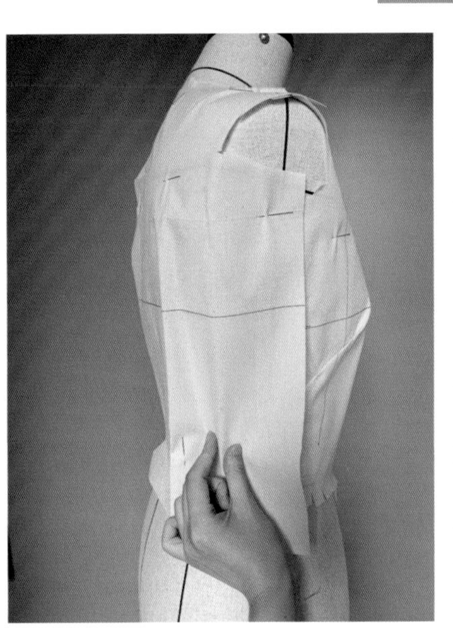

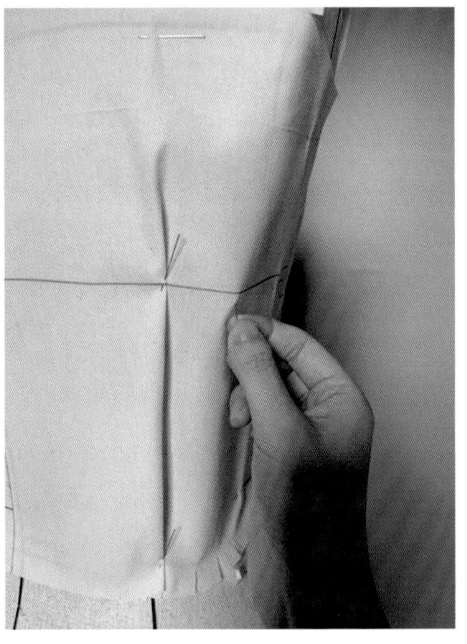

Step
05

留出部分浮余量作为松量，使整个后背腰部呈现饱满平顺的状态。

Step
06

将侧缝重叠，并用大头针别合，适当修剪袖窿。腋下点以上部分侧缝线亦需别合固定，确保整个袖笼呈现圆润的状态，同时松量均匀，张弛有度。

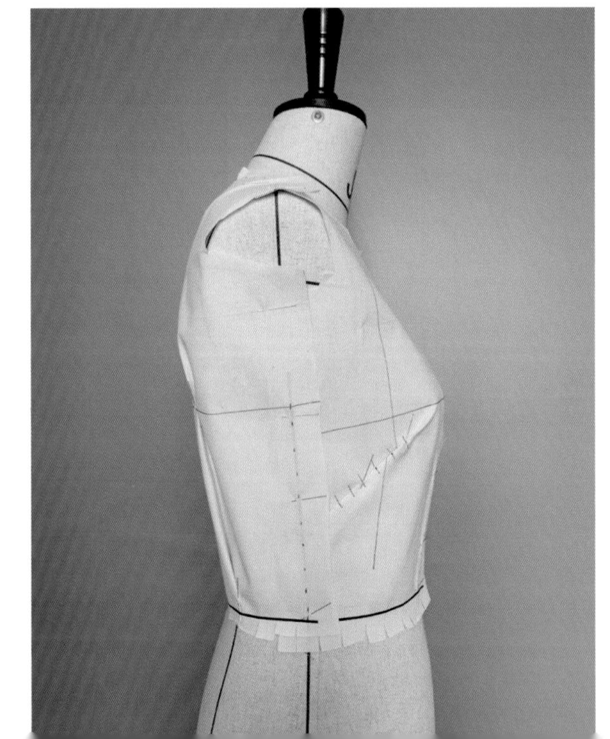

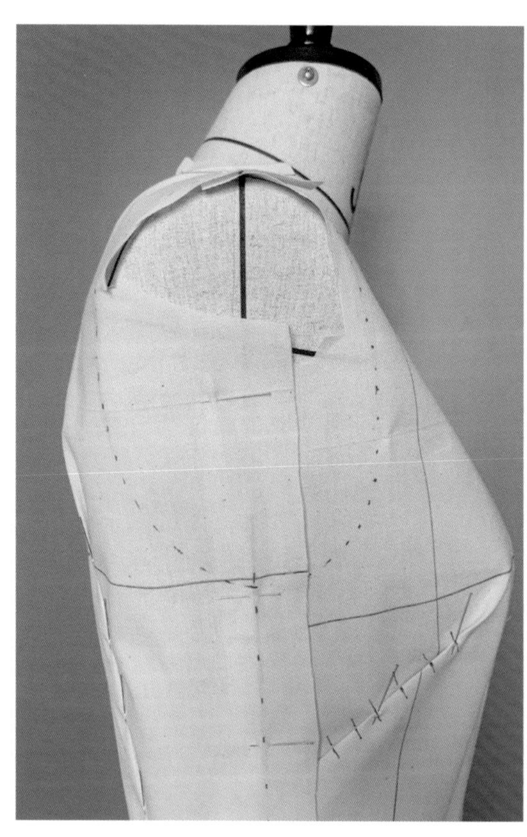
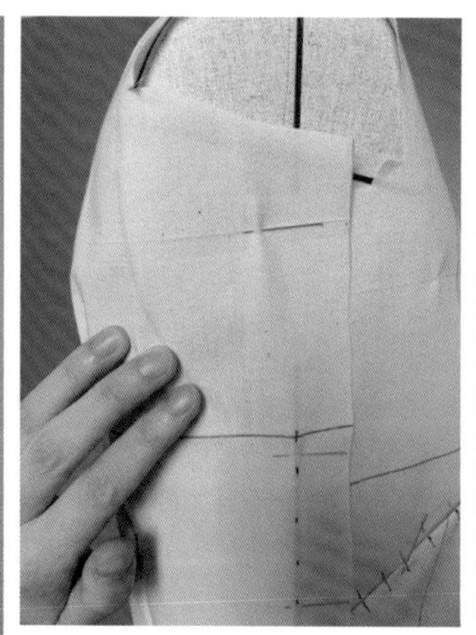
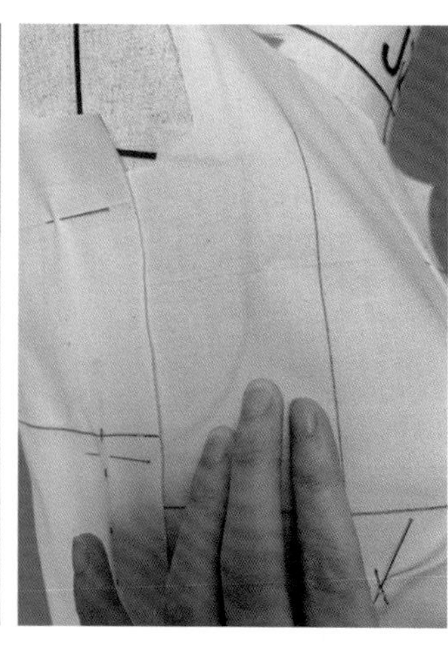

Step
07

使用记号笔，以点按的方式将衣片按压在人台上描绘袖笼形状，不可推移。

注意：整个侧缝上下均需留一定的松量，不可拉扯，同时也不能过松，上下松量均匀一致。

3. 制作裙片

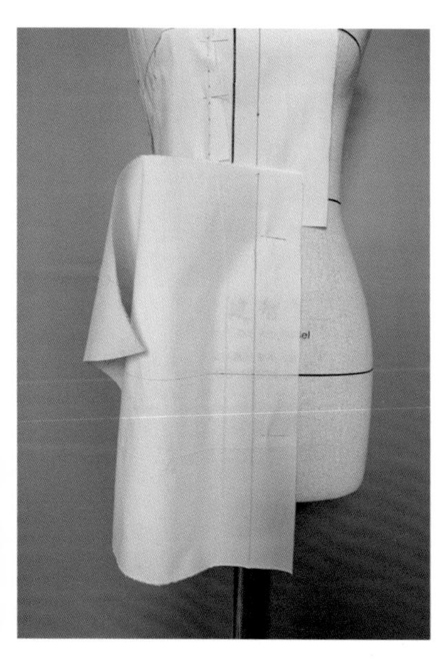
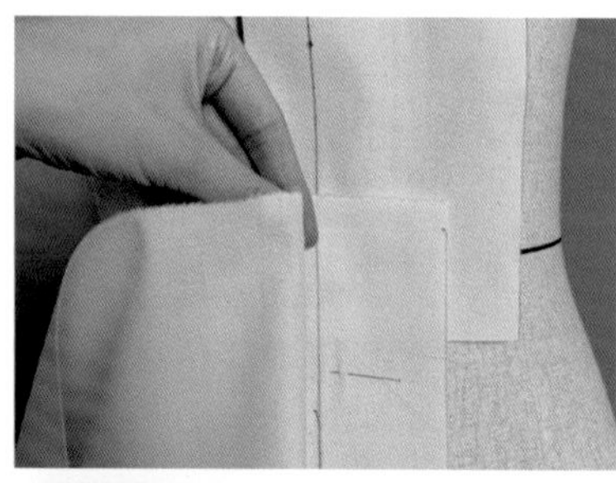
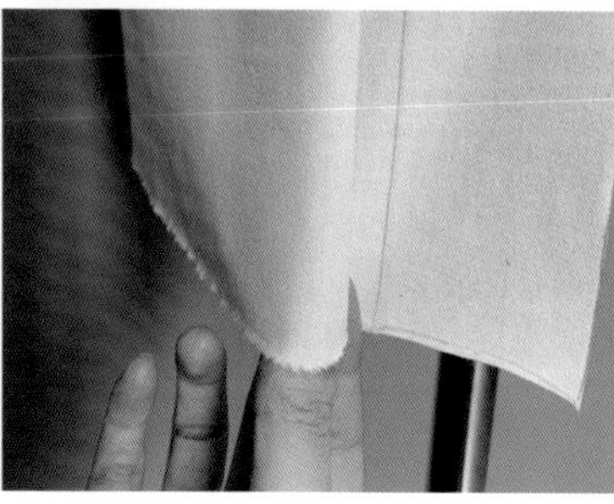
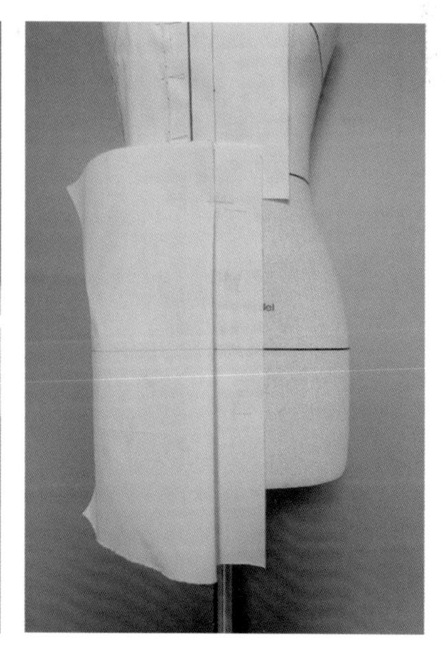

Step
01

①将前裙片备布置于人台上，臀围线和前中线均与人台对应重合。

②根据款式，前中需做褶裥，此为工字褶。手法为两只手分别捏住裙片上下端，根据褶裥大小折叠，注意上下一致 。

Step
02

将腰部浮余量推至侧缝处使腰部服帖，边整理边在腰围线以上布边打剪口。

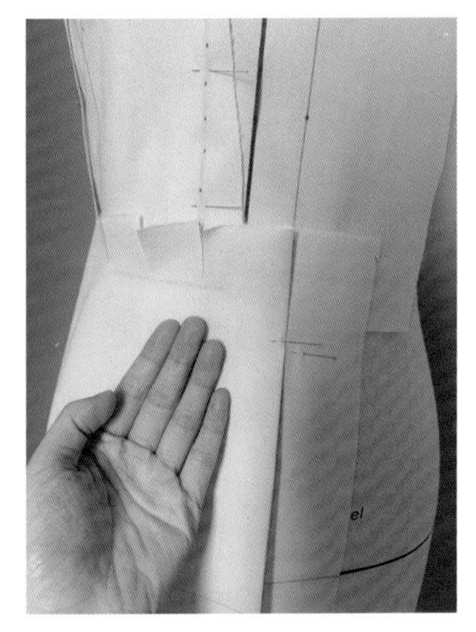

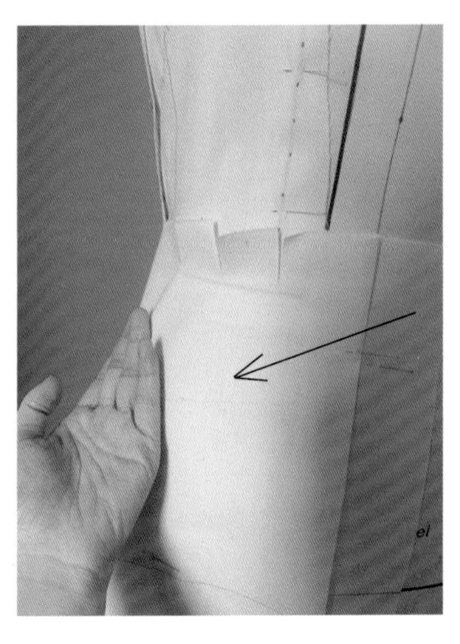

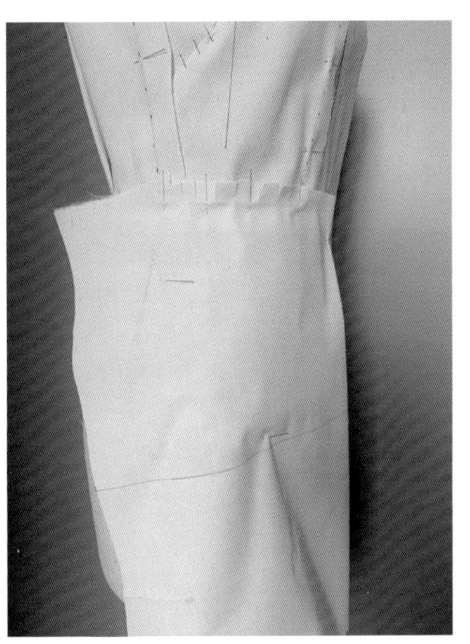

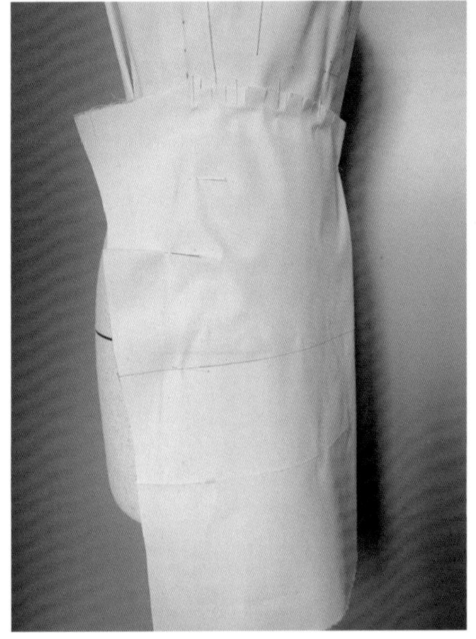

Step
03

在侧缝臀围线与腰围线之间2/5处预留约0.5cm缩缝量，其余浮余量全部推移至下摆，用大头针固定并修剪侧缝。

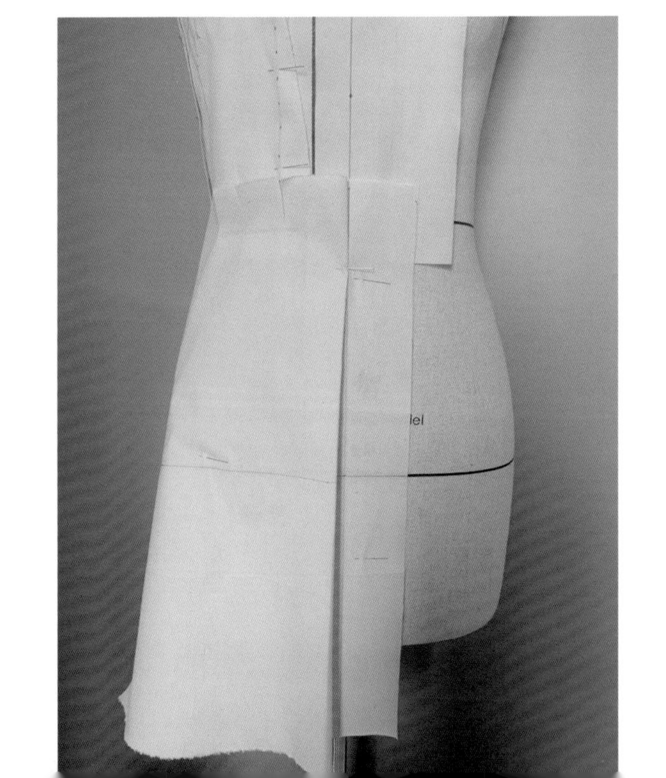

Step
04

完成后的前片效果。

Step
05

①将后片备布置于人台上，臀围线和前中线均与人台对应重合，用大头针固定。

②侧面沿着臀围线水平拉至侧缝，留部分松量后在侧缝处固定衣片。

③将臀围线以上部分浮余量聚拢，在腰线以上部分打剪口并调整。

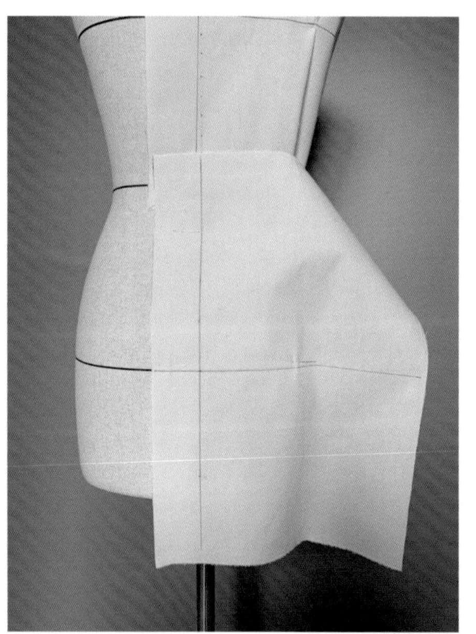

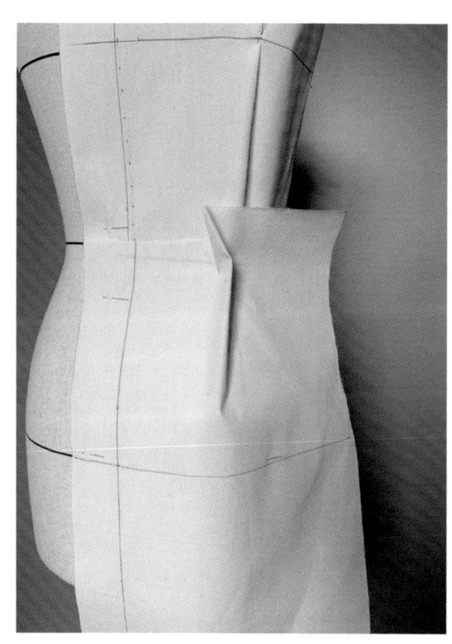

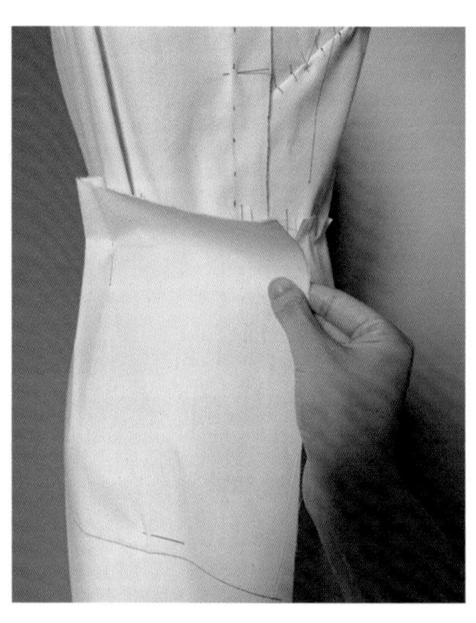

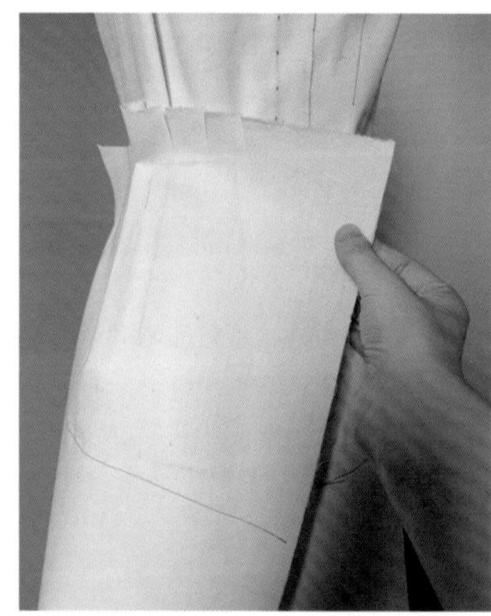

Step
06

①将腰部省量分一半保留，其余部分放开并将其推移至下摆，使下摆呈伞状，打剪口整理腰线，观察前后裙摆打开幅度调整转移量，使前后裙摆达到平衡状态。将上下腰线别合，保证其围度和松量一致。

②将前后侧缝线重叠，观察侧面下摆散开角度，当与前后裙片打开幅度接近后将侧缝别合，用标记带沿裙摆一周标记底摆线。

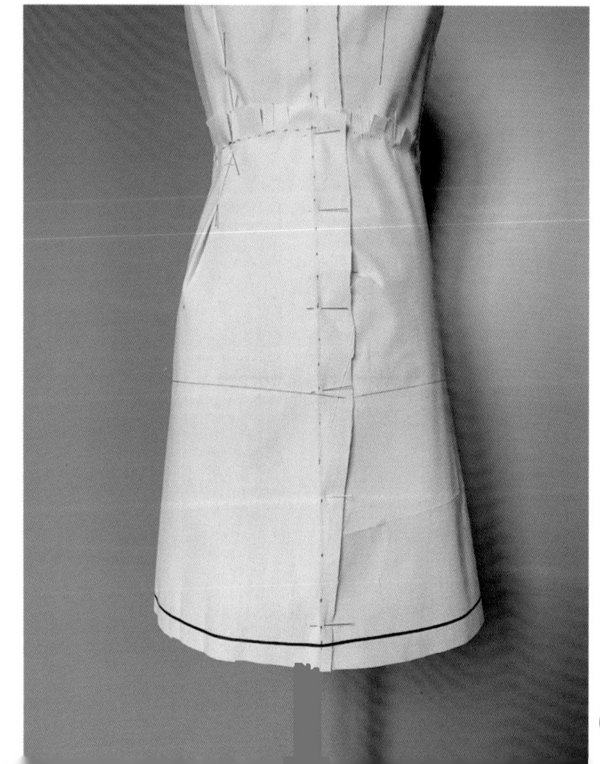

Step
07

完成后的侧面效果。

4. 制作领子

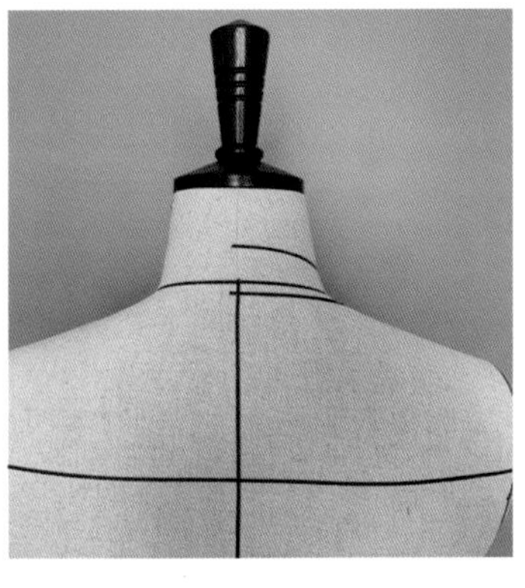
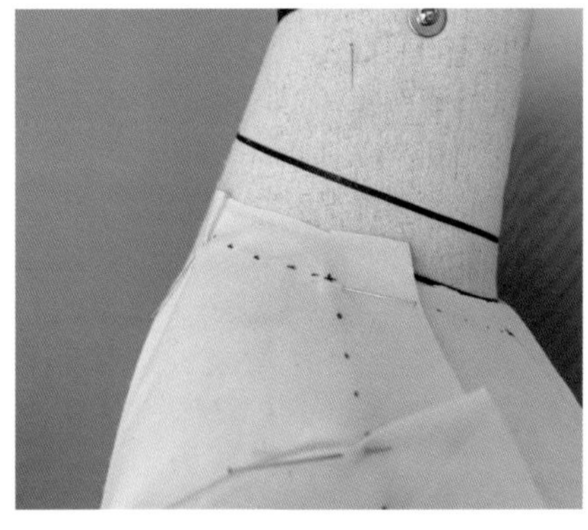

Step
01

根据人台标线在衣身坯样上描出领窝线。注意线条圆顺，无凹陷或凸起。

Step
02

将领子备布后中竖线和下口横线对准人台后中线和领窝后中线，用大头针固定。

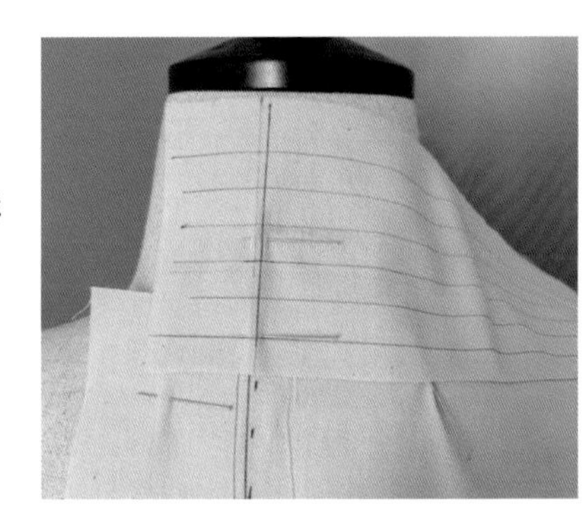
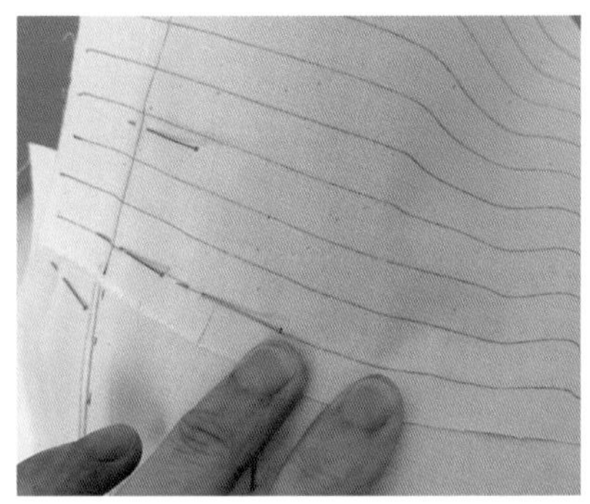

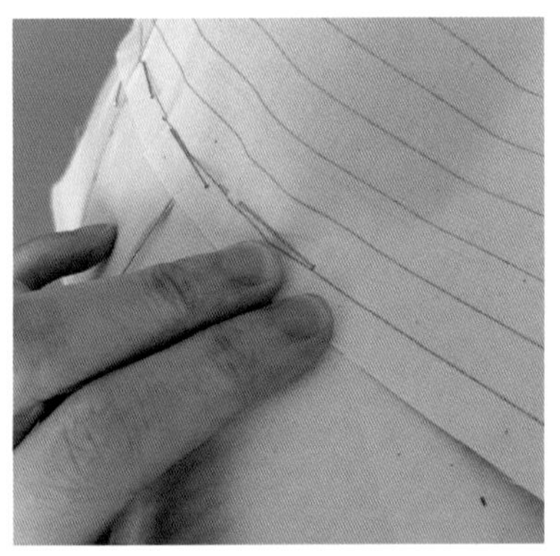
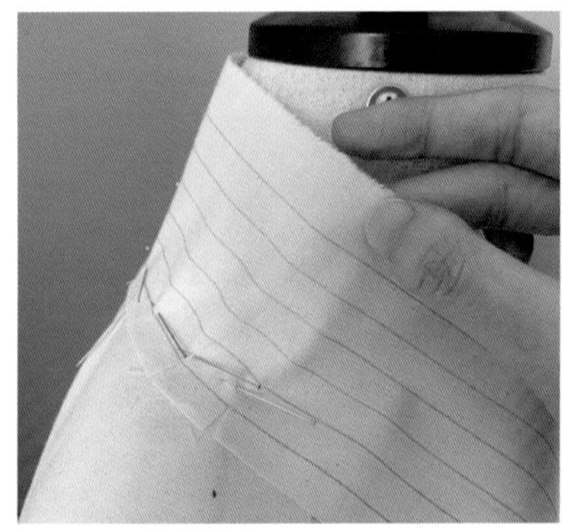

Step
03

将领布沿着领窝线前绕，边绕边在领下口打剪口以使领上口向脖子倾斜，两手上下配合，使上口与脖子之间保持一根手指的松量，下口圆润均匀。

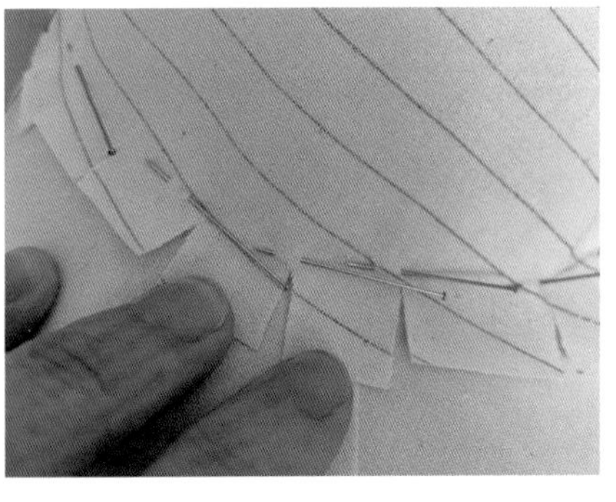
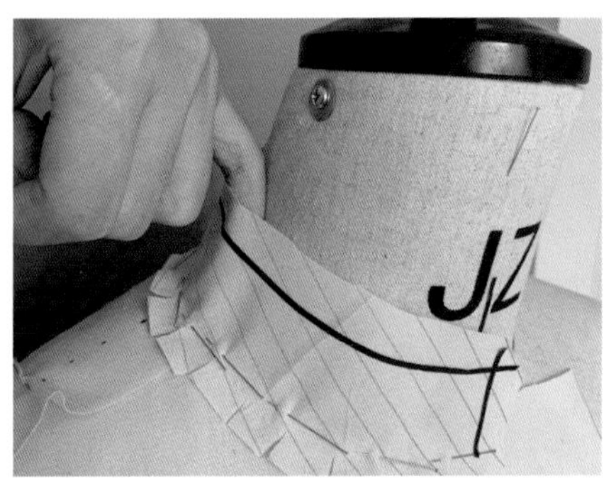

Step
04

基本造型确定后可进行细化，剪口间距缩短更加密集，领下口转折更加圆润，过程中不断调整领上口与脖子之间的松量关系。

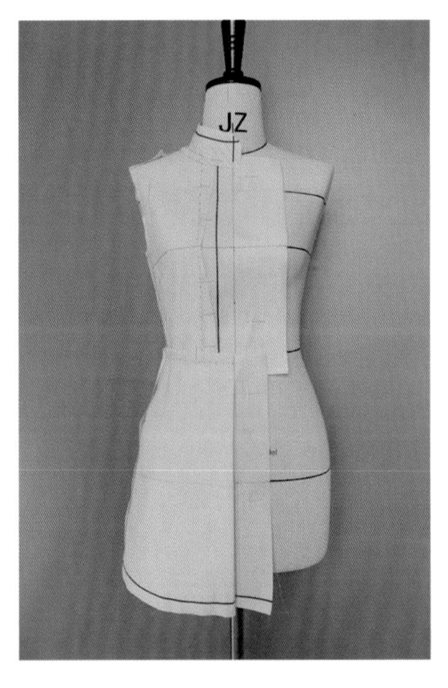

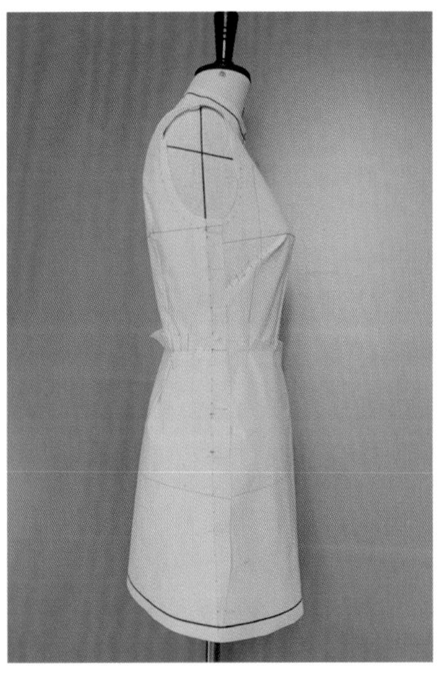

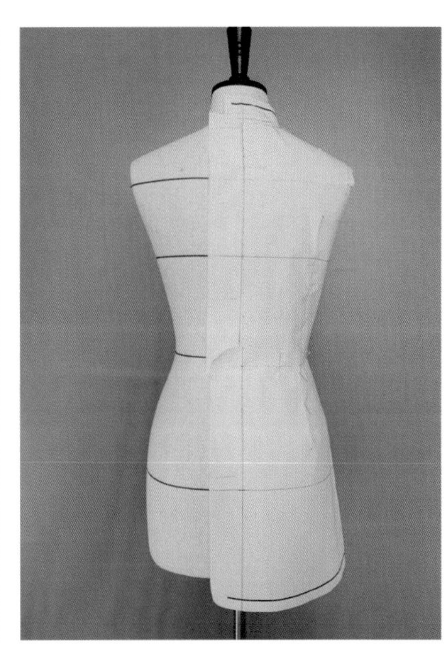

Step
05

将所有人台上的固定针移除（前后中线附近的除外）后调整衣身，并用记号笔标记所有轮廓线和结构线。

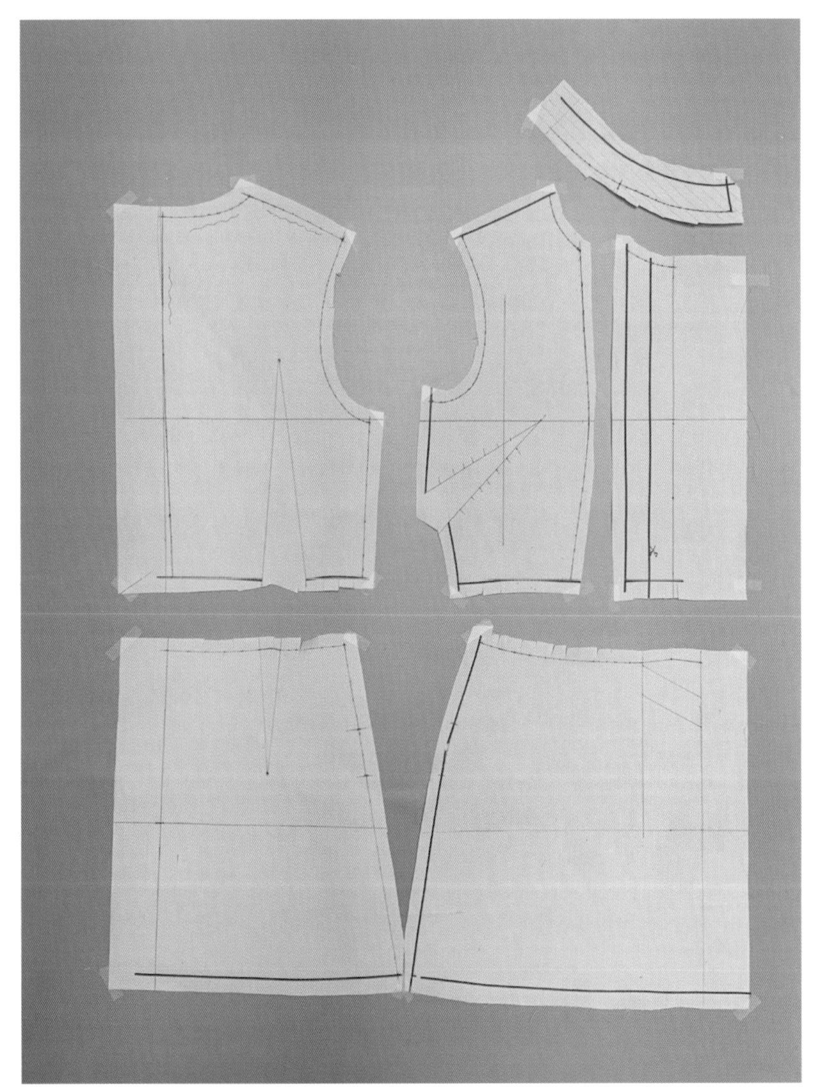

Step
06

①取下坯样后，对线条做修正处理，使弧线圆顺，直线顺直。

②复核并调整相关线长度使其保持一致，标记省位、工艺符号和布纹线等。

7.1.3 制版过程

1. 上衣

Step
01

根据款式分析所得数据对原型进行调整：

①此款连衣裙较为合体，胸围和腰围松量较少，可直接沿用表皮原型基础数据。

②此款衣领较为抱脖，但立领加荷叶边的组合需要领子与脖子之间留出足够的活动量，因此对原型领窝进行开大处理。

③裙摆廓形为小 A 型，因此侧缝需外扩一定的量以满足造型需要。

④根据款式造型，绘制新腰线和前中分割线。

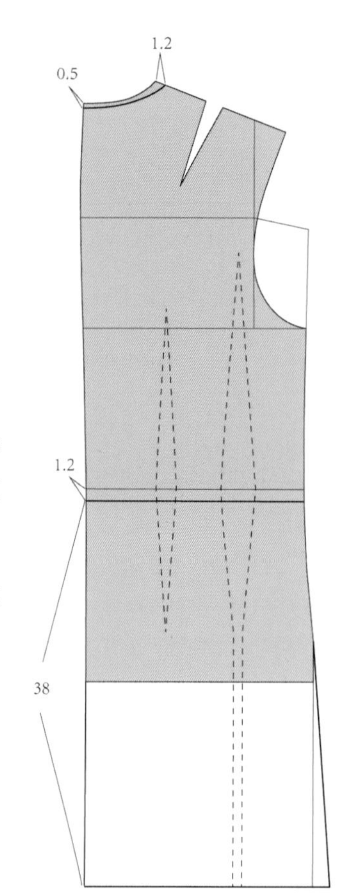

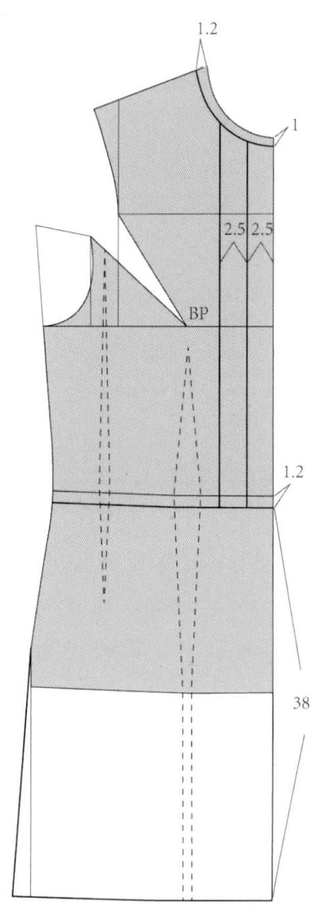

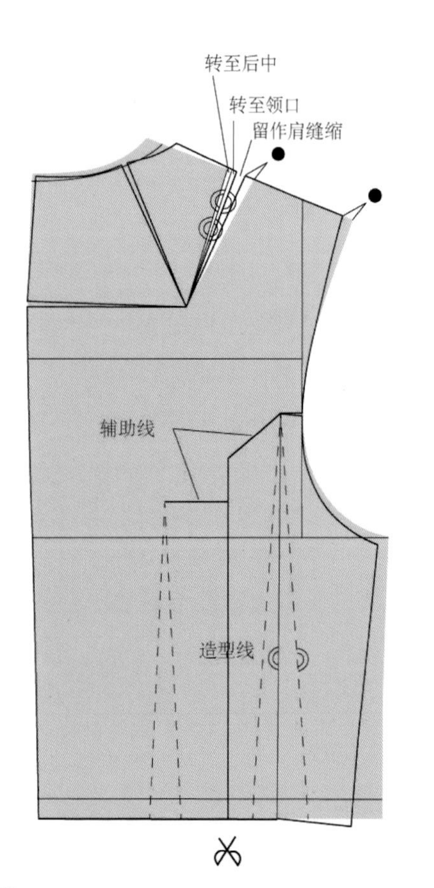

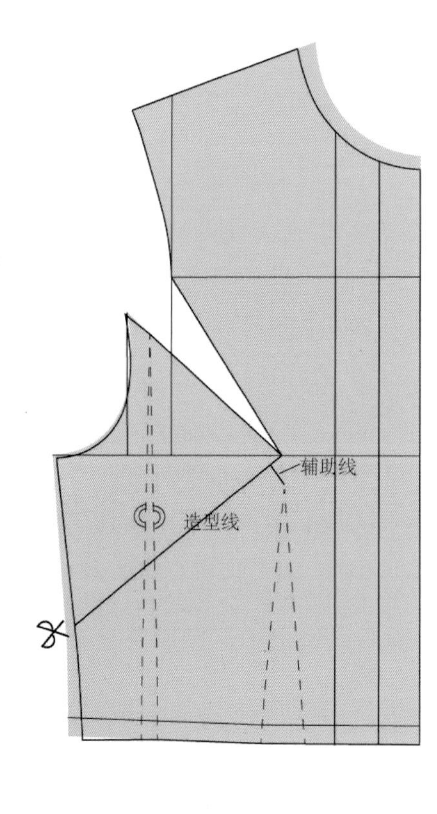

Step
02

①将肩省分散至后中、领口、肩缝和袖窿。

②后片侧省部分合并，前片侧省全部合并。

③画出前侧缝省和后腰省的造型线。

Step
03

将后侧腰省合并转移，完成后衣片的结构处理。

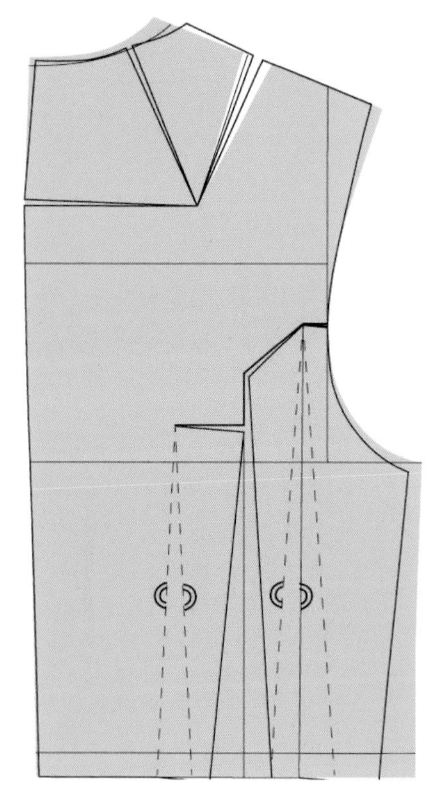

Step
04

将前胸省和腰省均合并转移至侧缝省，完成前衣片的结构处理。

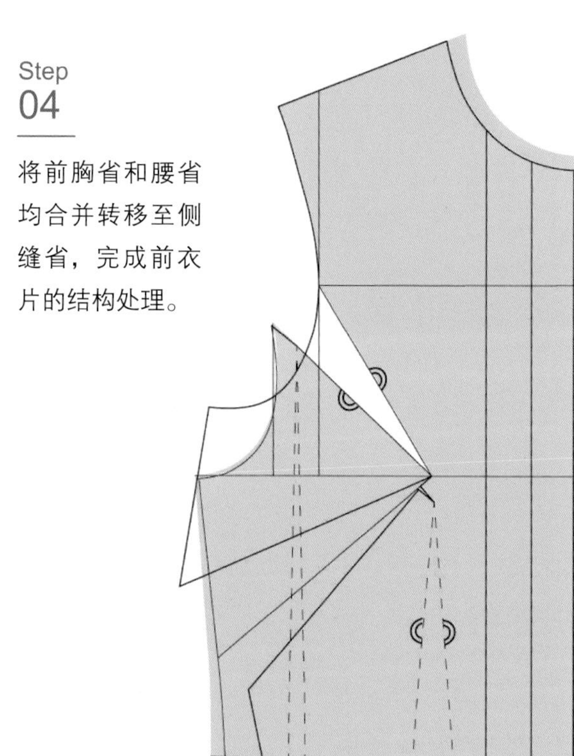

2. 下裙

Step
01

通过造型分析确定裙腰省处理方案：

①款式中裙后片最终保留的省位于原型两省的中间，裙摆较原型有所扩大，因此原型后腰省量的处理主要分两个部分：移动至新腰省；下放至下摆作为下摆扩大量。

②前裙片无腰省，裙摆较原型有所扩大，因此原型前腰省量的处理主要分两个部分：移动至侧缝盆骨凸起位置作为缩缝量以更好地贴合人体形态；下放至下摆作为下摆扩大量。

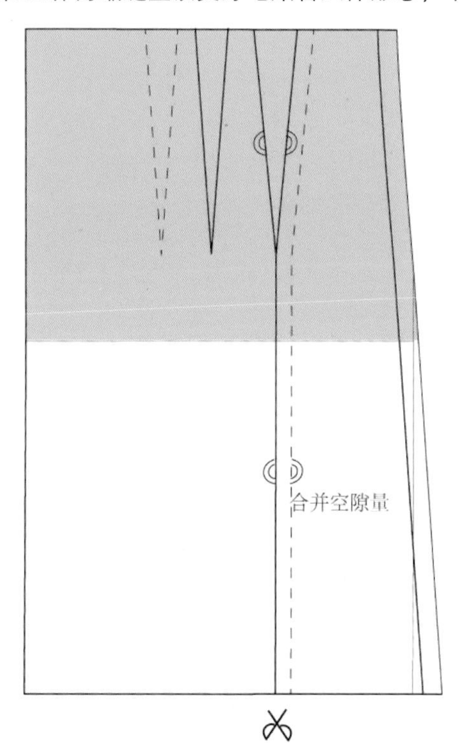

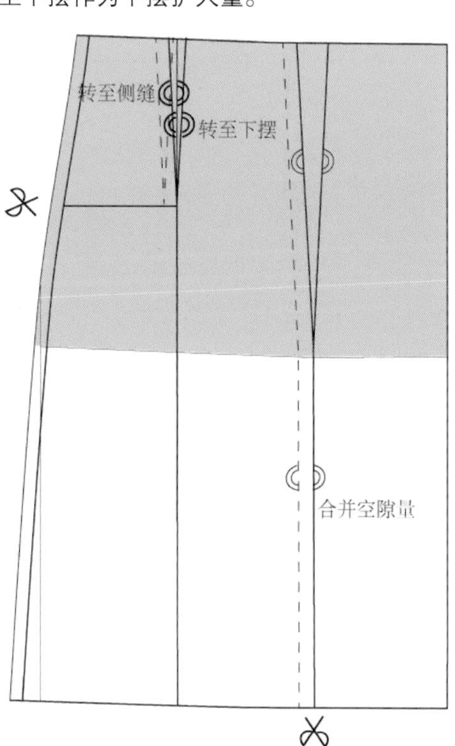

Step 02 将腰省合并转移后，得到解构结构完成图。根据款式分析结果在前中增加褶量，因此褶为上下均等的工字褶，可直接将前中线平移，平移量为褶宽的 2 倍。

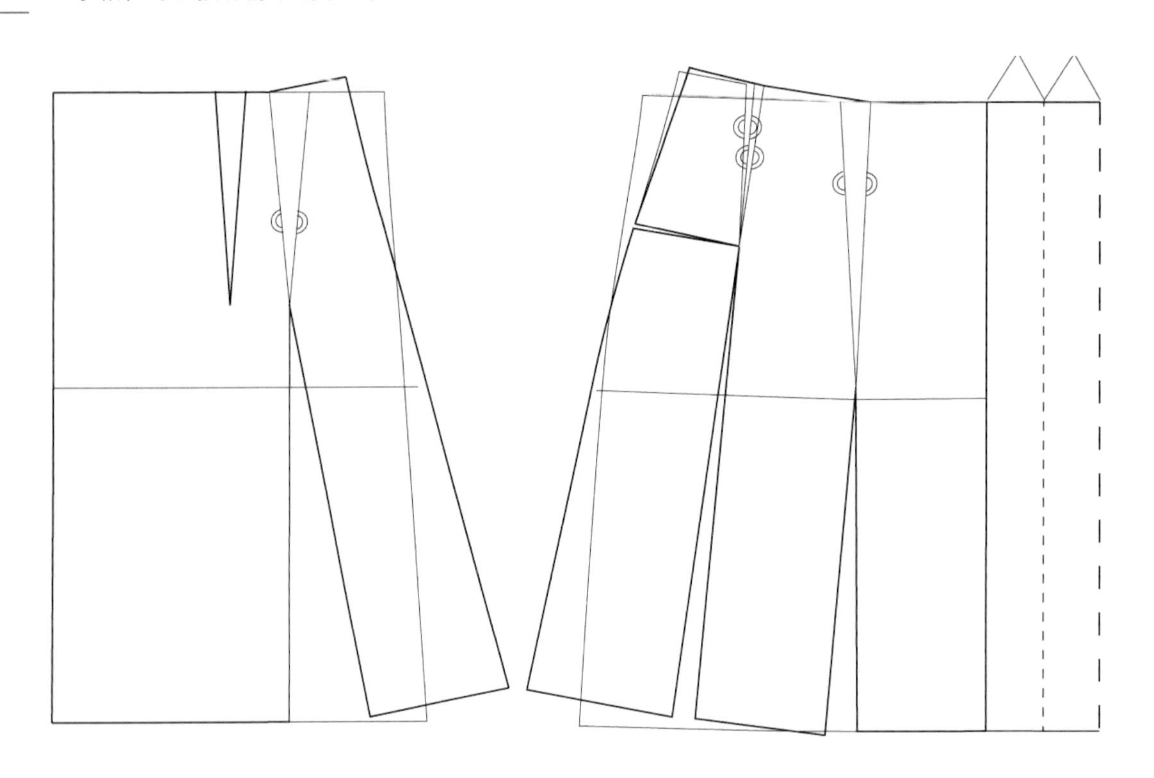

3. 衣领

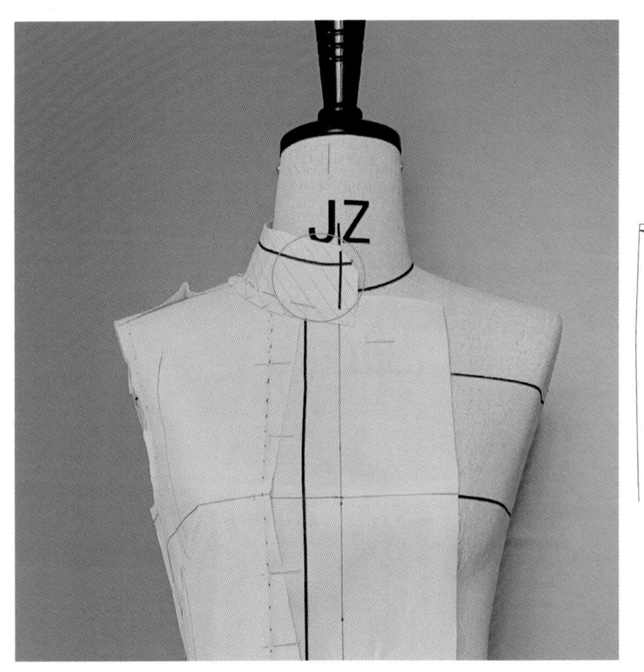

Step 01 根据领前端造型在前领窝处画出领口造型。测量后领窝长度设为△。

Step 02 顺延下领口线，根据后领窝尺寸截取下领口，下领口长 = 领窝长 + 0.3cm。平行下领口线画出上领口线。在前领口处切展 0.3cm，使领上口符合前颈前倾的趋势。用顺滑的弧线绘制完成线，在下领口线上量取后领窝长标记对位点（此点为侧颈点的对位点）。

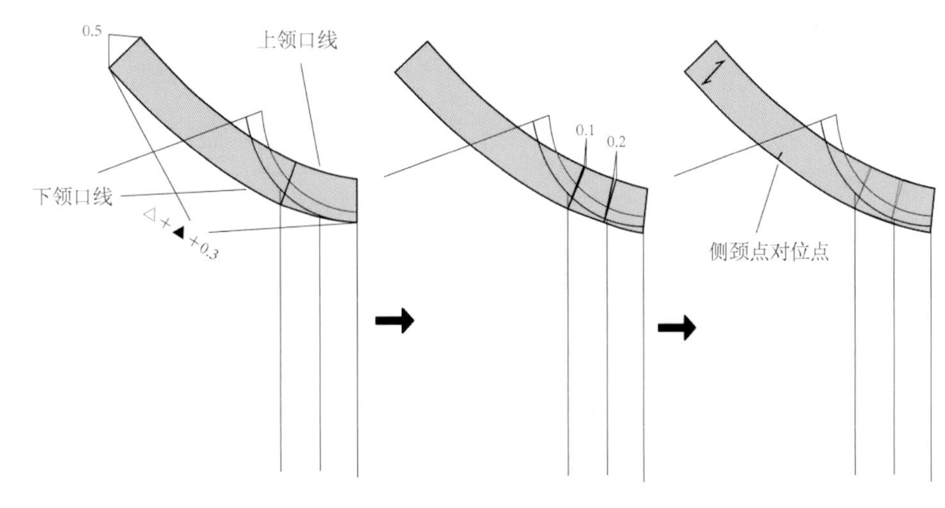

4. 衣袖

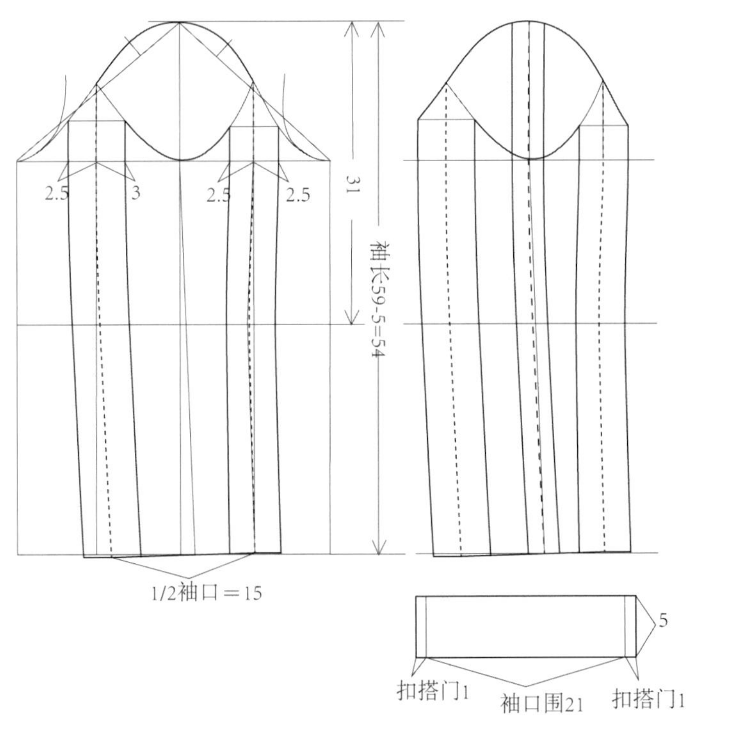

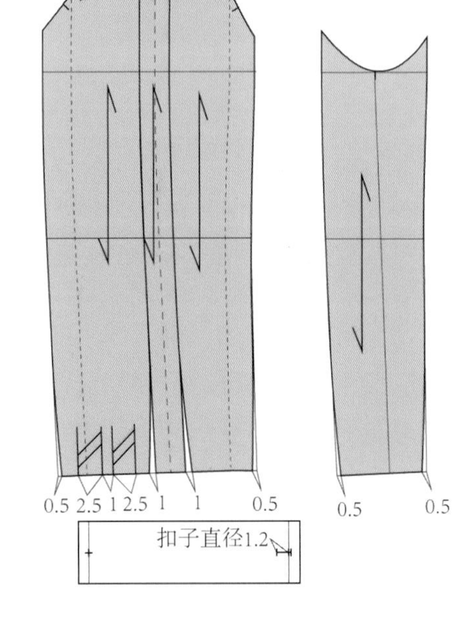

Step 01

绘制两片袖基础结构。此款为衬衫款式，因此袖身的前倾度可减小。合体衬衫袖袖山常规吃势量为 1.5 ~ 2cm。

Step 02

根据款式特征绘制袖身分割线和袖克夫。

Step 03

根据袖口微收的造型做褶和收口处理；根据成衣袖口围和原型袖口围计算出原型袖口围需要收缩的量并分配至袖口褶和袖口切量。

5. 衣身完成图

绘制完成线并标记工艺符号得到最终结构图。

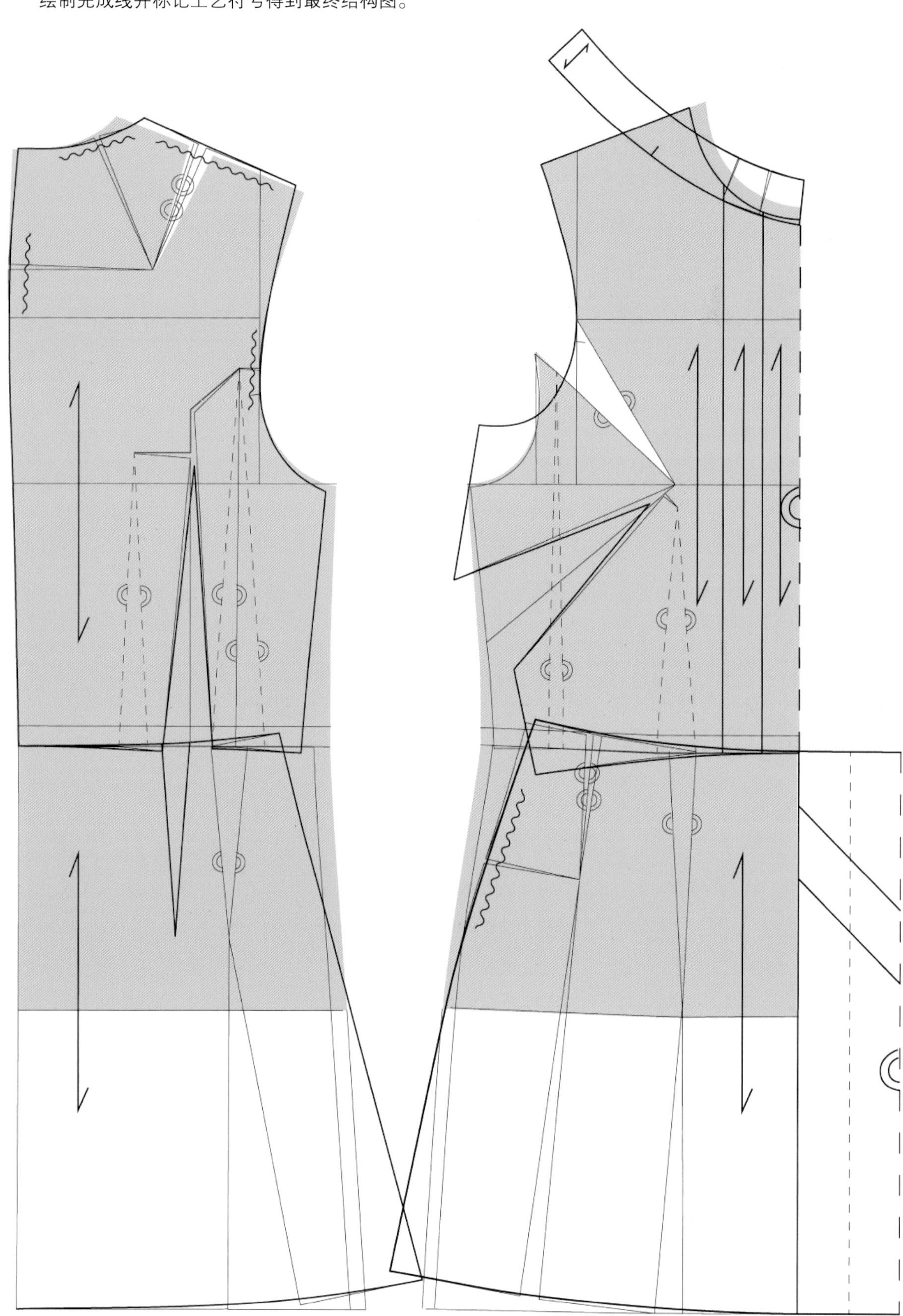

7.1.4 不同种类褶的制作方法

此款涉及褶的种类较多，以下做详细的分类展示。

当一块方形的纸卷成桶状，其呈现的状态是竖直的没有造型变化的。

扇形褶

将方形纸剪开贴在一块布料上，按住上端的点 A 旋转则下摆折叠。

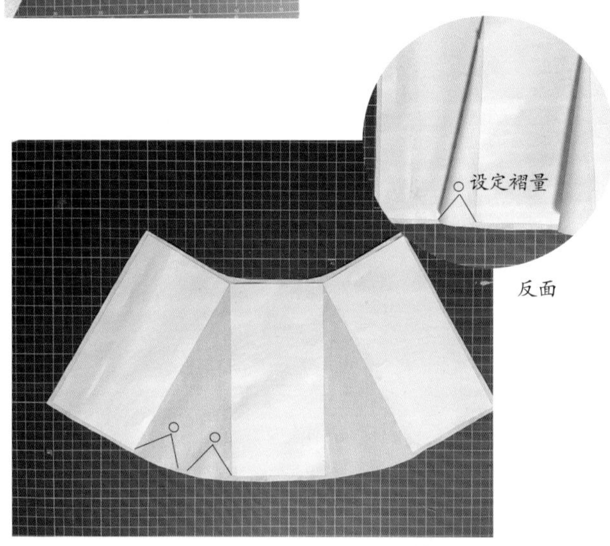

将褶拉开，在纸上形成了自上而下逐渐变大的扇形打开量。下端打开量等于设定量 ×2 ＋褶厚度。

倒褶

将纸剪开后沿着纸边折叠，两手上下配合，观察褶深度变化，且保持上下褶量一致。

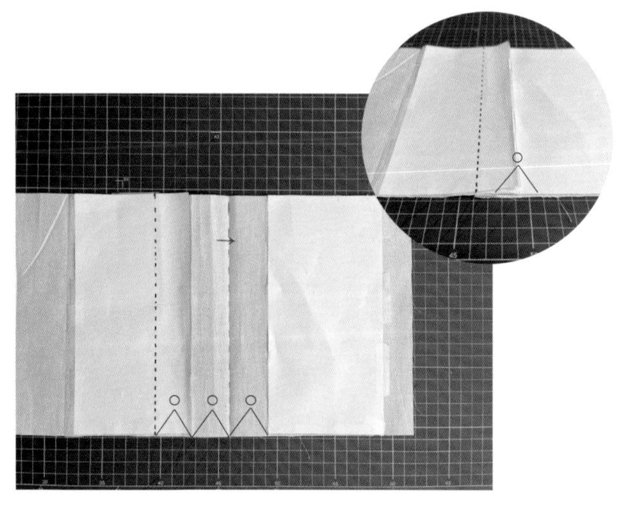

做好标记后将褶拉开，得到完整的纸样。观察纸样，倒褶的打开量上下一致，且褶量等于设定量的 2 倍。

工字褶

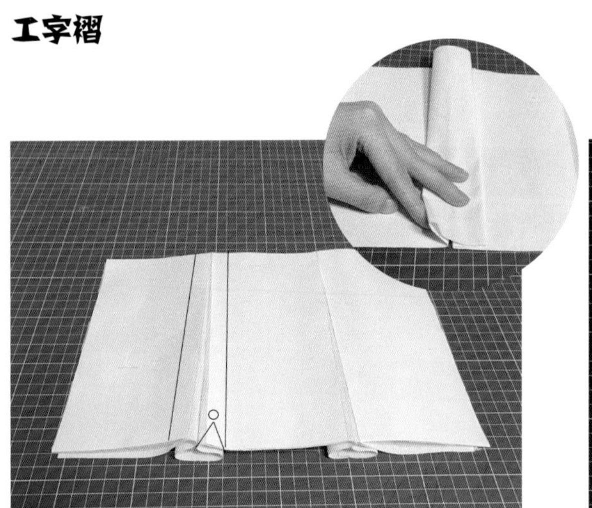

工字褶由两个相对的倒褶组成，可为暗褶也可为明褶。

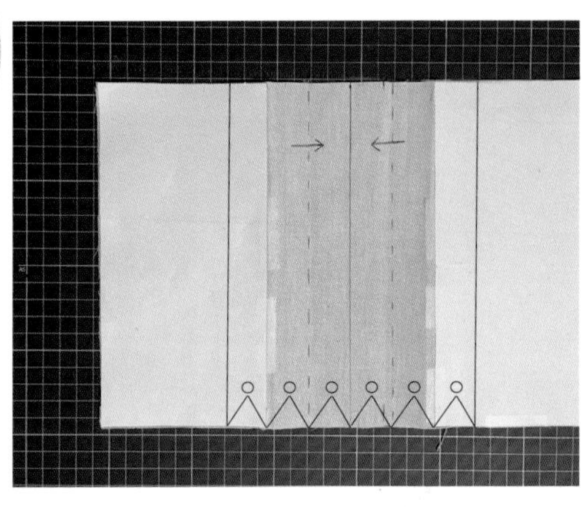

做好标记展开裁片，最终的展开量为设定量的 4 倍。

不等量倒褶

两手上下配合，观察褶深度变化，上端褶量小，下端褶量大，调整到理想大小。

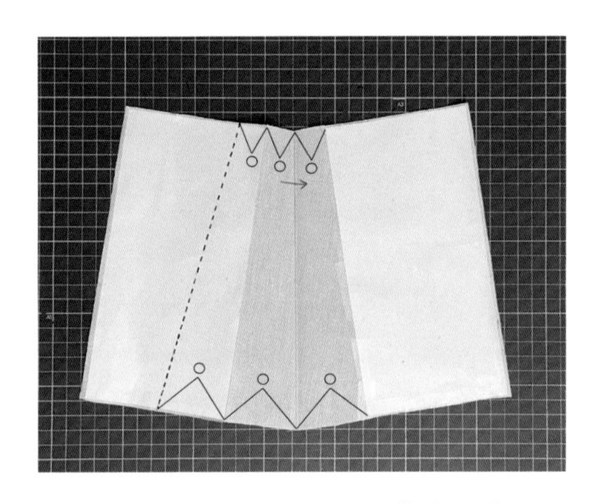

做好标记后将褶拉开，得到完整的纸样。

上下端褶量均等于设定量的 2 倍，且上下止口形状分别存在对称关系。一般会将下端止口修剪圆顺。

✻ 小结

①褶的大小取决于展开量的多少，因褶是双层的，因此想要得到一个 10cm 宽的褶需要打开的褶量为 20cm。

②褶是有方向的，切展的方向决定了褶的最终走势。

③褶的展开区域与设定量区域存在对称关系，这也成为平面制版中褶展开的依据。

7.2 荷叶边装饰 A 字裙

7.2.1 款式分析

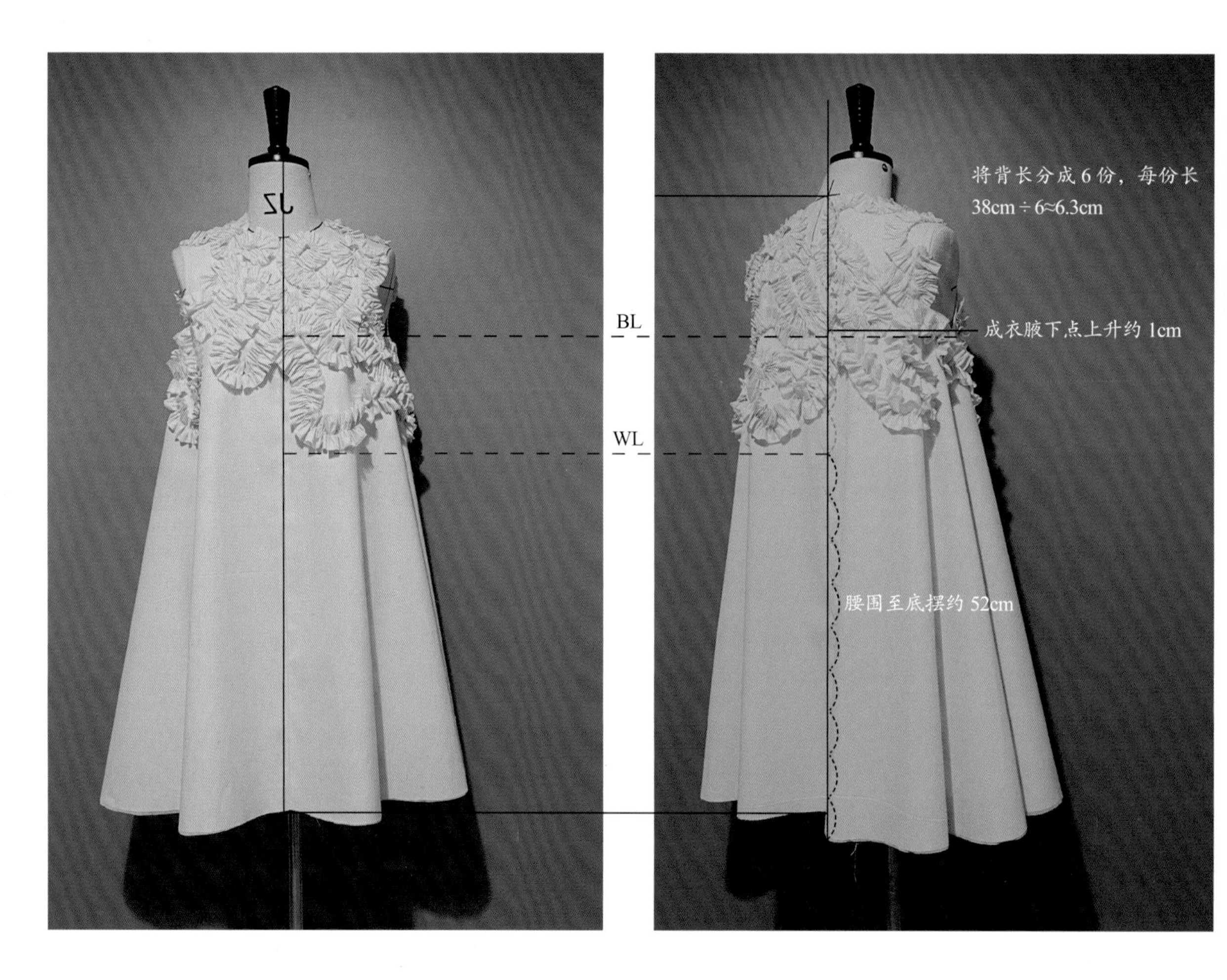

款式特征

无领无袖大裙摆，上半身附有不规则荷叶边装饰。

版型特征

宽松A型廓形，A型肩，胸围以上合体，胸围以下出现太阳褶，褶的分布前后中偏少，侧面较多且量较大，裙长未过膝。

该款胸围以上合体，胸围以下宽松，裙摆褶量前后中较少侧面较多。用平面制版或立体裁剪的方法均可。

7.2.2 立裁过程

1. 制作前片

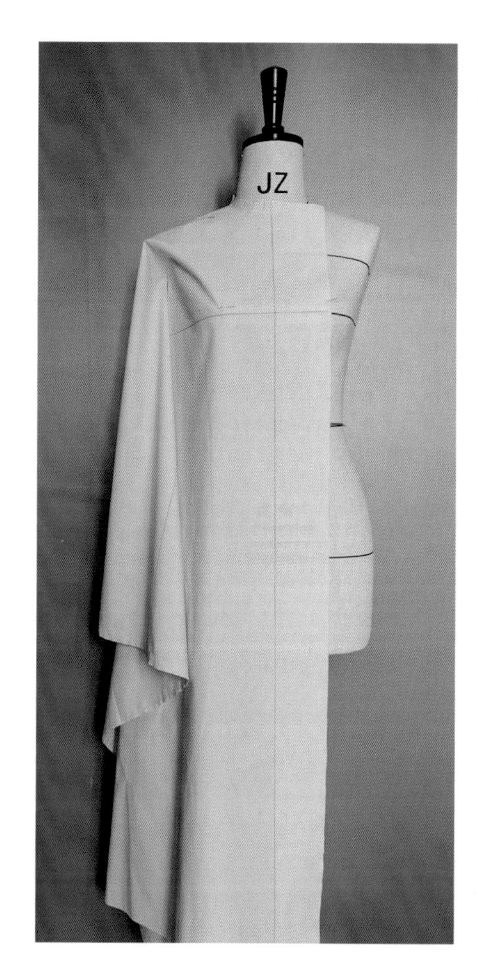

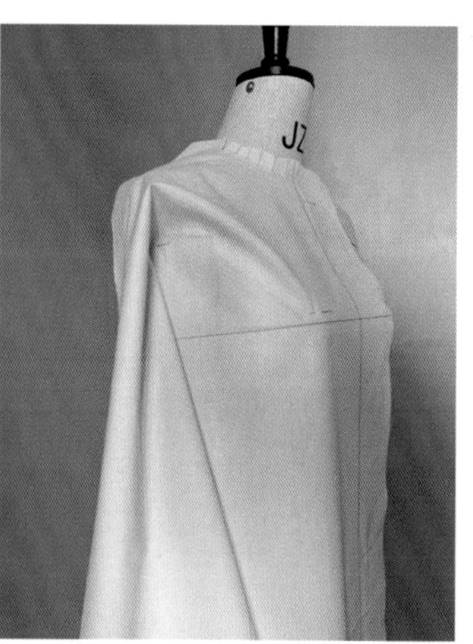

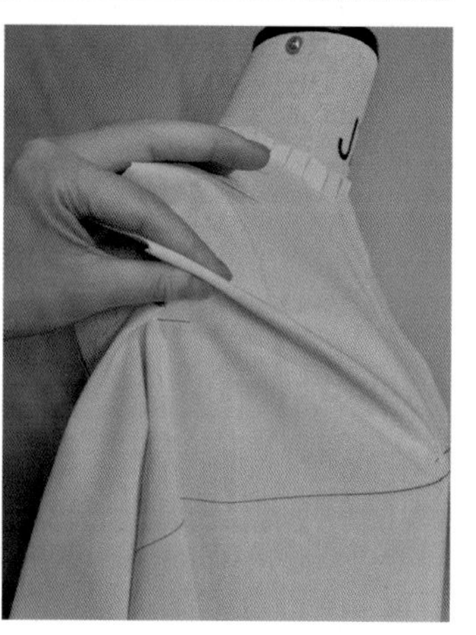

Step
01

①将前片备布的前中线和胸围线与人台对齐，在左右胸点、领口、腰节线、臀围线附近均用大头针固定。

②修剪领口，将备布顺势水平拉至侧面，并用大头针临时固定，将胸围线以上产生的浮余量推至袖窿形成胸省。

③用大头针固定袖窿内中线，留出 3 ~ 4cm 左右余量后修剪多余布料。

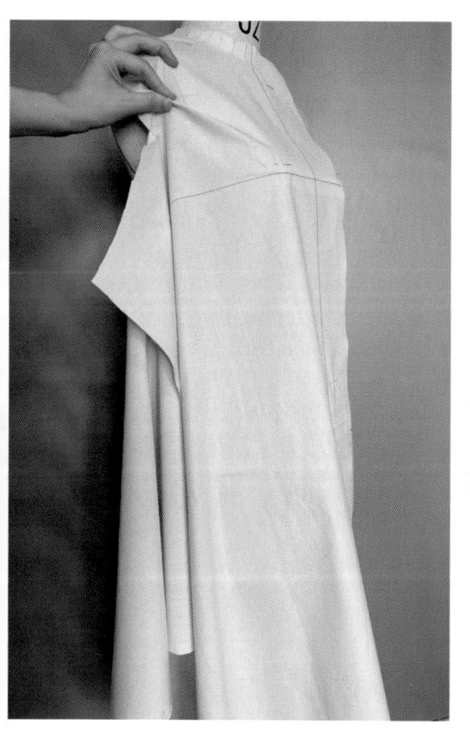

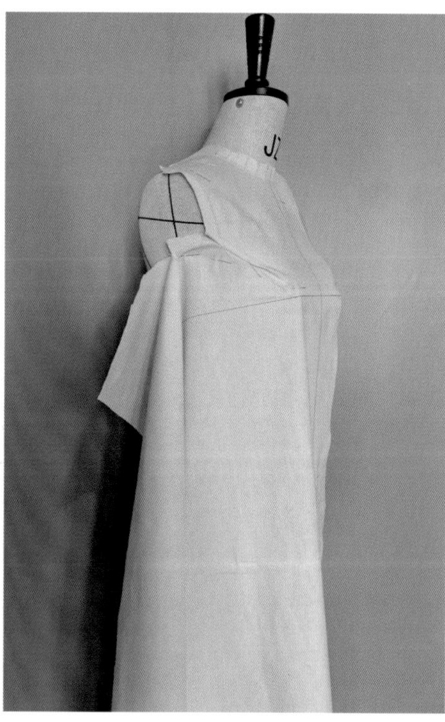

Step
02

①因裙摆量较大需要在现有直筒裙基础上增加摆量，因此将胸省量适当转至裙摆，转移量的多少取决于裙摆褶量的需要，需边下放边调整。

②调整到合适大小后用大头针在袖窿处固定，将胸省别合。

③袖窿上部留出 1.5 ~ 2cm 布边修剪多余布料。

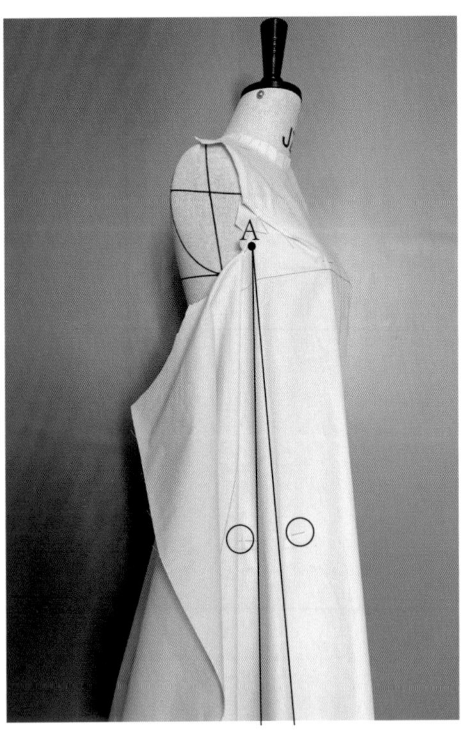

Step
03

①选择侧面褶的起点A，用大头针固定后打一个剪口。以点A为圆心，将侧面的布料向下摆旋转，直到底摆形成的褶符合设计造型为止。在臀围线附近将褶临时固定。

②重复以上步骤得到侧面褶B。

Step
04

整理褶B，在腋下和臀围线附近用大头针固定，用标记线从腋下点向下垂直粘贴标记侧缝位置。留出2~3cm布边修剪袖笼和侧缝。

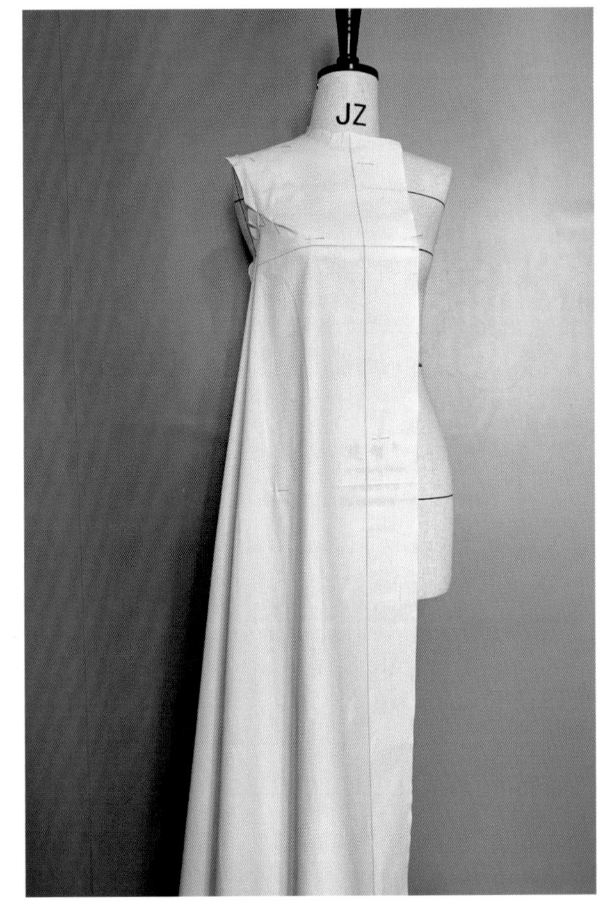

2. 制作后片

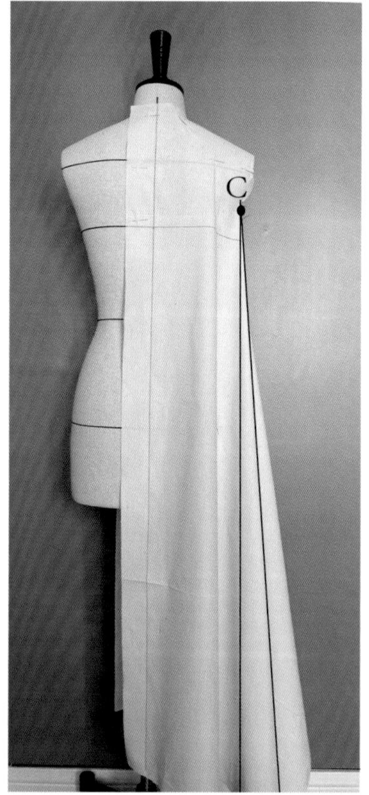

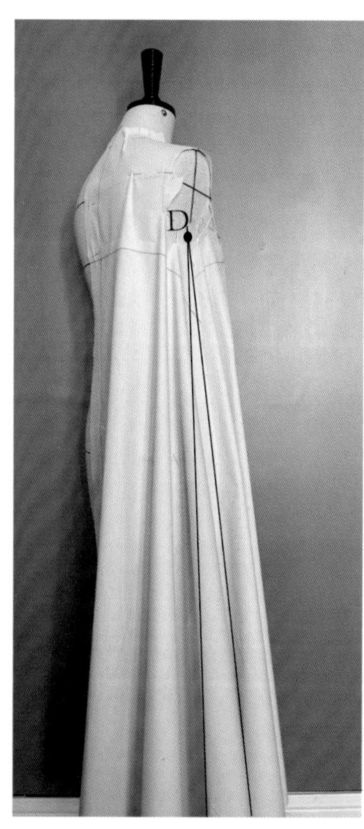

Step
01

①与前片的制作方法类似。将备布对齐人台后修剪领口，将肩部浮余量下放，根据下摆褶量的造型决定肩省的转移量，最终肩省量剩余 0.5cm 左右。

②制作褶 C、褶 D。

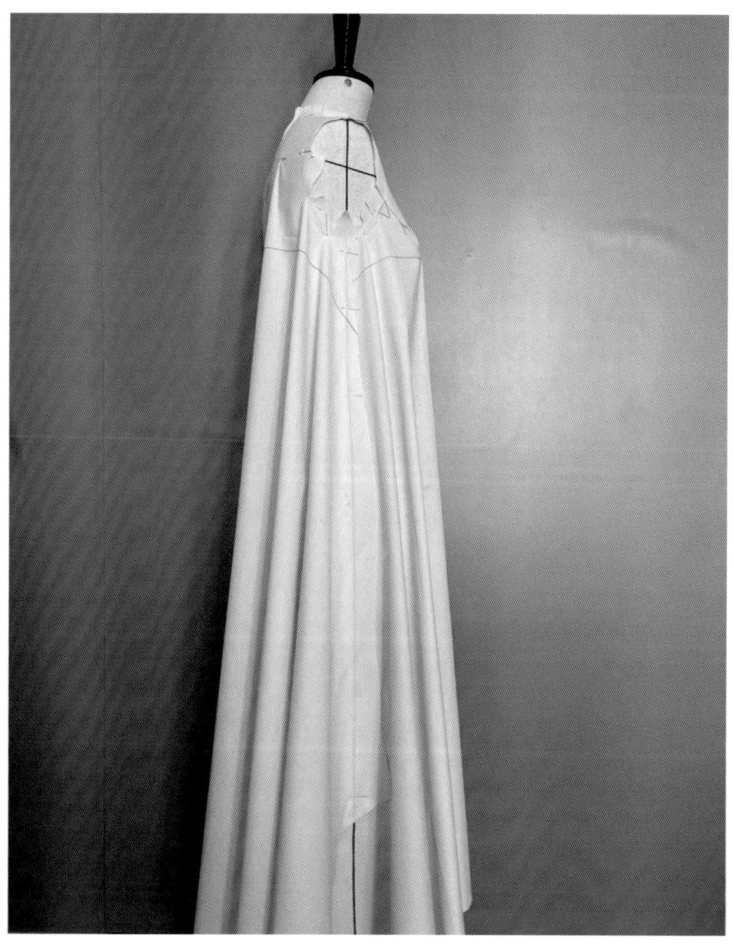

Step
02

①整理褶 D，在腋下和臀围线附近用大头针固定，然后将所有褶在臀围线附近的固定针全部撤除，观察下摆褶的造型并做调整，确定后将后片的侧缝与前片的侧缝沿着前侧缝标记线别合。

②留出 2~3cm 布边修剪袖笼和侧缝。

3. 调整袖笼

Step 01

确定肩宽及新肩点、腋下点及前后转折点位置。肩点回缩约 2cm，无袖服装腋下点一般在胸围线靠上 1~1.5cm，后转折点回缩 1cm 左右，前转折点回缩 0.7cm 左右，这些量都可根据实际情况做适当调整。袖笼造型类似前倾的椭圆形，将直尺弯曲成椭圆形，将尺子靠在袖窿上，使其经过肩点、前转折点、后转折点，用记号笔沿着直尺标记上半段袖窿。

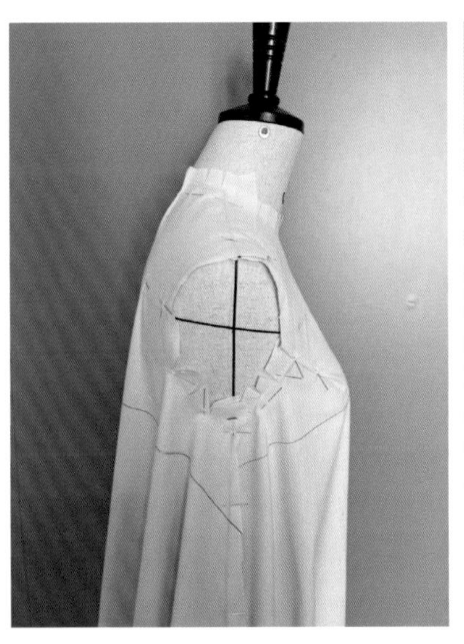

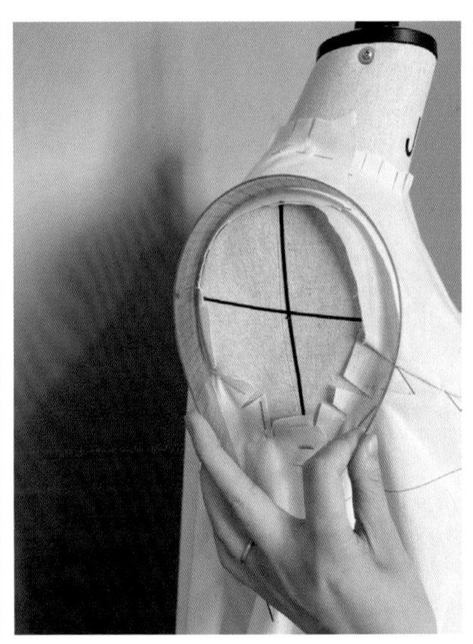

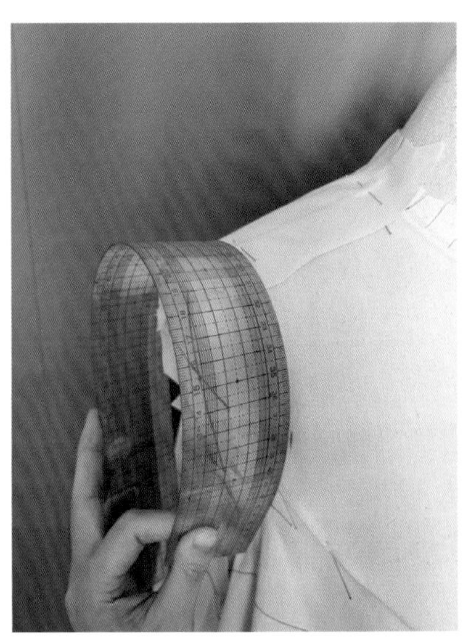

Step 02

将尺子弯曲，底端中点与腋点重合后向前偏移 1~1.5cm，使袖窿形态符合人体结构，调整直尺位置使其经过前后转折点，用记号笔标记。

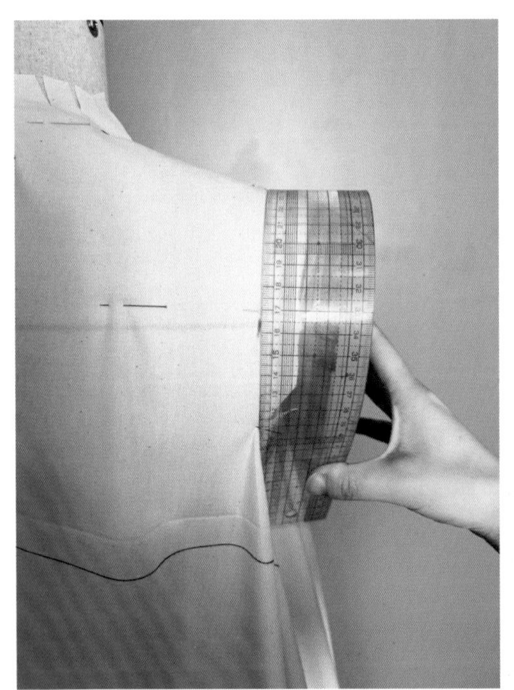

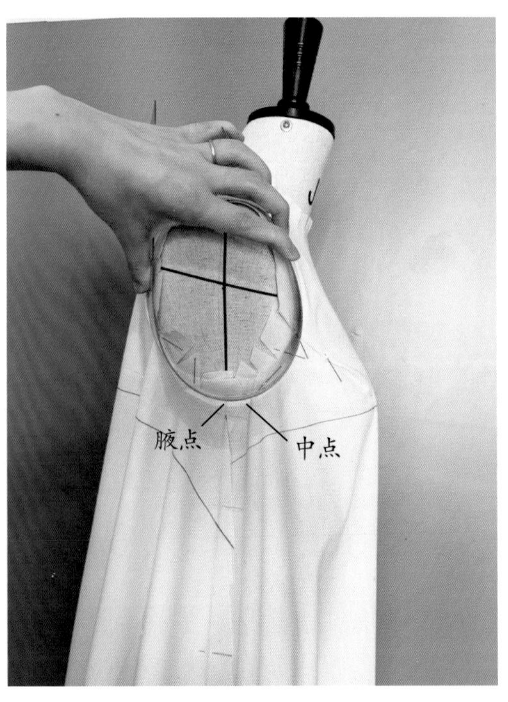

Step 03 修正袖窿弧线，使其达到顺畅圆滑的状态。

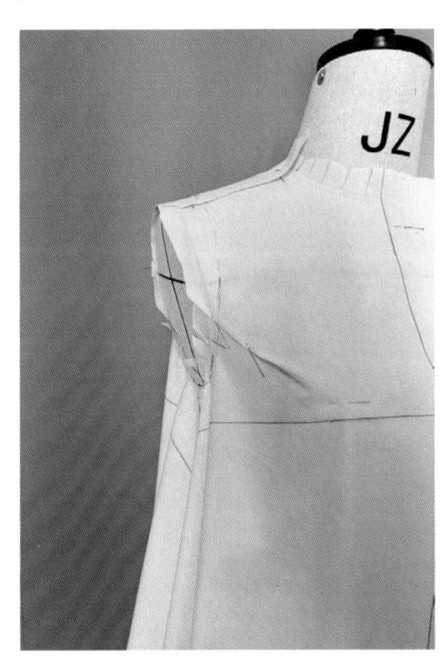

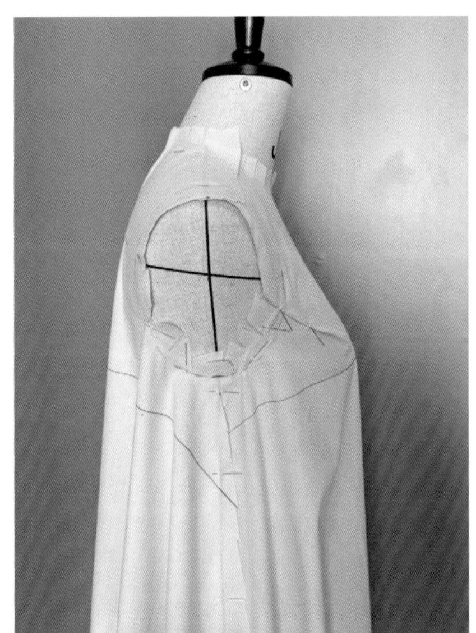

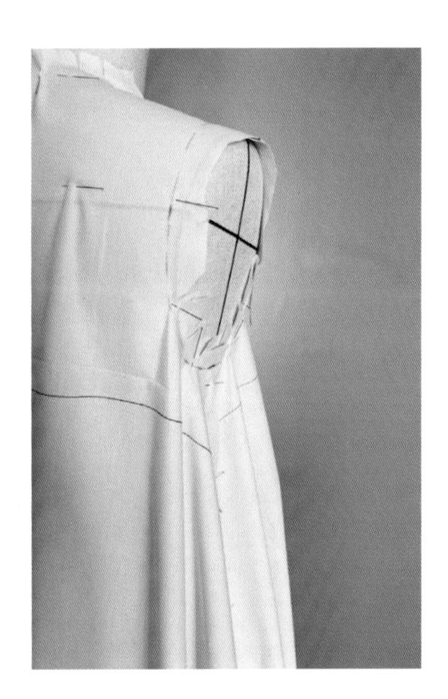

4. 坯样完成

Step 01 拆掉除前后中线外的所有固定在人台上的大头针，做最后调整。

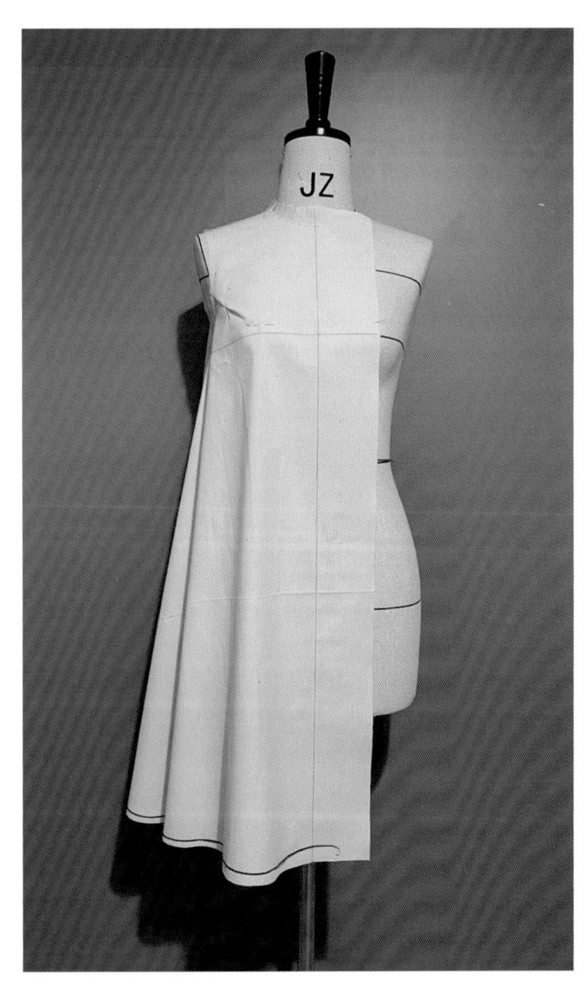

Step 02 根据造型确定裙长，用标记带绕底摆一周贴出底摆造型，留出 2~3cm 布边后修剪多余布料。

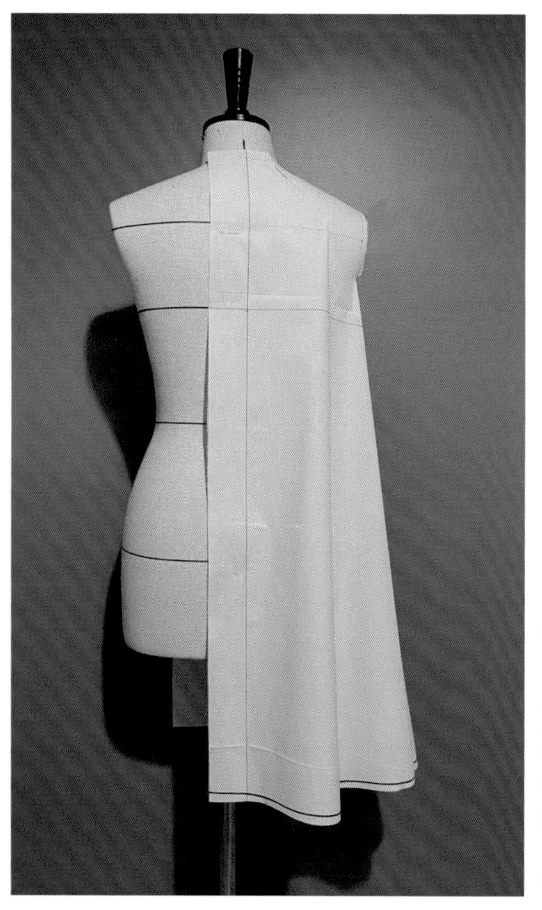

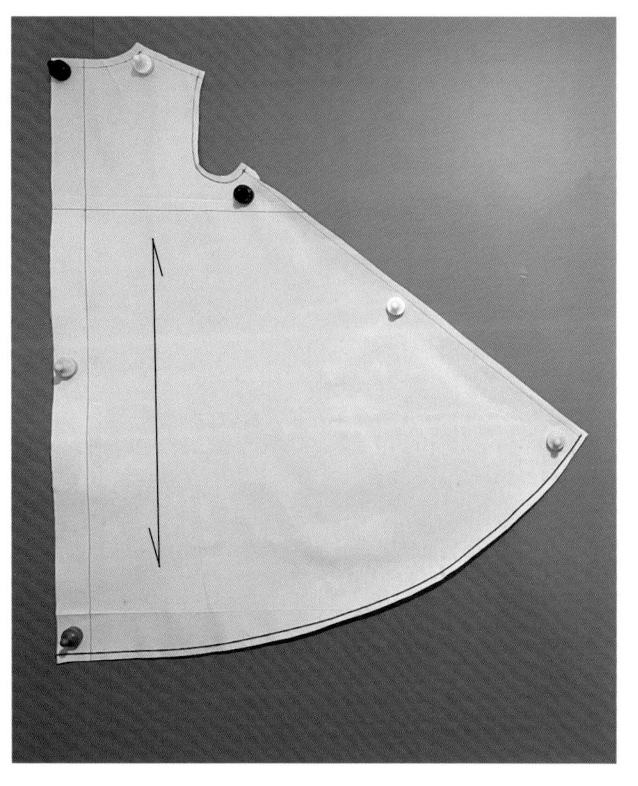

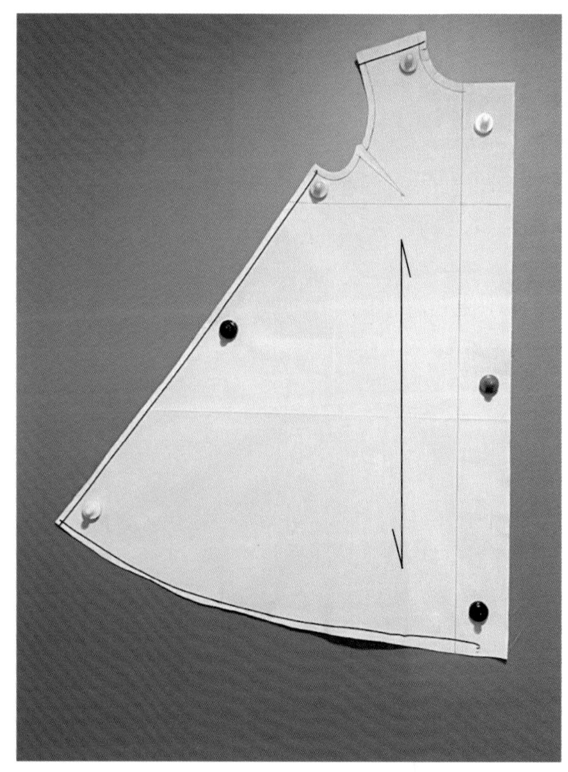

Step 03 取下坯样后，对线条做修正处理，使弧线圆顺、直线顺直。随后标记省位、工艺符号和布纹线等。

7.2.3 制版过程

Step 01 根据款式分析结果对原型进行调整，包括衣长、肩宽、侧缝线、领口等。

Step 02 根据立裁结果分别将部分肩省和胸省转移到裙摆作为裙摆褶量，确定转移量并画出展开线。

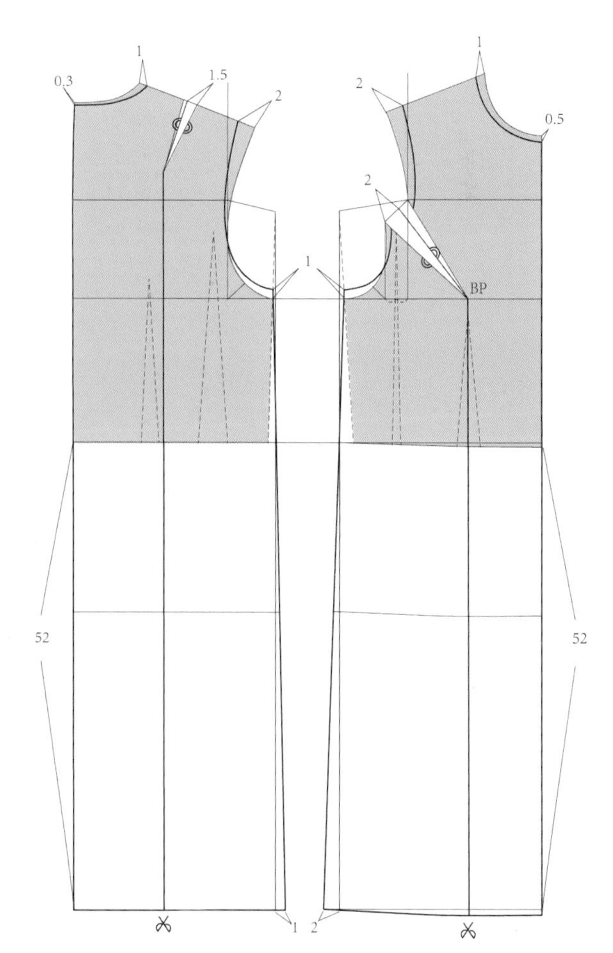

Step 03 将肩省和胸省转移到裙摆后分别得到前后裙摆的第一个褶，根据造型确定第二和第三褶的位置和走势，以第一褶的大小为数据参考可推测第二、第三褶的褶量。

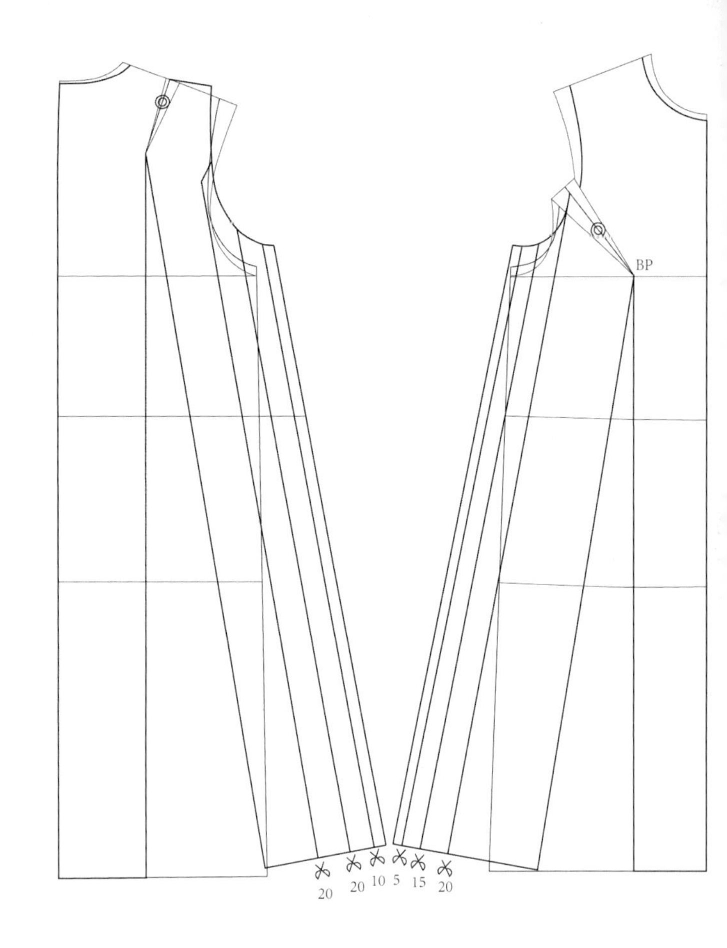

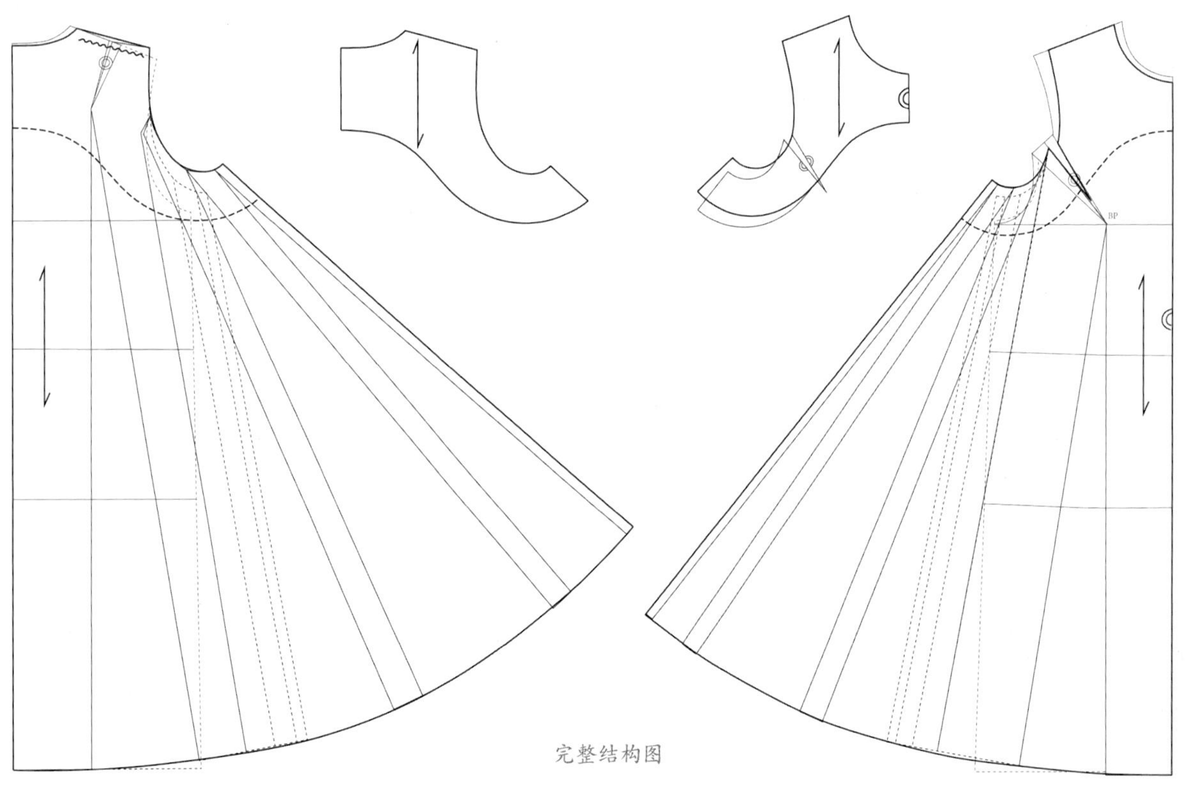

完整结构图

Step 04 切展后将裙摆和袖窿弧线重新画顺，标记完成线和工艺符号。画出挂面造型，合并省量后标记完成线。

7.3 斜摆衬衫裙

7.3.1 款式分析

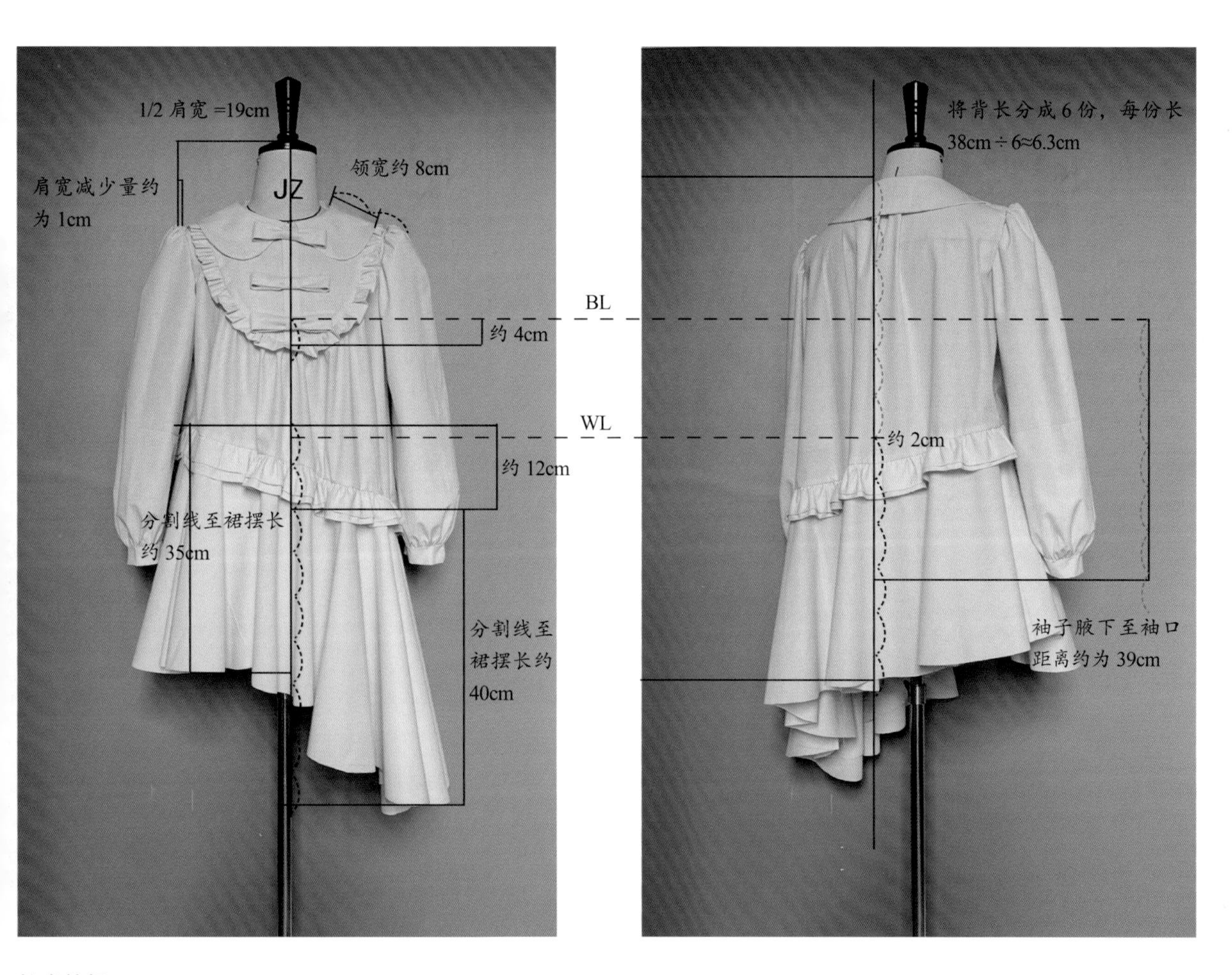

款式特征

衣身：此款服装整体宽松，胸口呈 U 形分割，胸部以下和后中抽碎褶，腰部斜向分割，下摆为不规律太阳褶。

领子：趴领，前后宽度一致，领角圆润。

袖子：袖山上部抽褶，袖口均匀抽褶。

版型分析

宽松 A 型廓形，A 型肩，一片泡泡袖结构，裙长过膝。

衣身合体度较低且褶较多，下摆不规则且褶量不均匀。用平面制版或立体裁剪的方法均可，亦可两者结合，如用平面制版绘制上半身结构，结合立体裁剪完成下摆褶量造型。

7.3.2 制版过程

1. 上半身

Step 01 根据款式分析结果对原型进行框架修改：

①此款整体造型为 A 型，上身部分较为合体，可直接使用原型造型。侧腰省适当减小，其余腰省去除。

②泡泡袖的泡量替代部分肩宽量，将原型肩点内移。

③根据领型对领窝形状和大小做调整，此领抱脖为常规趴领，注意后颈点不能下降过多否则后领不易服帖。

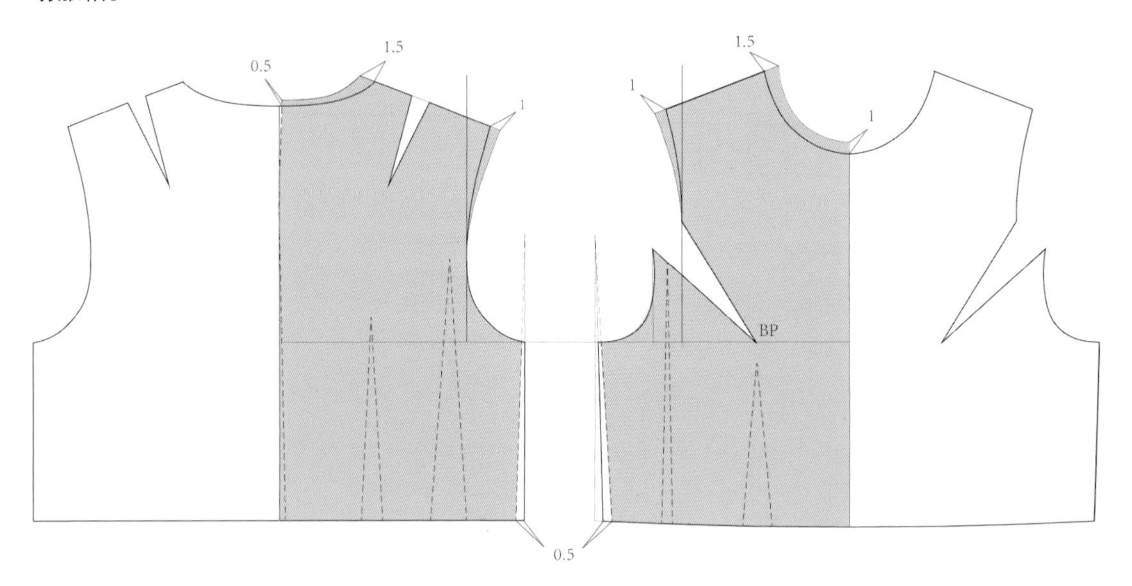

Step 02 绘制上衣结构：

①根据扣子直径判断门襟宽为 2.5cm。

②腰部为斜向分割线，根据款式分析所得数据进行绘制。

③根据胸口造型绘制门襟结构和胸部分割线，U 形分割线与 BP 点之间的空隙可加辅助线进行连接，合并胸省。

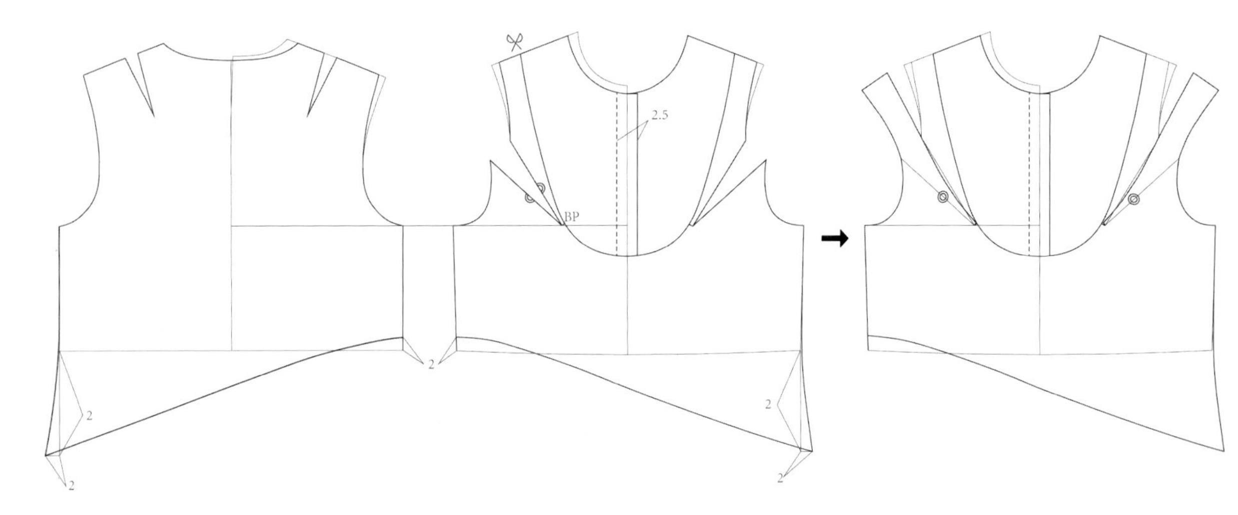

Step
03

根据造型特征设计肩省和褶造型的结构处理：

①肩省下转形成褶量，后中领窝和前胸口抽褶造型则直接平行拉展，侧面袖窿无抽褶则切展下口单边加量。

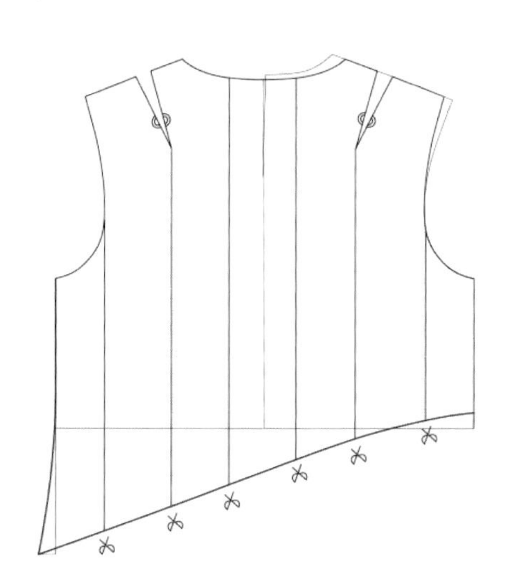

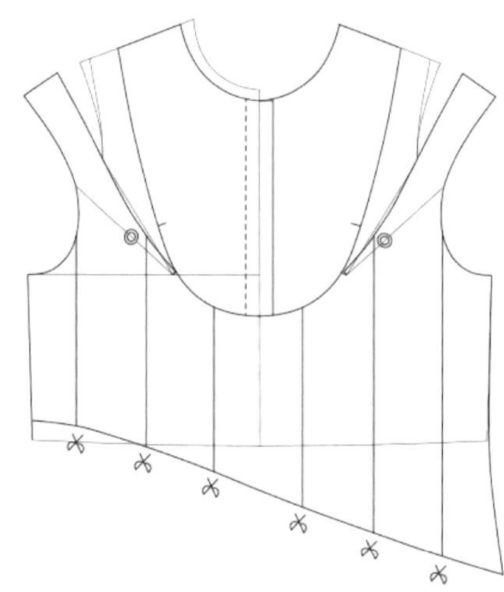

切展量的多少取决于造型需要，可根据经验，亦可做立裁实验获得。

②切展后用圆顺的弧线重新绘制前后片轮廓线，并标记对位点和工艺符号。

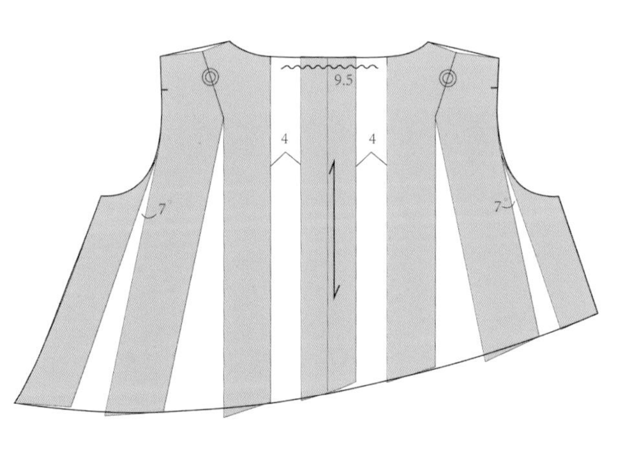

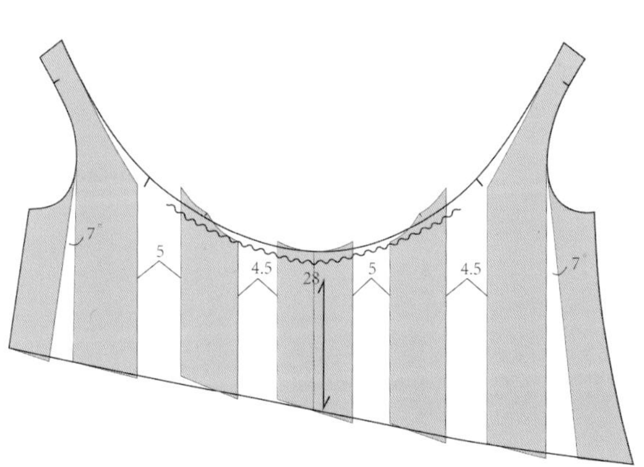

2. 裙摆

Step 01

在上半身结构基础上绘制裙摆轮廓造型，并根据褶的走势在裙摆上画出褶的位置和方向。

根据款式图中袖山褶的位置在袖窿上确定前后褶的起止位置并作对位符号，并测量前后袖窿中 a 和 b 的长度。

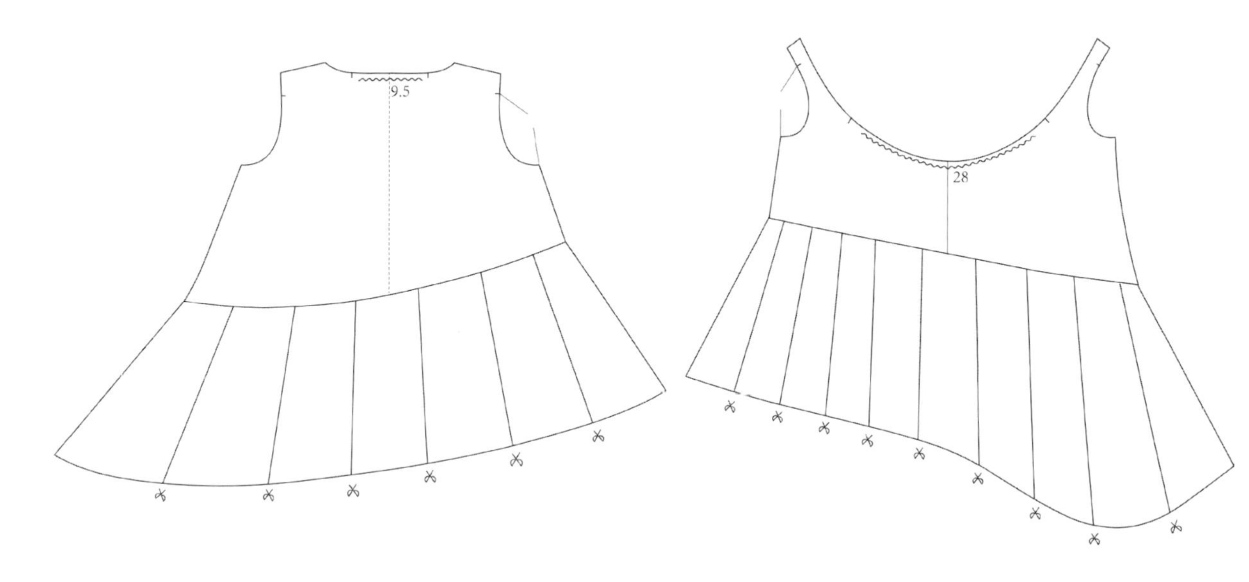

Step 02

①根据褶造型判断褶量并进行切展：裙下摆造型为不规则太阳褶，因此可先通过实验的方式对褶量的效果进行预判，以提高成功率。

②用圆顺的弧线重新画顺轮廓线。

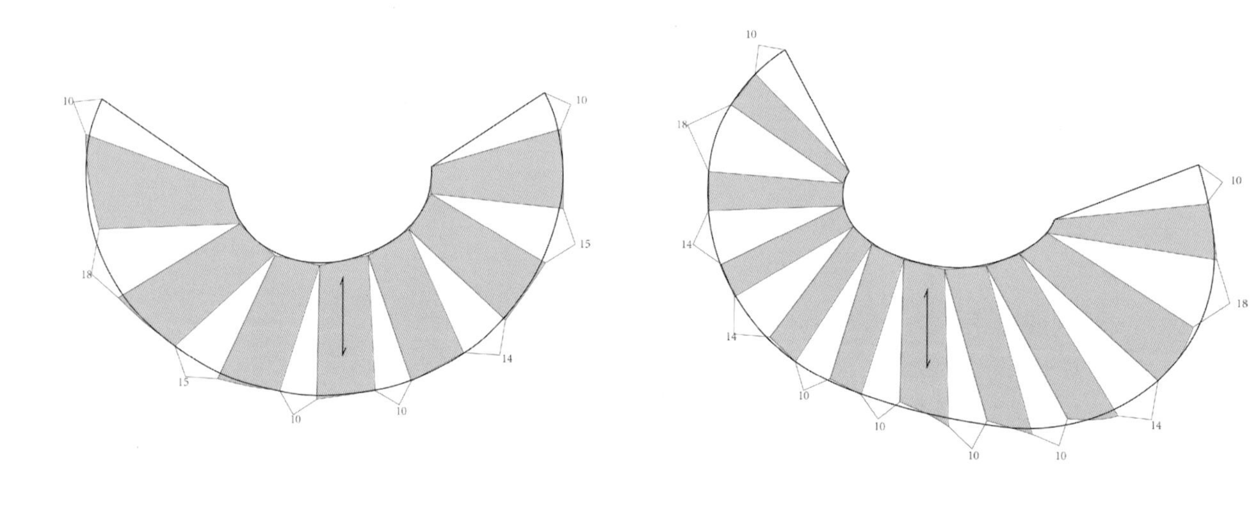

3. 衣领

Step
01

此领为趴领，领座高小于 1cm，领面直接趴在肩上，因此下领口弧线和领窝弧线的吻合度较高，在制版时可直接利用前后领窝形状。将后领窝与前领窝对接得到基础领窝。

Step
02

趴领领座较低，可直接通过缩小领面外沿使领面隆起来实现。将后领窝在肩点处向前片旋转一定量 d（d 取决于领座高低），常用数据为肩线长的 1/3。

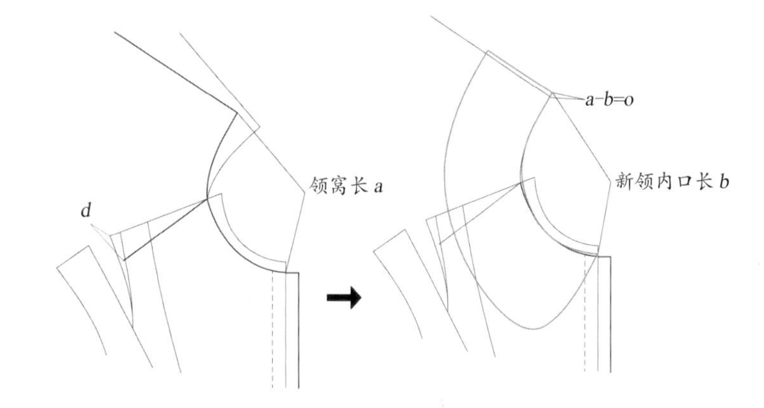

Step
03

根据领造型绘制领外口线，用圆顺的曲线绘制领内口线，靠近前领口处略微上抬以补充领外翻时的折叠厚度。测量新领内口线和领窝线长度，差值为 o，在领后中处补齐领内口长，差值为 o。用圆顺的弧线绘制完成线。

4. 衣袖

Step
01

确定基础袖型：

此袖为肩部和袖口均抽褶的泡泡袖，且此袖为一片袖结构，因此采用原型一片袖袖型和合体一片袖袖型作为基型均可。但以原型一片袖袖型为基型进行切展加量后袖身较为臃肿粗壮，因此选用相对灵巧有型的合体一片袖袖型为基型原型。

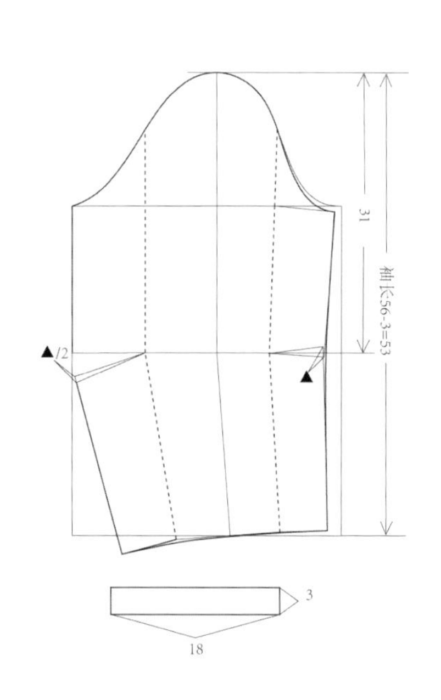

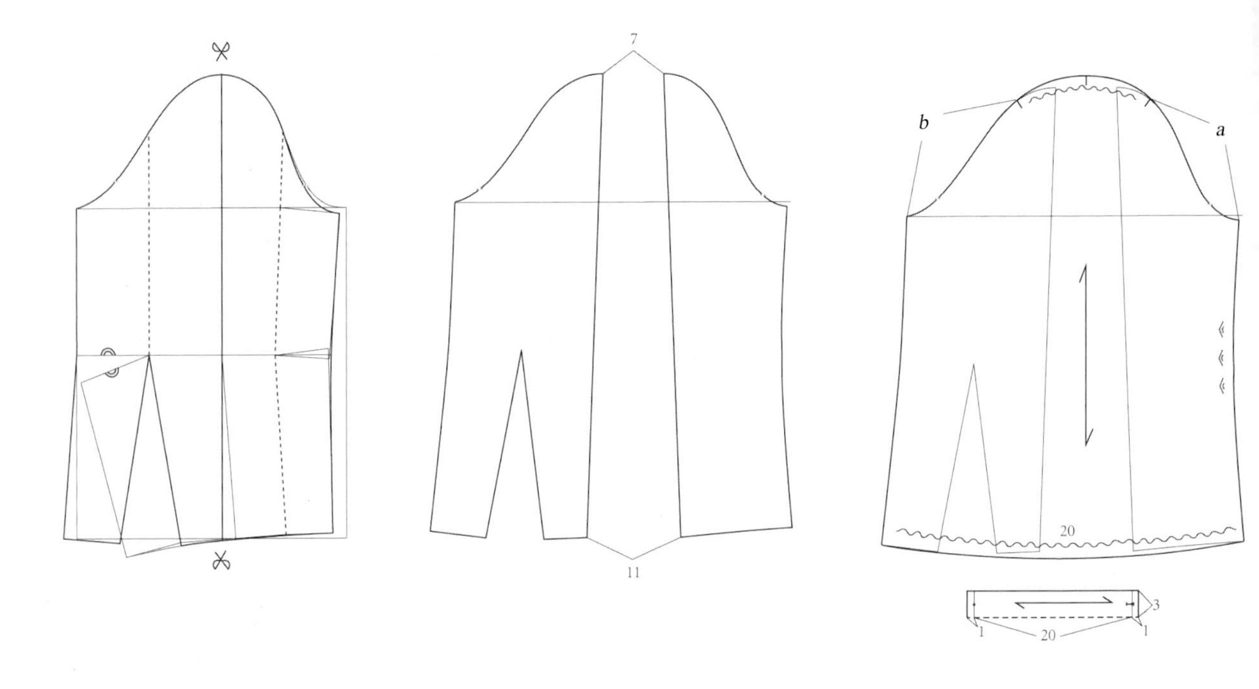

Step
02

①将肘省转至袖口作为褶量。

②沿袖中线将袖身切割并拉展，根据袖身造型分析，袖山褶量较小，袖口褶量较大，因此需要上端拉展约 7cm, 下端拉展约 11cm。

③用圆顺的弧线重新画顺袖山弧线和袖口弧线，分别测量前袖窿弧长中 *a* 的长度和后袖窿弧长中 *b* 的长度，分别在前袖山弧线和后袖山弧线上截取 *a* 和 *b* 并标记对位点。

④绘制袖克夫。

衣袖侧面图

7.4 X型连衣裙

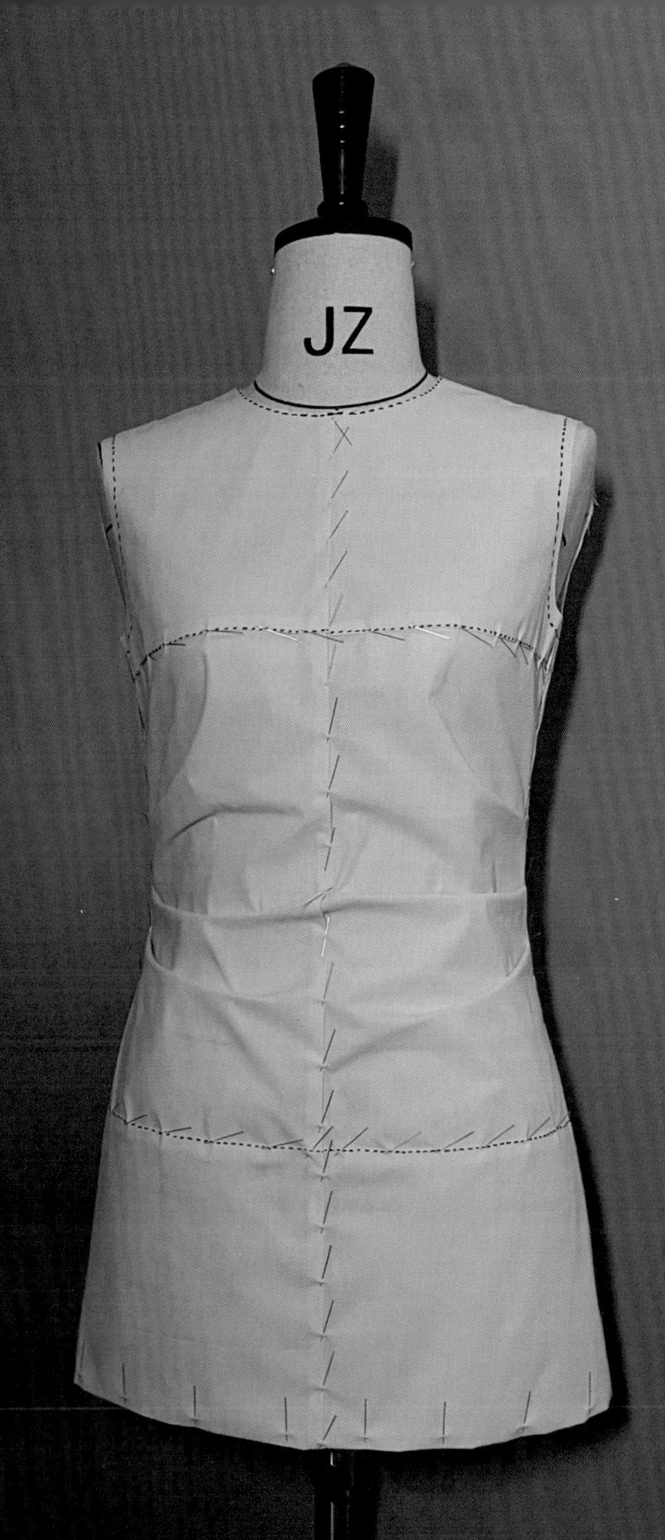

7.4.1 款式分析

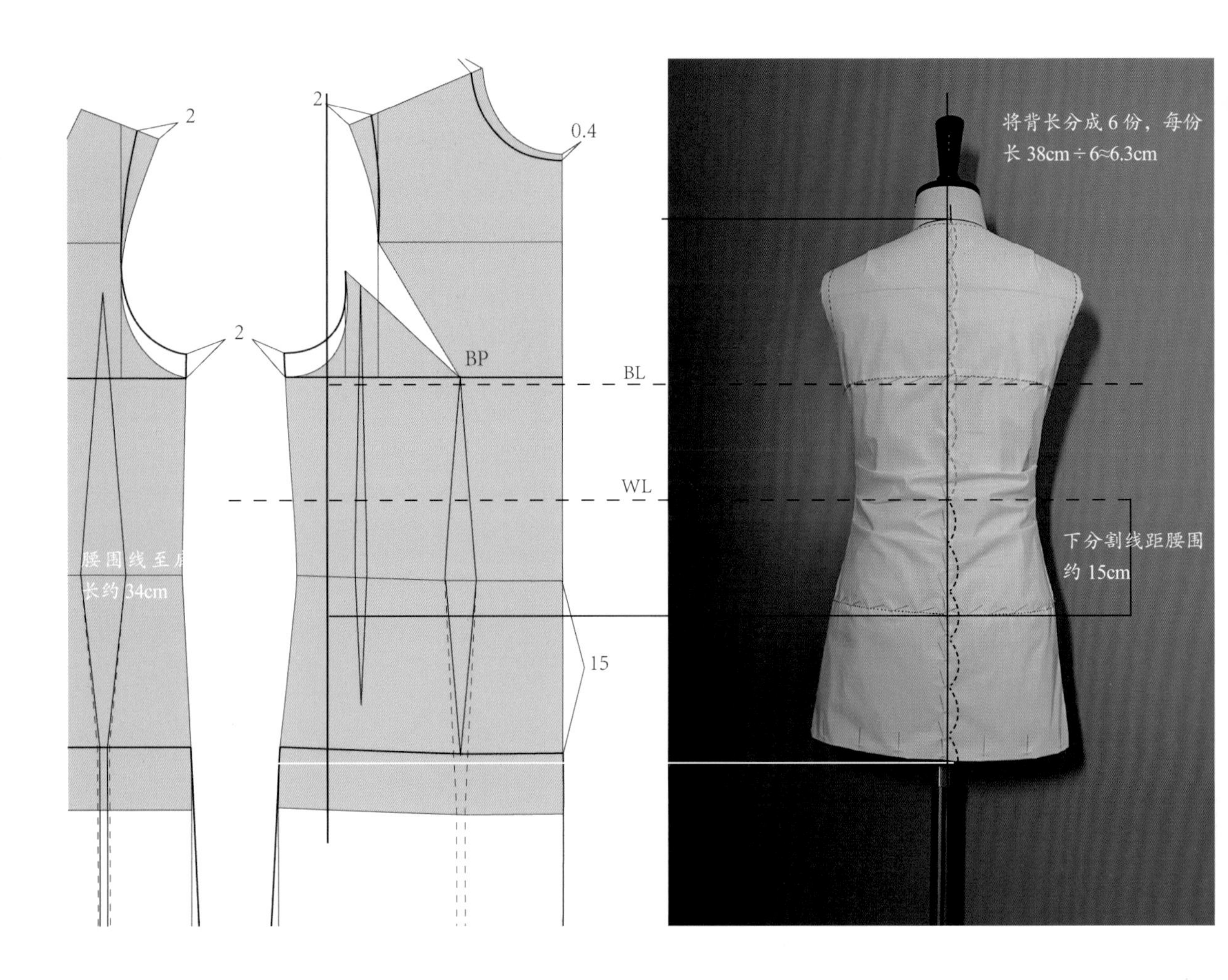

款式特征

无领无袖紧身连衣裙，腰部横向有褶。

版型特征

紧身 X 型连衣裙，侧缝腰围附近捏小褶，褶延伸至前中，前中亦形成不规则横褶。
腰部无竖向分割或省，胸围线和中腰线附近各有一条横向分割线。
此版型用平裁和立裁的方法均可制作，难点在于腰部无省情况下的收腰处理。可先用立裁实验探索腰部结构的处理思路，再进行平面制版。

7.4.2 版型研究

Step
01

根据款式分析结果对原型进行修改：

①此款为较紧身款式，可沿用表皮原型。

②领口开大。

③合体无袖款式一般需将袖窿深线提高，从而减少腋下暴露面积以防止走光。

④裙摆为小 A 字形，因此需在侧缝处适当加量以满足造型需要，同时缩小后侧腰省在臀围处的收缩量。

⑤画出上下横向分割线位置。

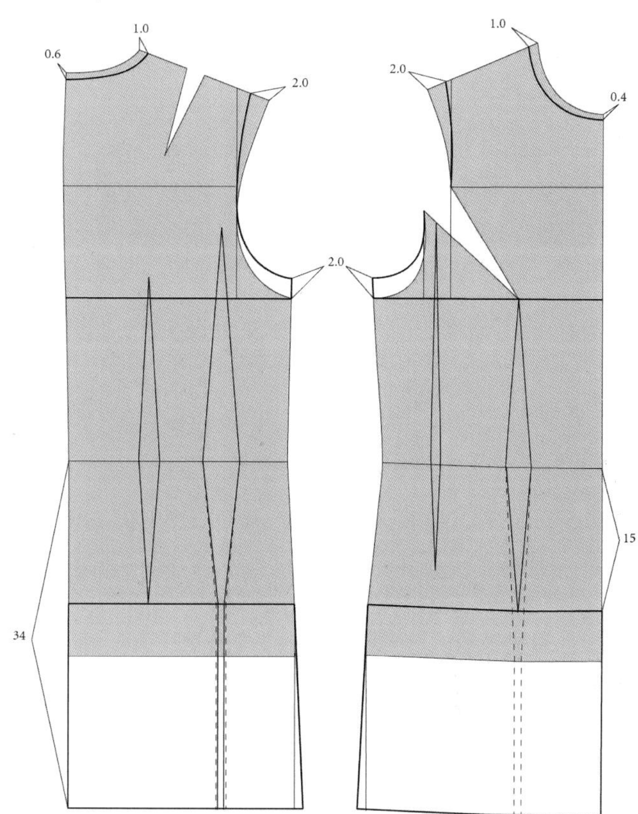

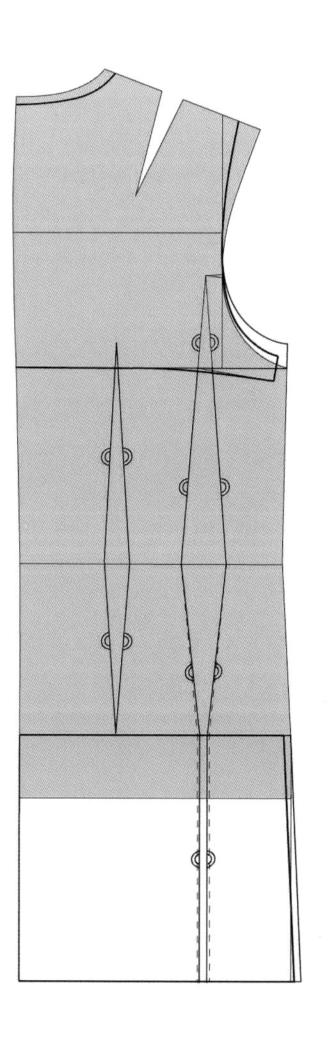

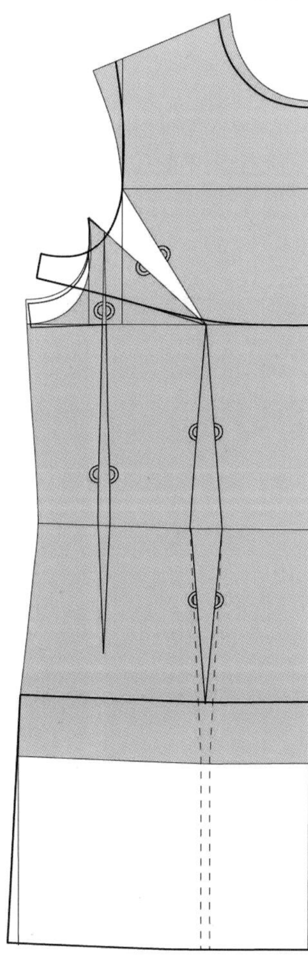

Step
02

①将胸省量转移至胸围分割线。

②腰部造型合体则腰省量需要消除，因此将所有腰省量进行合并处理。

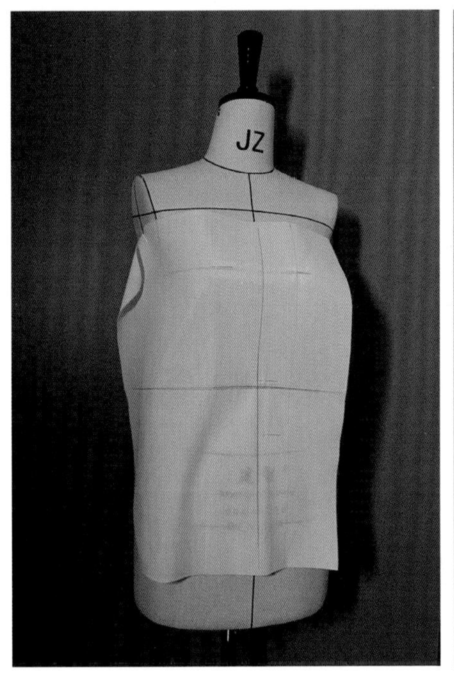
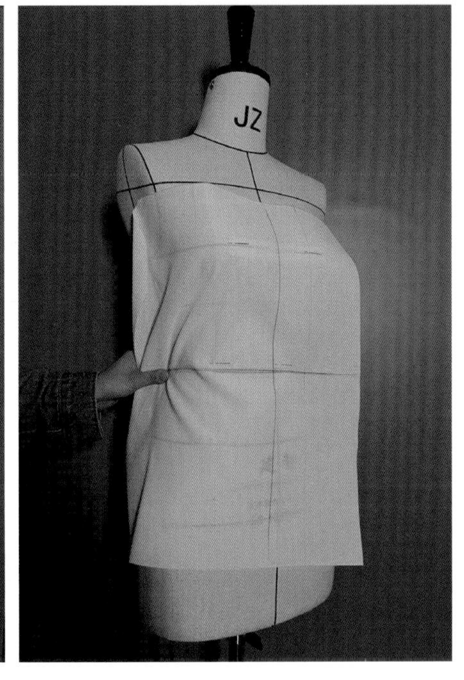

Step
03

先将所有腰省拉至侧缝，此时上、下、前中线会自然产生歪斜。

对应在平面版型中的体现：将腰线断开，上下腰省量均合并。

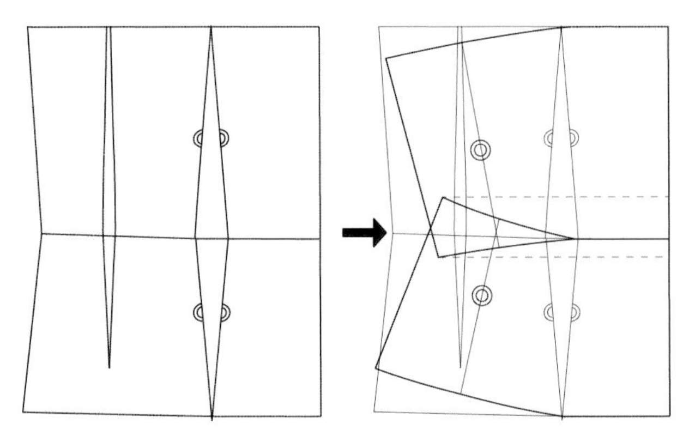

Step
04

①为了使收腰省时中线产生的歪斜回正则需要将下摆上提和上端下拉。

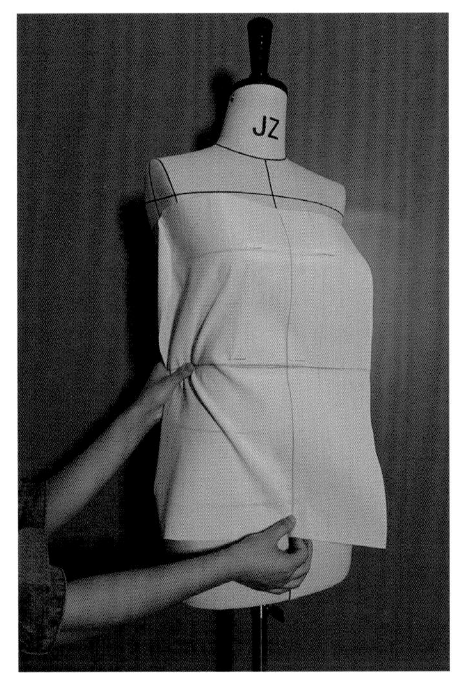
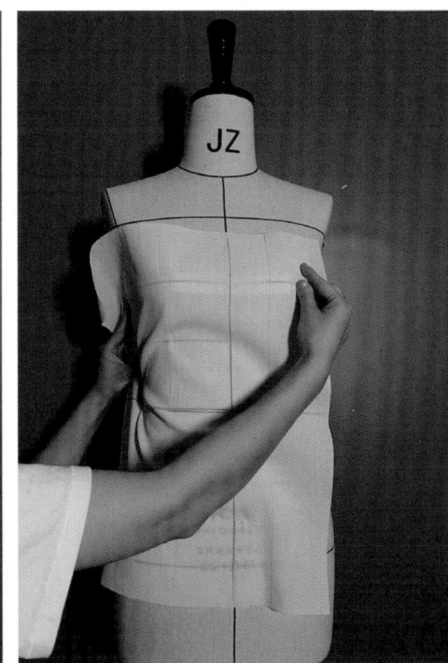

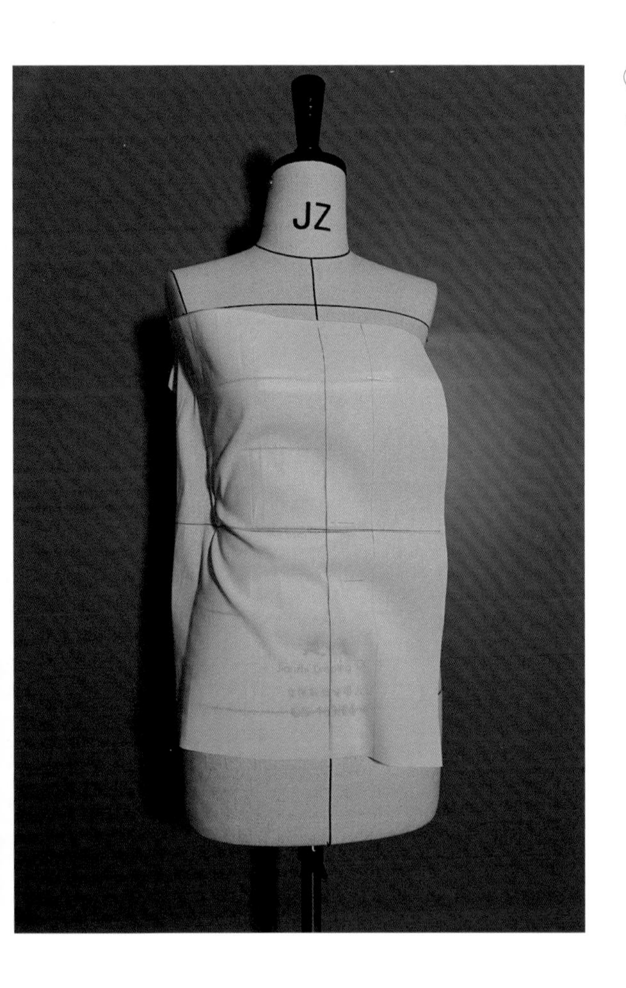

②最终衣片侧面产生不规则横褶并延伸至前中，且前中线增长。

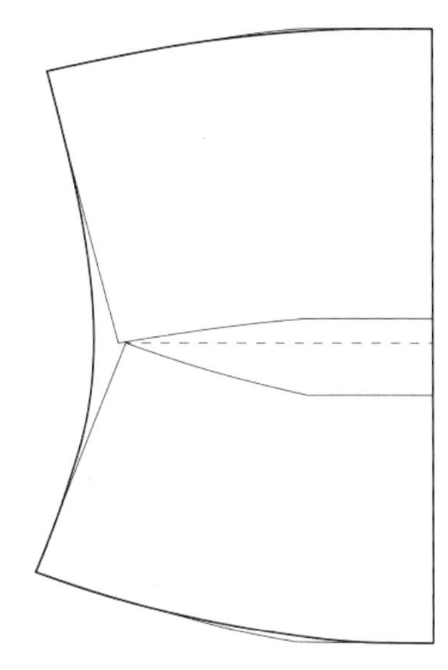

对应在平面版型中的体现：将上下两节衣片竖直拉开直至侧腰点在同一水平线上，用顺滑的弧线画出新的侧缝。

Step 05

重复以上步骤画出后片结构图。

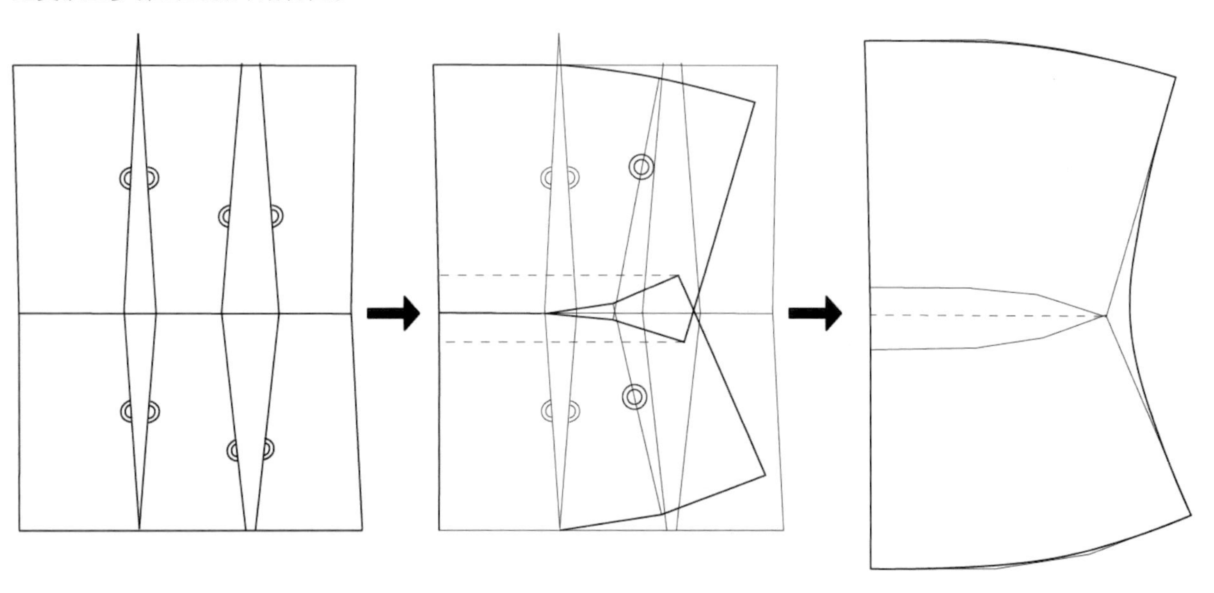

Step
06

经过以上步骤之后腰部会自然形成不规律小褶，但根据造型需要需增加褶量，因此根据褶的方向做切展加量处理。

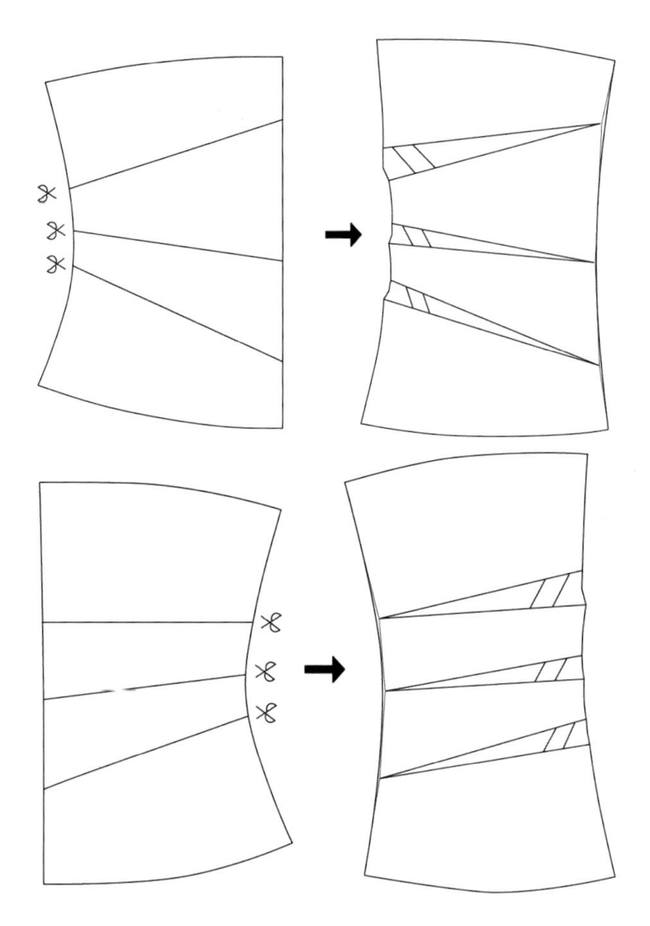

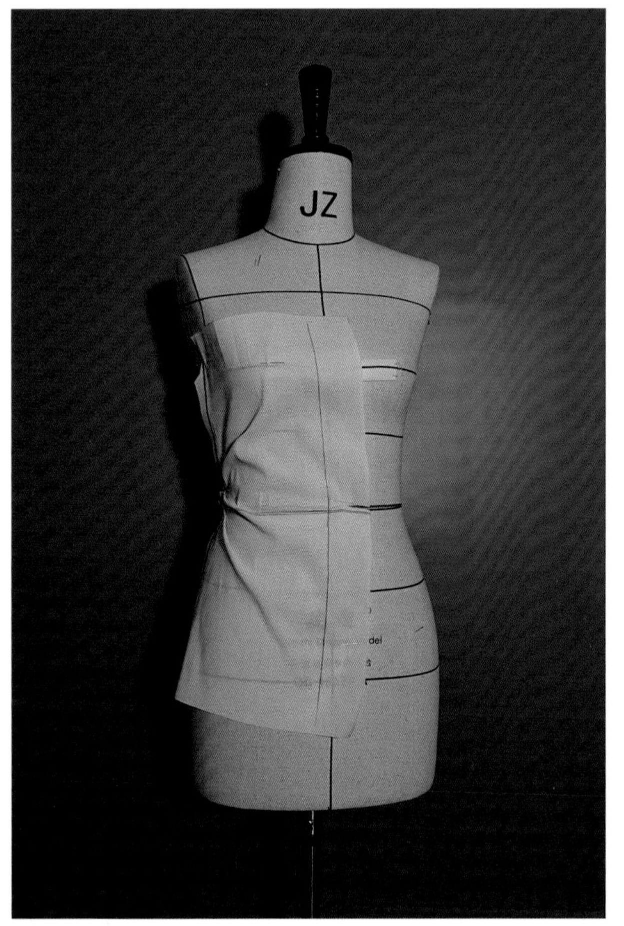

侧缝捏褶后前衣片效果

＊ 小结：对于不熟悉的款式结构，可先进行结构拆分达到造型目的，然后再进行结构组合还原。亦可用立裁实验的方法反向推导出平面结构。

7.5 绑带西服

7.5.1 款式分析

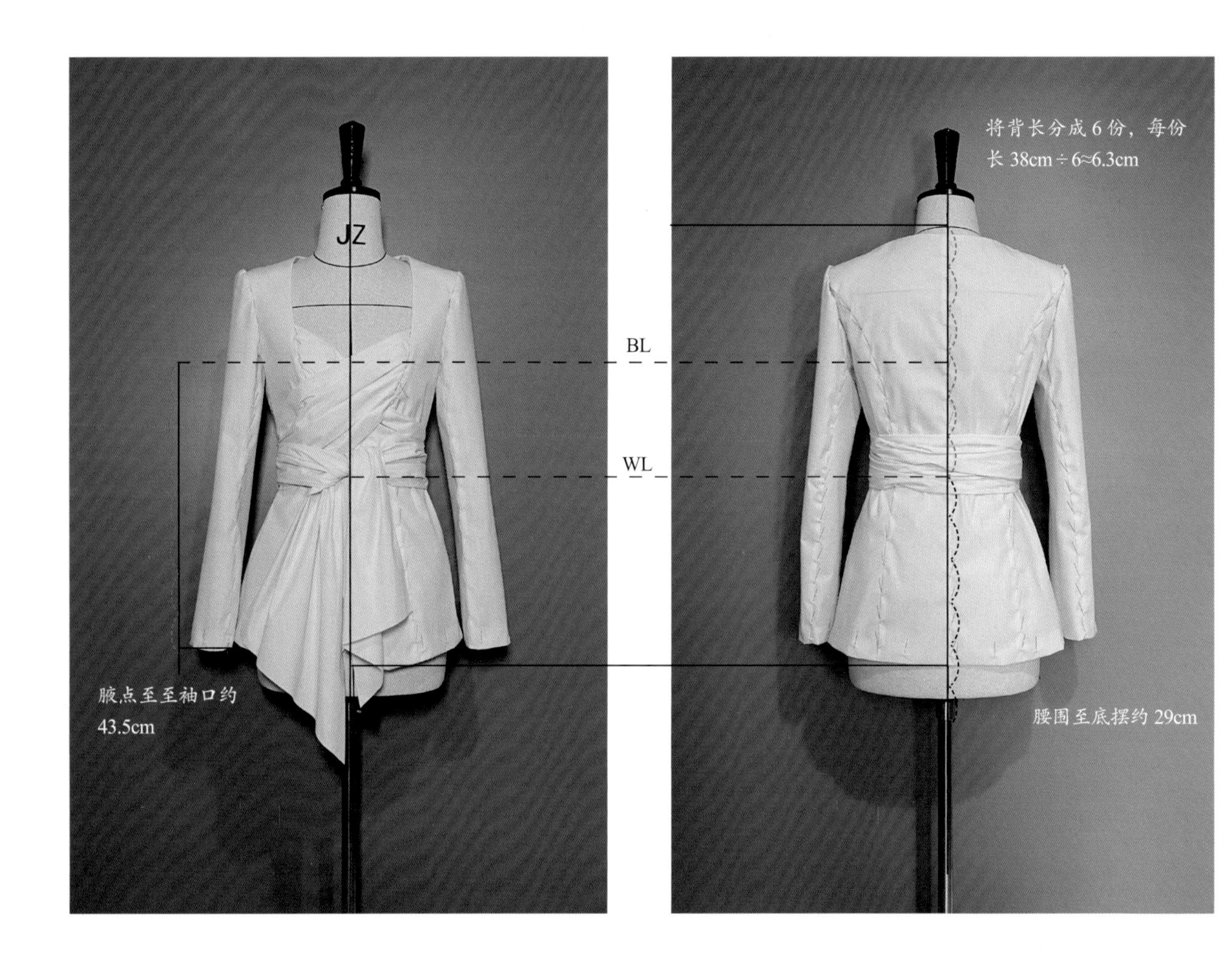

款式特征

无领长袖合体外套，胸腰部有绑带缠绕。

版型特征

合体 X 型廓形，常规两片袖，有垫肩，前胸袒露以绑带缠绕束腰，胸部造型饱满。

此版型可先以平面制版的方法做出基础衣身和袖子部分，然后以立裁的方法制作胸腰绑带造型。

7.5.2 制版过程

Step
01

根据款式分析对原型框架进行修改：

①外套需在原型基础上增加服装宽松量，对侧缝和窿宽进行相应加量处理。BP 点也应向侧边移动。以达到维度上均匀增量的目的。

②调整衣长，因衣身下摆外扩，在下摆侧缝部分增加外展量。

③此款服装垫肩为 1cm 左右平肩，对胸省、肩省和肩线进行修改。

④调整衣长。

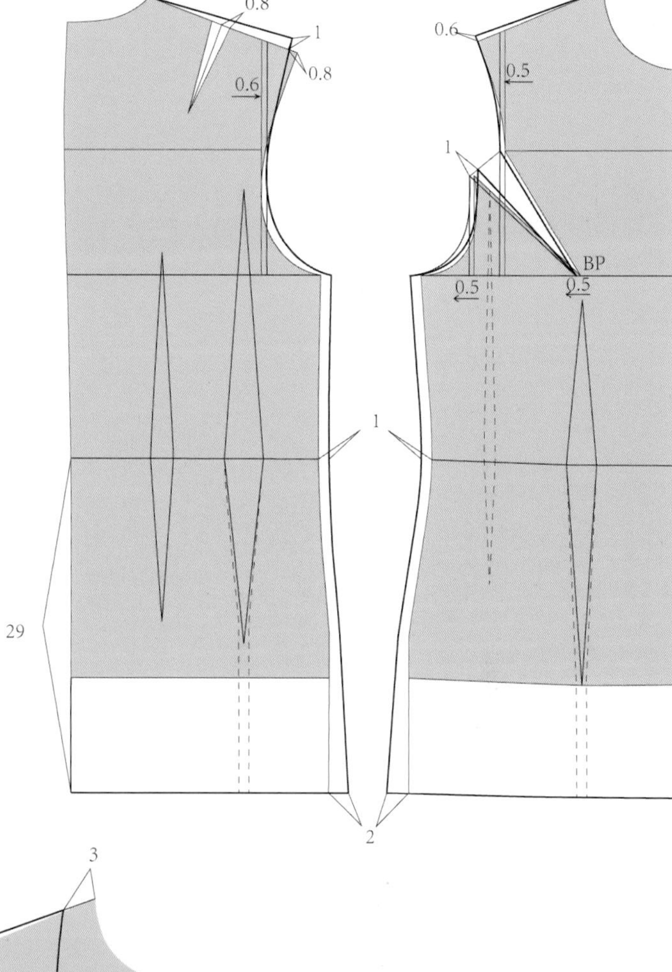

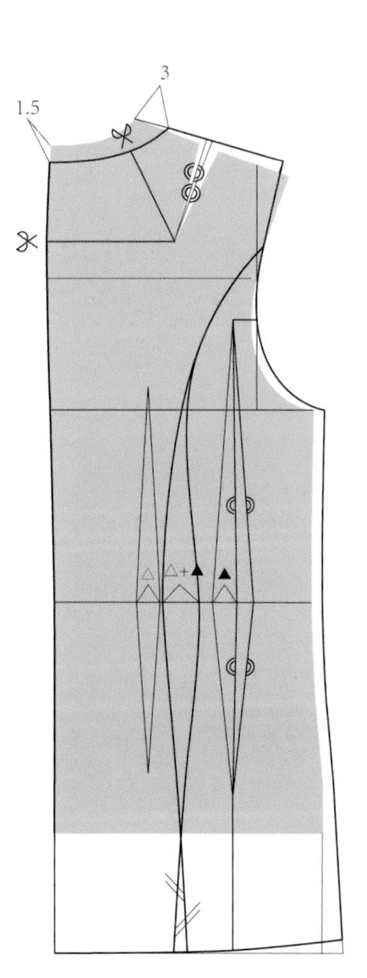

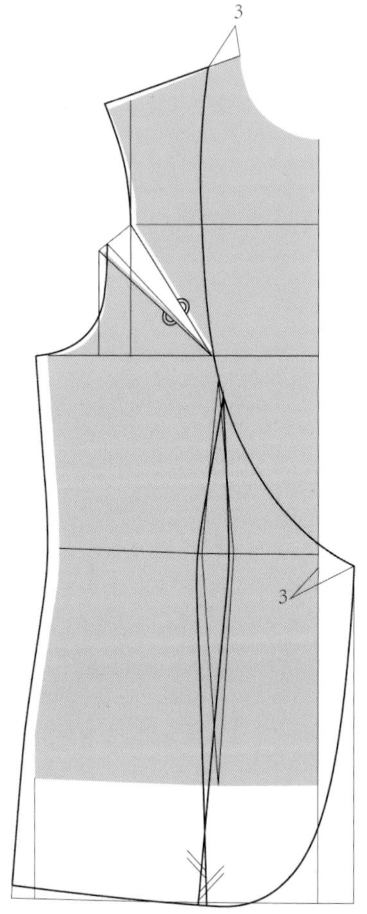

Step
02

①根据款式造型绘制前门襟造型，前后刀背分割线位置。

②此款腰围合体松量适中，可将原型腰省量保留一部分作为宽松量，余下部分与分割线结合做收省处理。在分割线处设置腰省量并绘制分割线造型。

③绘制底摆造型。

Step 03

①对肩省进行分散处理，分别作为肩缝和领口缩缝量后期做工艺处理。

②对腰省、胸省进行合并转移之后用圆顺的弧线绘制完成线，画出领口、门襟贴边。

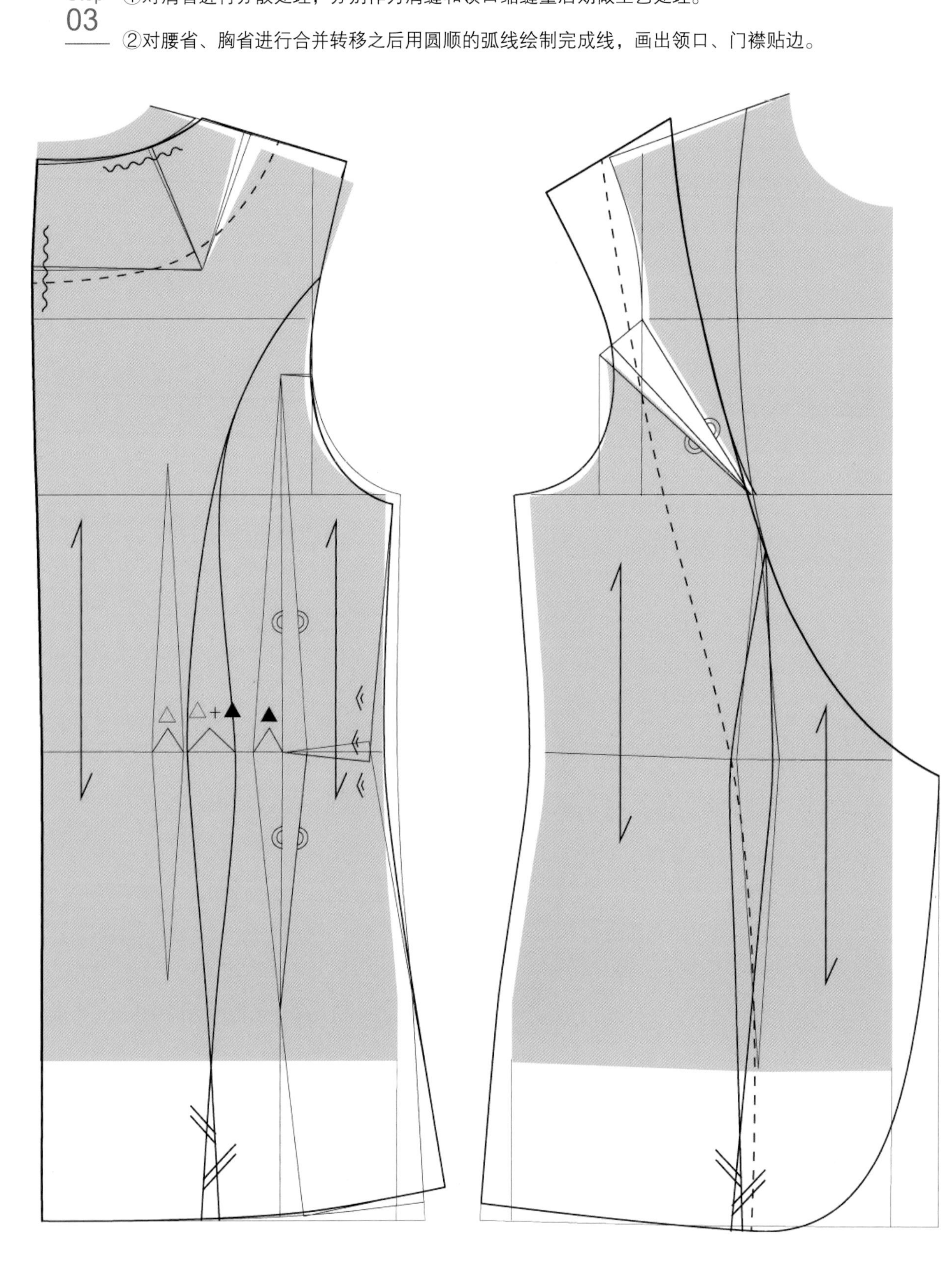

Step 04 根据袖窿数据绘制合体两片袖。

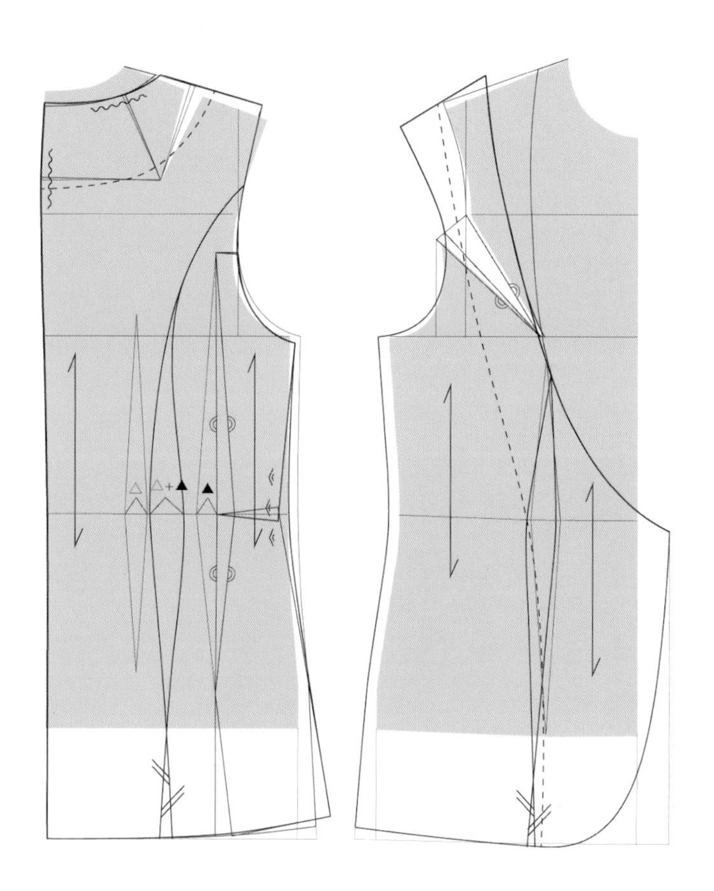

7.5.3 立裁过程

根据平面纸样制作出基础衣身并穿在人台上，轮廓缝头不用折光。

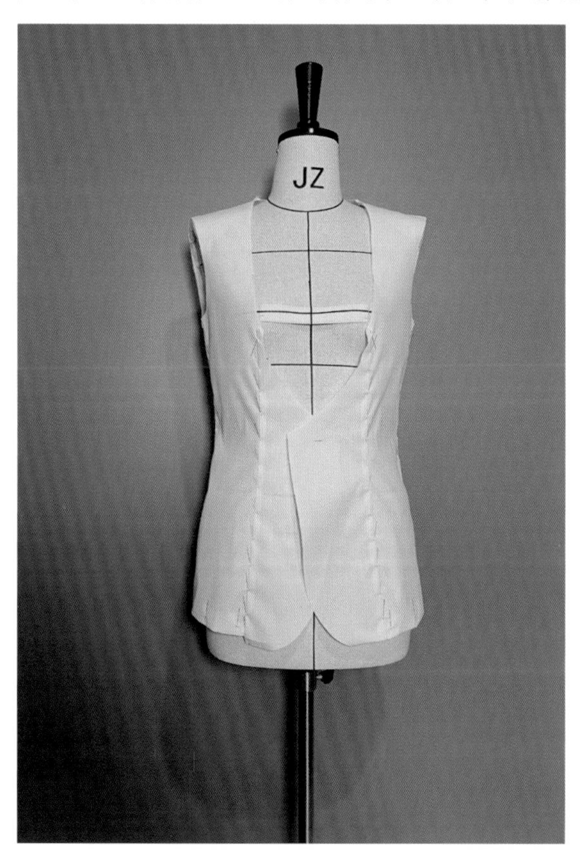

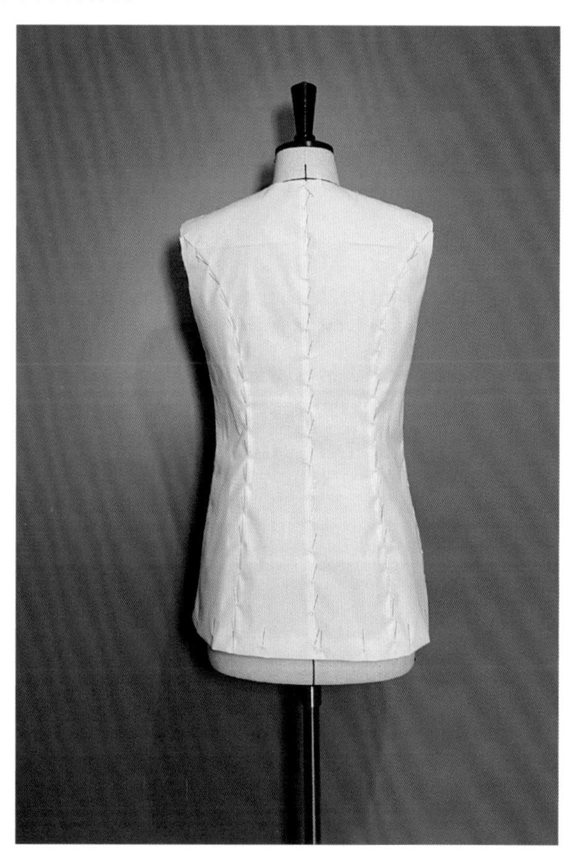

Step 01 根据造型在胸部标记出绑带的起始位置。

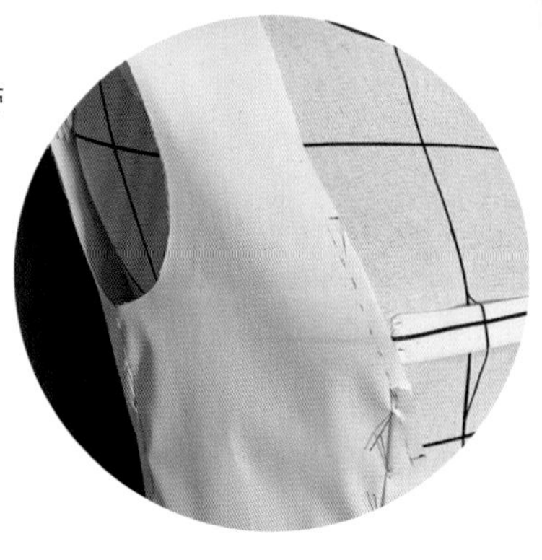

Step 02 将绑带备布斜向置于人台前胸标记处，根据造型走向捏褶，褶量和间距较随意，随后将绑带绕至前腰整理褶的形态。

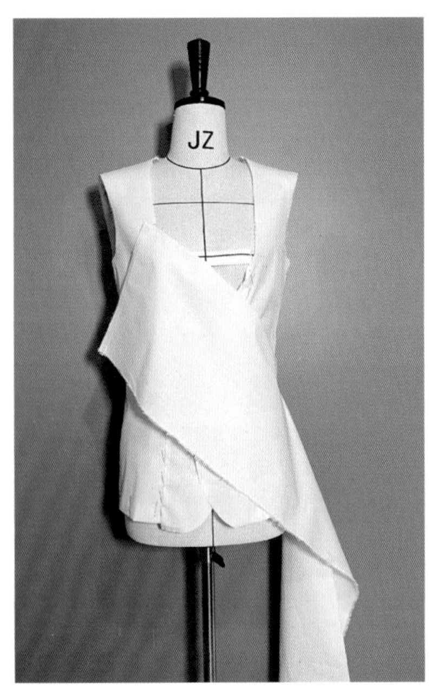

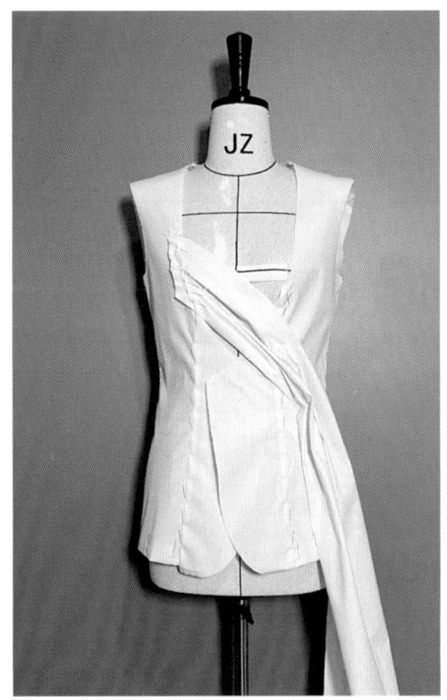

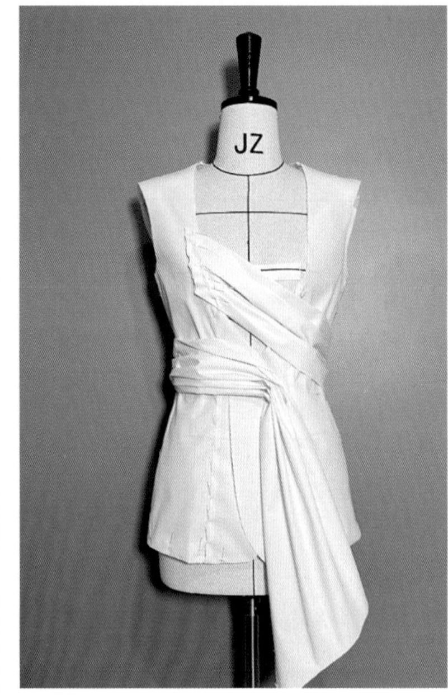

Step 03 重复以上步骤制作另一边绑带。

Step 04 制作袖子并装在衣身上。

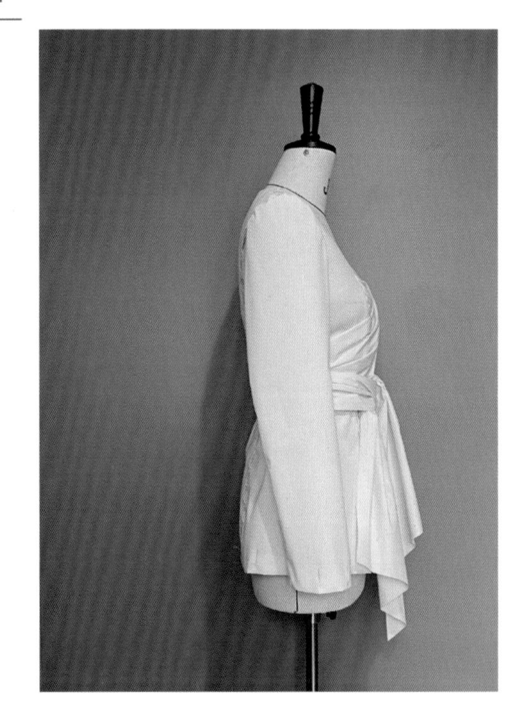

7.6 琵琶袖上衣

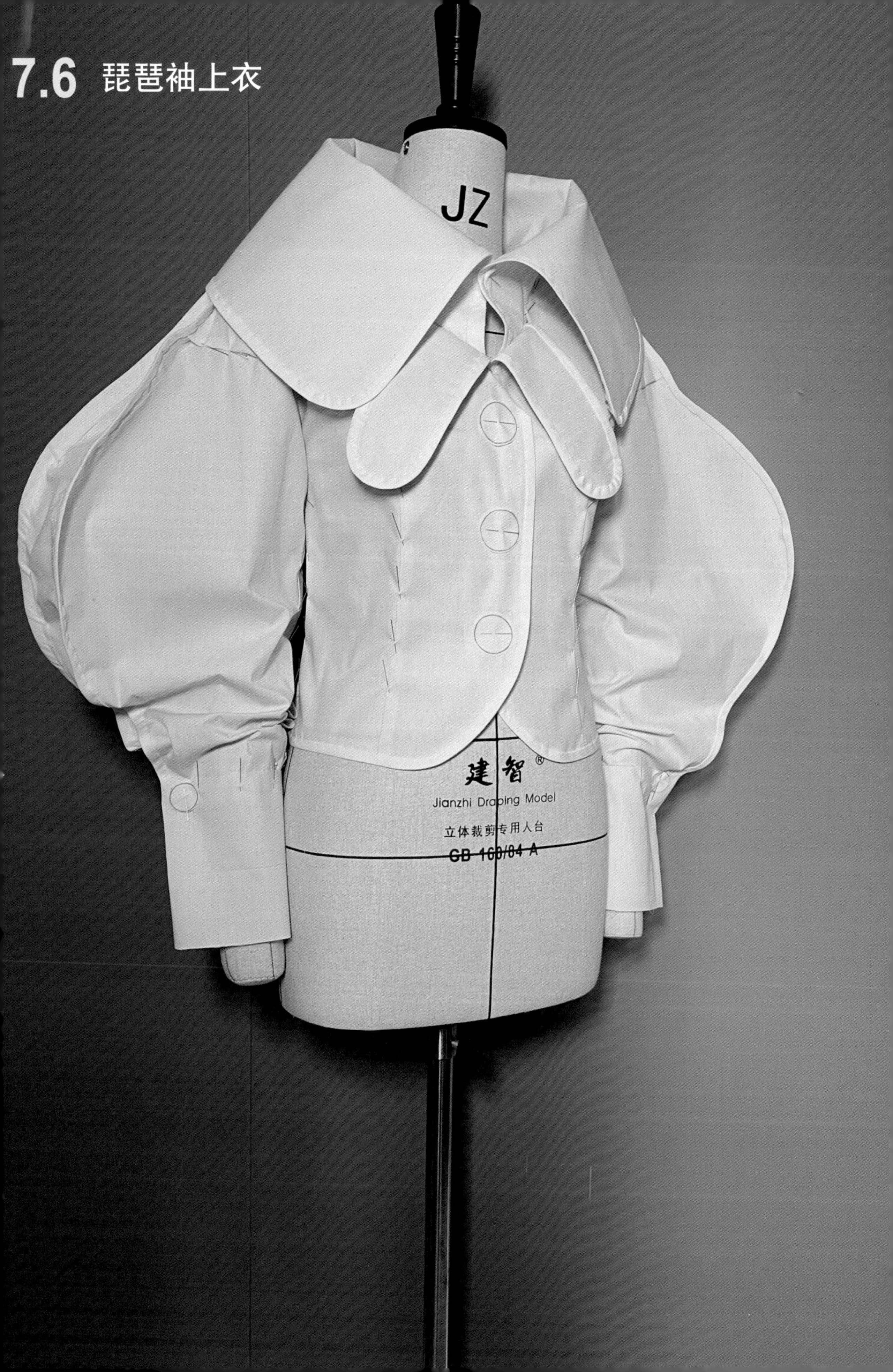

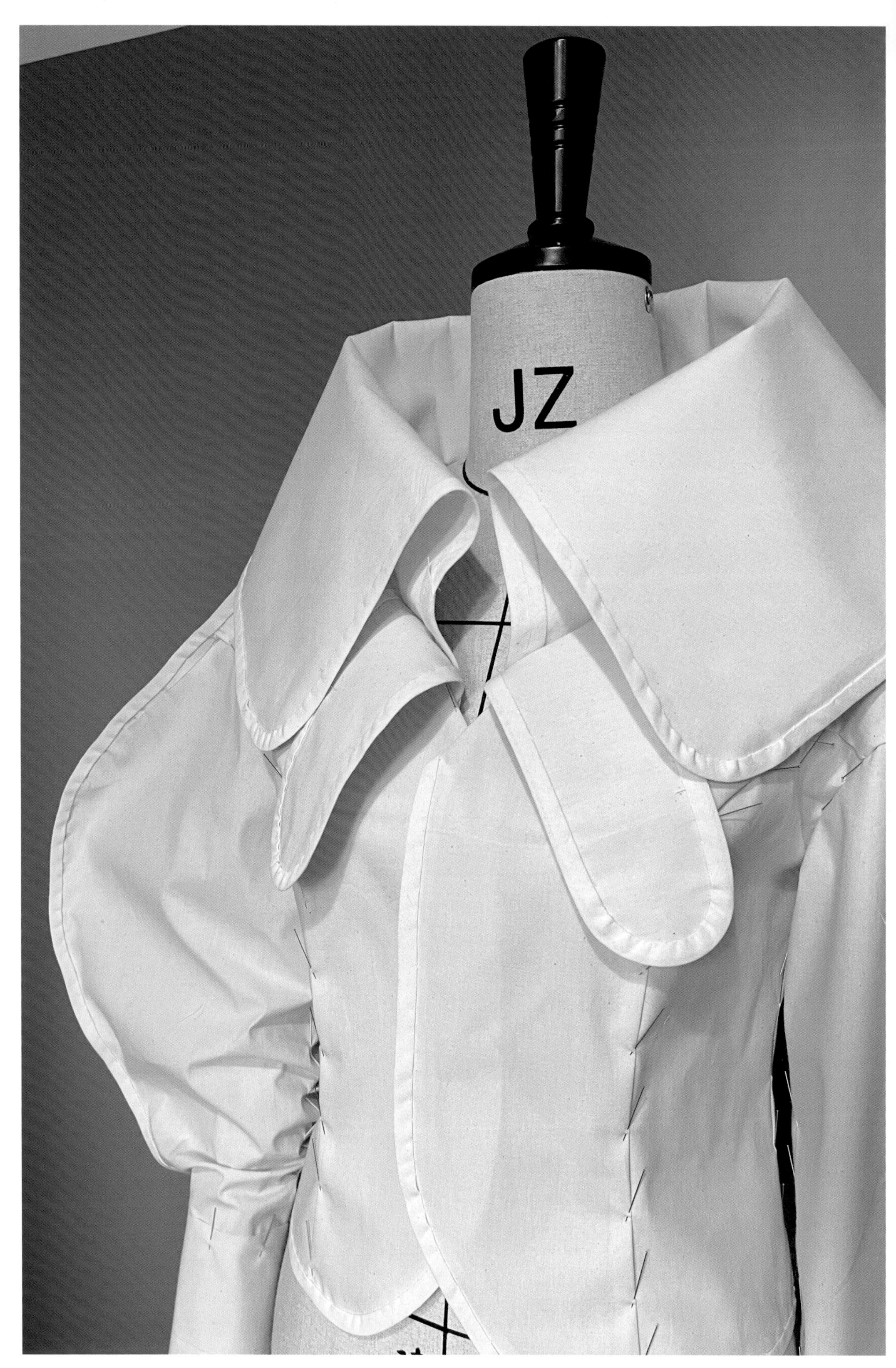
JZ

7.6.1 款式分析

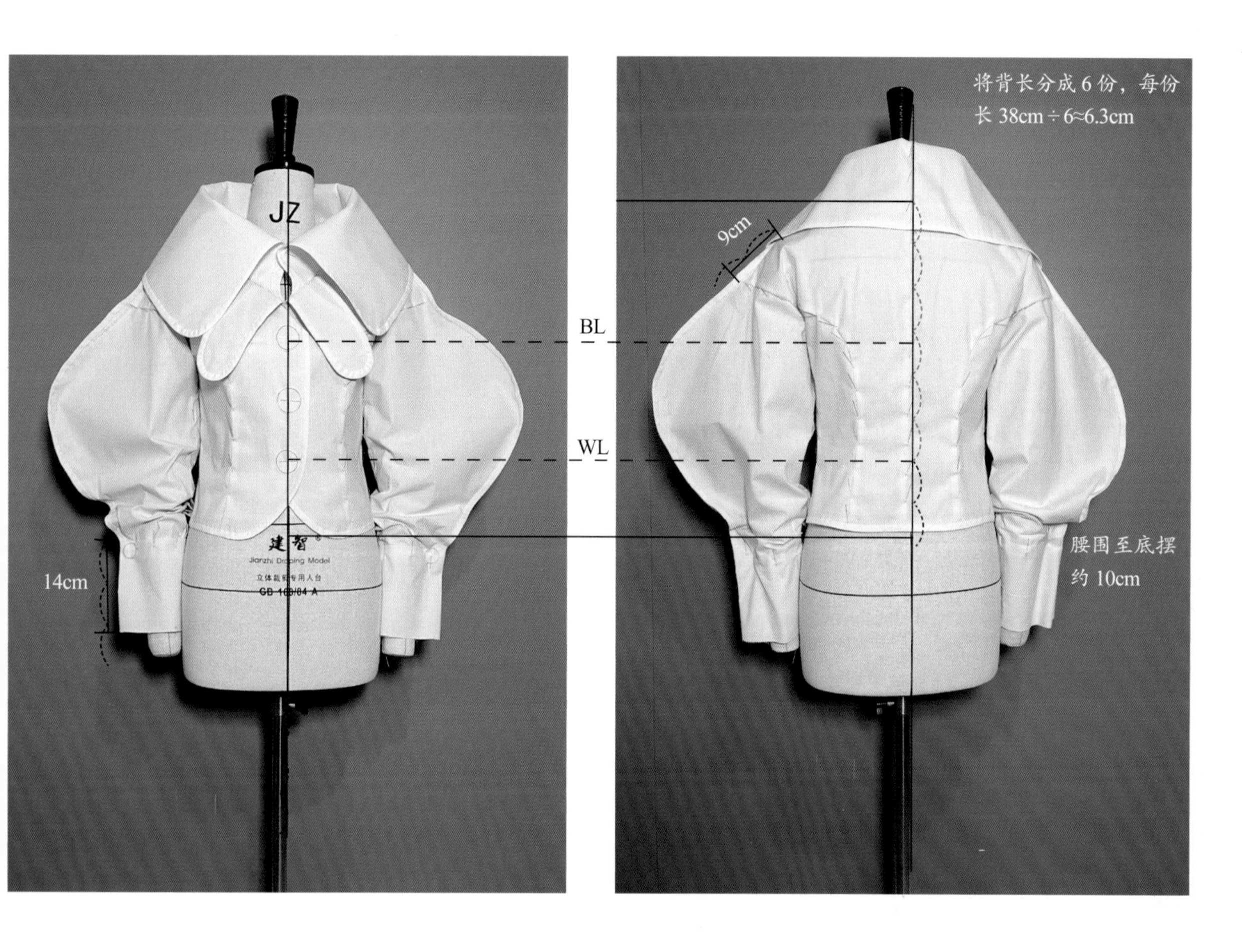

款式特征

衣身合体，披肩大翻领，肩线下落，袖中部隆起，袖中线附近拼接，袖口捏褶。

版型特征

合体 X 型廓形，前后衣身均做刀背分割。

落肩琵琶造型袖，翻立领结构。

此款用平面制版和立体裁剪的方法均可制作。

7.6.2 立裁过程

根据款式造型在人台上贴出造型线。

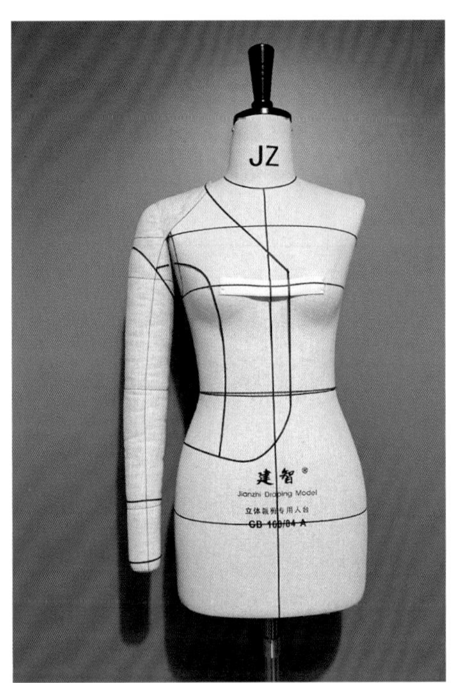

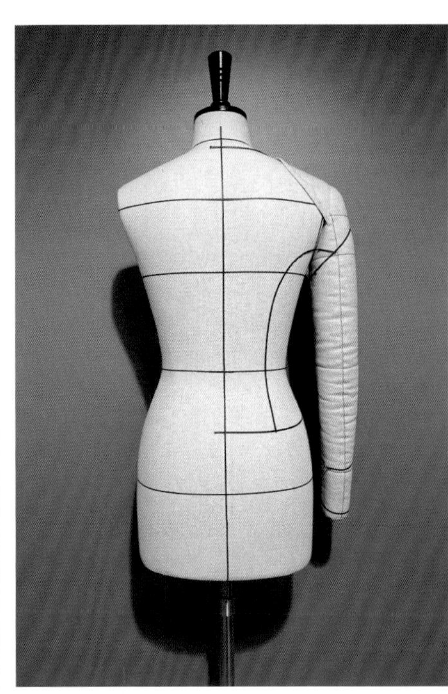

1. 制作后片

Step 01

①将后片备布附在人台上并固定后中上端和肩胛处，修剪领口。

②肩部浮余量做分散处理，主要分散至领口、肩线以及袖窿，修剪肩线。

③收后中腰省，固定刀背分割线附近布料，预留 2~3cm 布边后修剪多余布料。

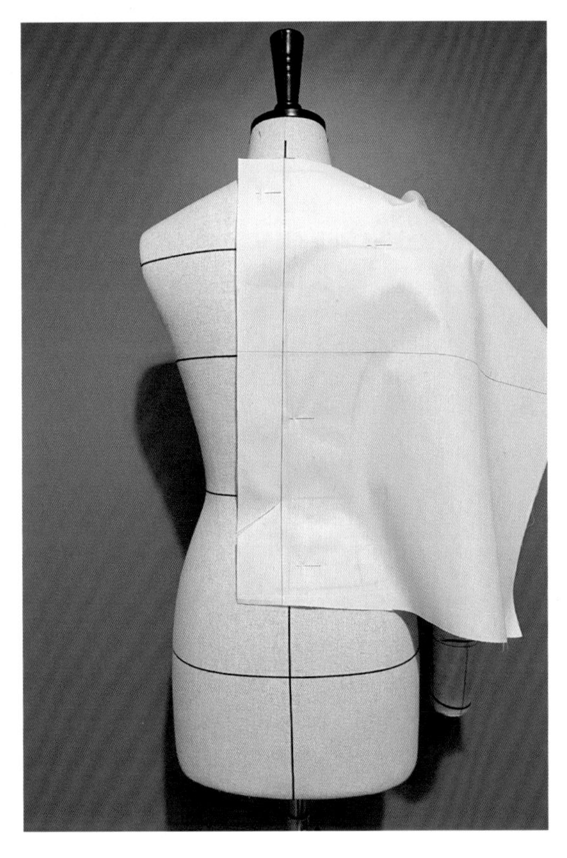

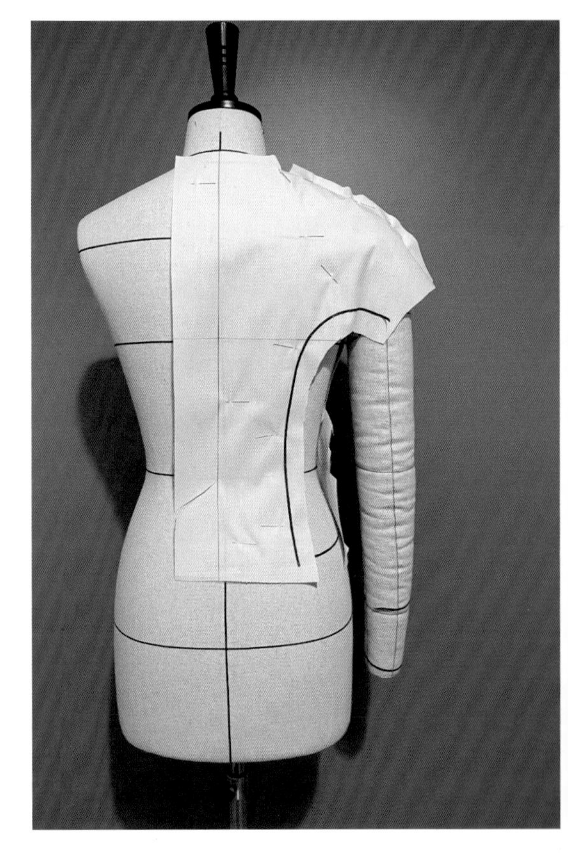

Step 02 在修剪下来的布料上重新画上十字交叉线后附于后侧面，竖线垂直地面并固定上端，顺势压按布料使之贴合人台，刀背分割线重合以重叠针别合，将手臂抬起至造型角度，别合袖窿部分。

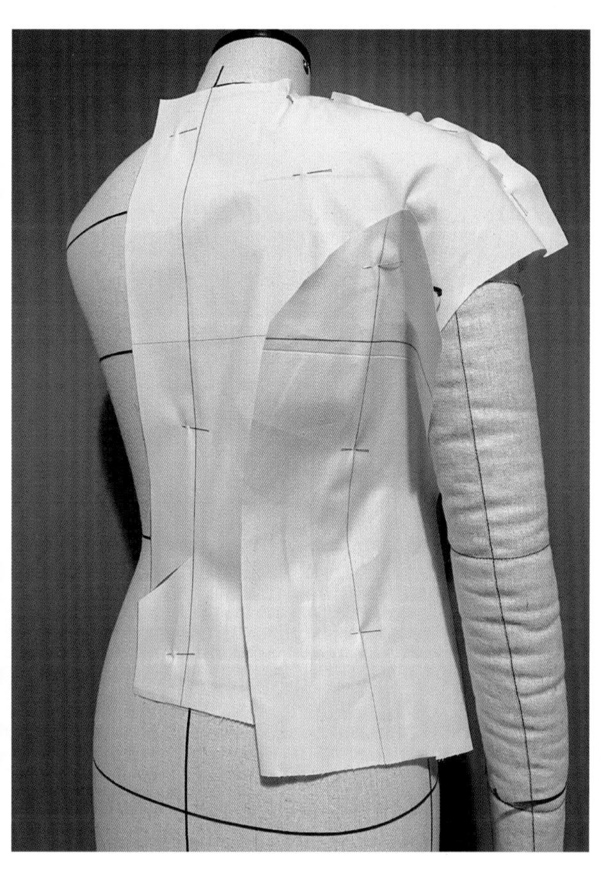

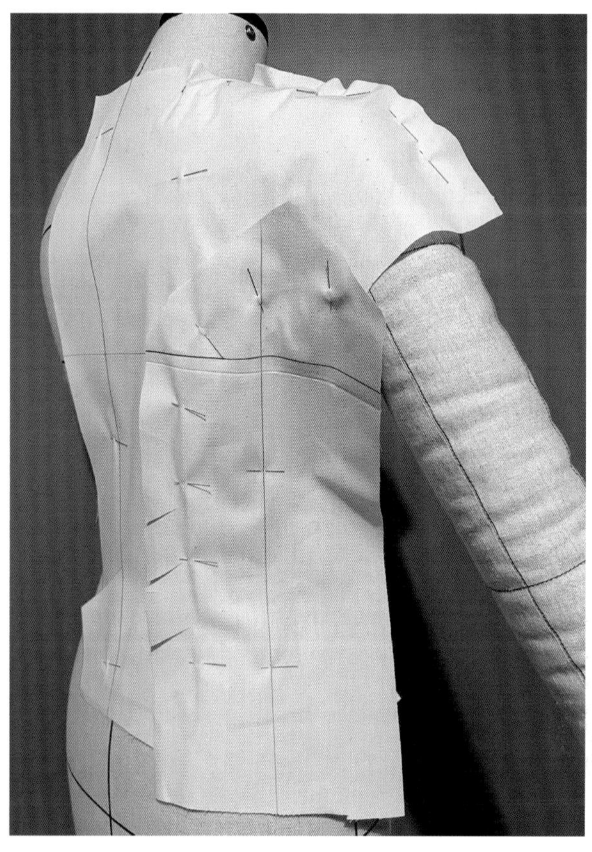

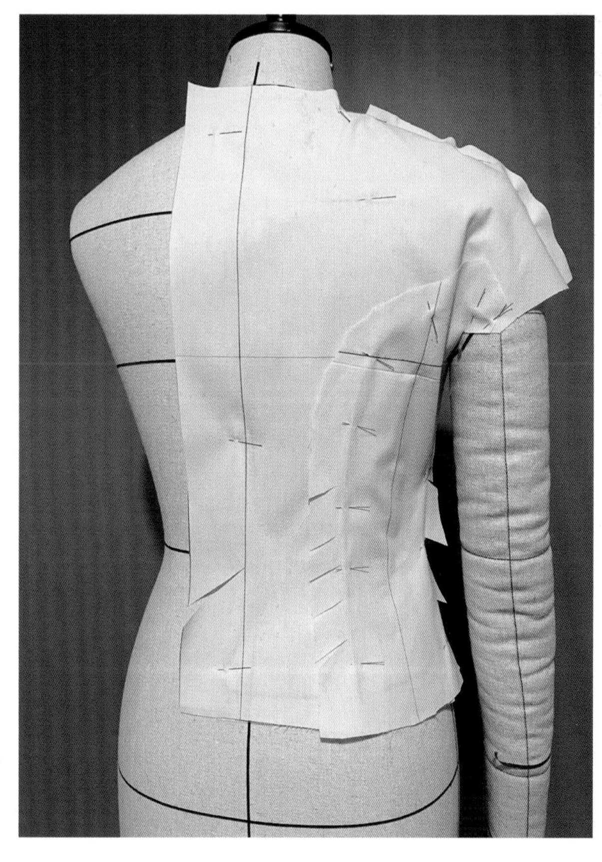

Step 03 在侧片留存一定松量后将侧边推至侧缝，在侧缝处打上剪口，根据袖窿形状修剪多余布料。手臂下放后观察肩袖状态，此时会在臂根围附近形成竖褶，一般衣身越宽松此褶越大。

2. 制作前片

Step
01

①将前片备布附在人台上并固定，修剪领口。

②将胸部浮余量推至侧边，固定刀背分割线附近布料，预留 2~3 厘米布边后修剪多余布料。

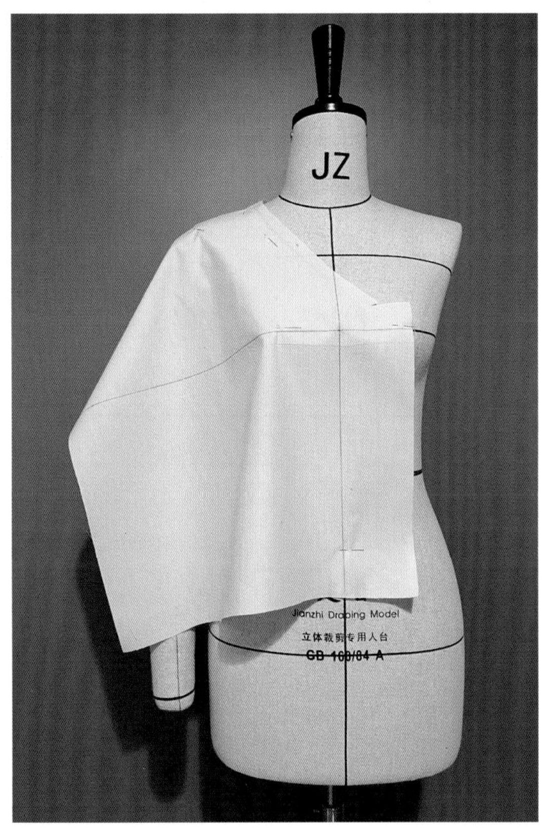

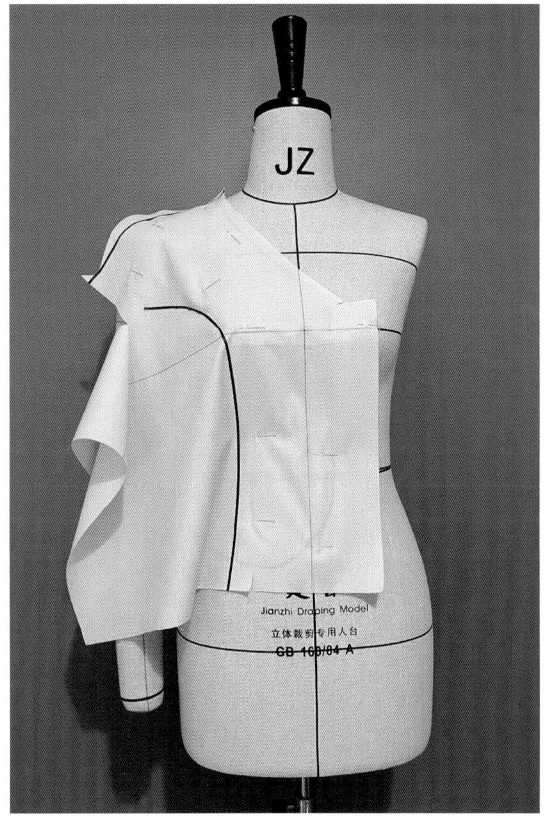

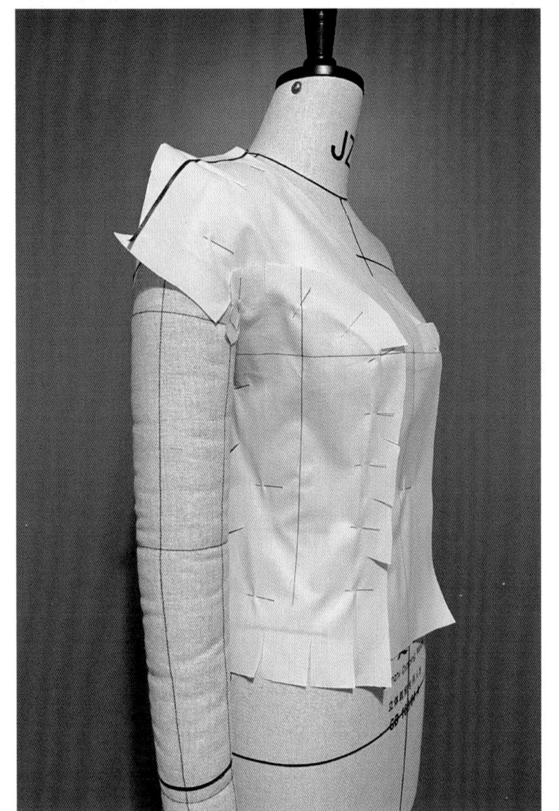

Step
02

①在修剪下来的布料上重新画上十字交叉线后附于前侧面，竖线垂直地面并固定上端，顺势压按布料使之贴合人台，刀背分割线重合以重叠针别合，将手臂抬起至造型角度，别合袖窿部分。

②在侧片留存一定松量后将侧边推至侧缝，在侧缝处打上剪口，根据袖窿形状修剪多余布料。手臂下放后观察肩袖状态，此时会在臂根围附近形成竖褶，此褶相对后肩袖处较小。

Step 03

①根据肩线造型别合前后肩线，用标记带标记袖窿形状。

②拆除多余人台固定针后观察前后衣身平衡和袖窿形态。

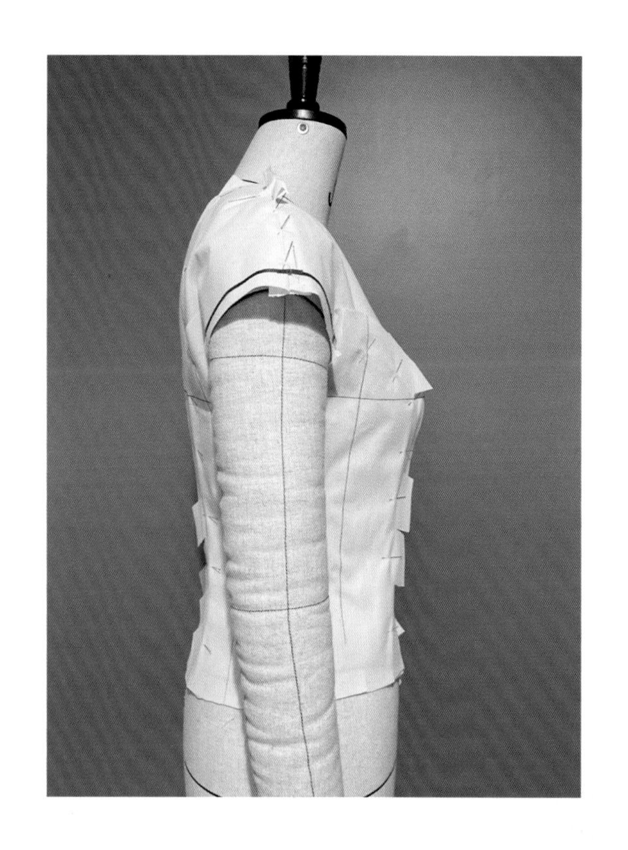

3. 制作袖子

Step 01

①将手臂抬起至造型角度，袖前片备布与手臂中线对齐。沿臂围线向前包裹手臂前部绕至腋下并固定，适当留出一定的松量，打剪口并修剪多余布料，使袖山腋下段与衣身腋下部分适合。

②重复以上步骤制作后袖片，将袖山上端与袖窿别合。

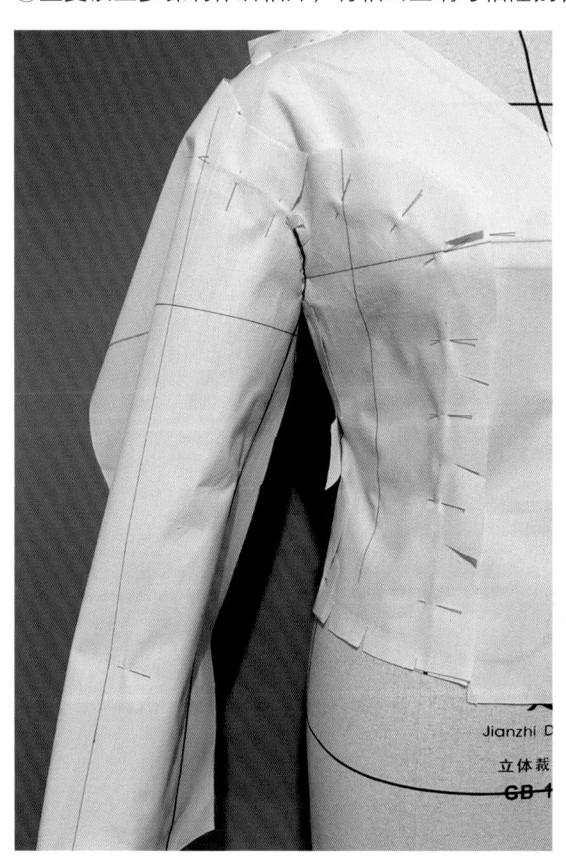

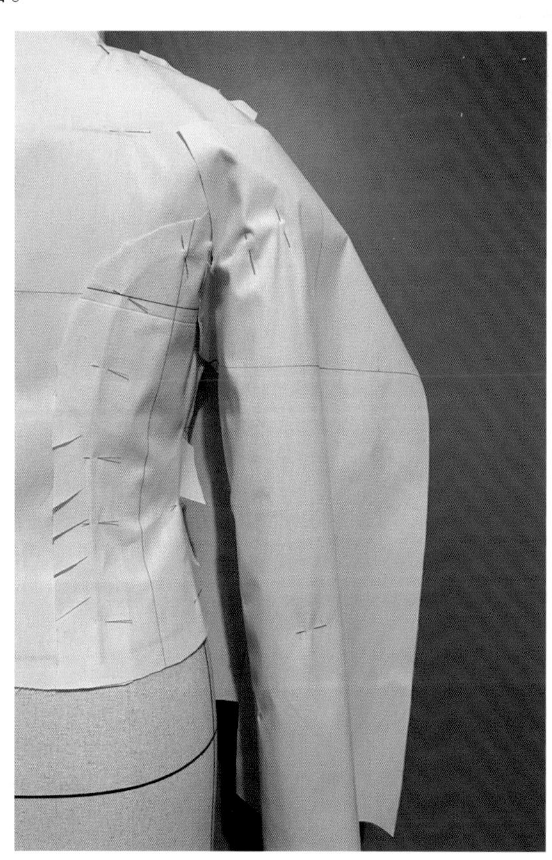

Step
02
①根据袖身造型别合中线，注意顺从手臂前倾趋势，修剪多余布料。

②为了增加袖子立体厚度加入竖线布条，上端顺着肩线逐渐消失，下端延伸至袖口并捏褶。

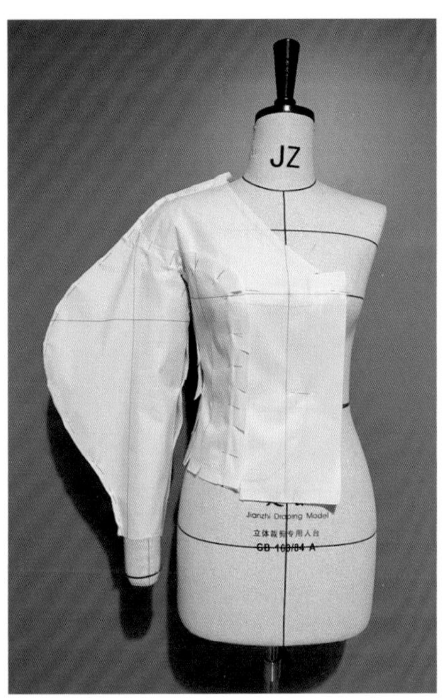

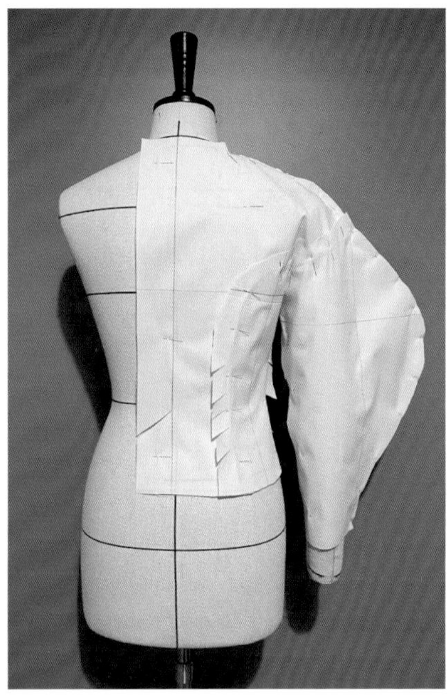

Step
03
袖克夫褶与袖口褶顺接，绕袖口一周完成袖口制作。

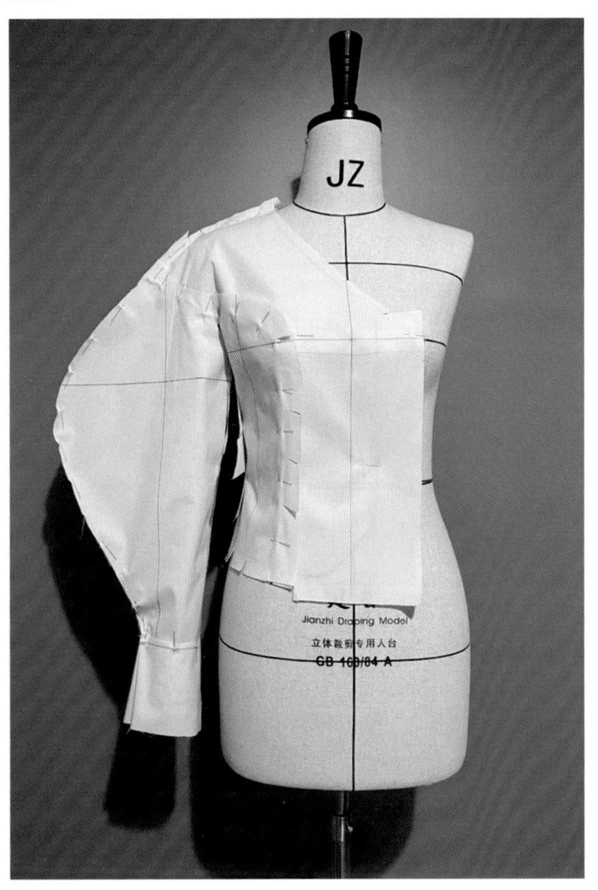

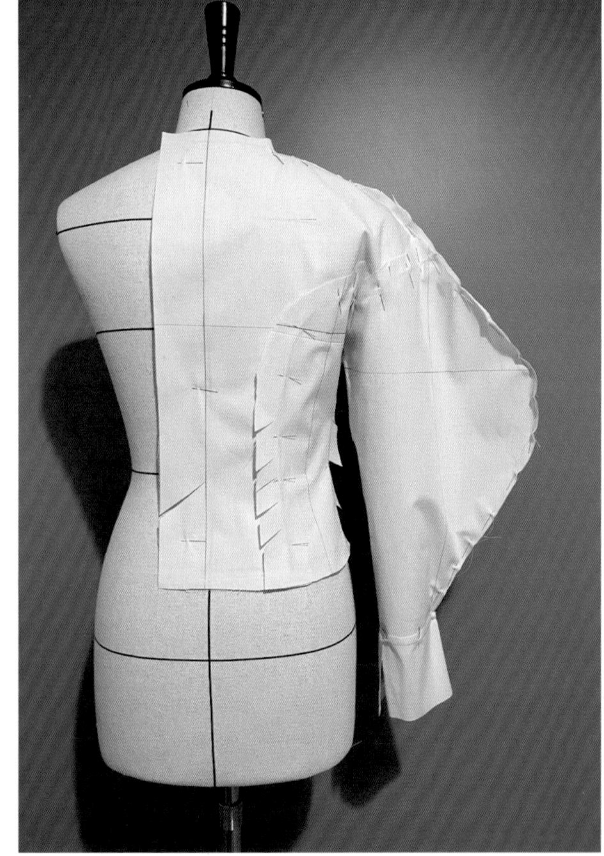

4. 制作衣领

Step 01

①将领子备布与人台后中线和领窝线重合，可适当修剪下领口弧度。

②确定领座高度并用大头针固定，将领面下翻。

③边将领面前绕，边在领窝处打剪口，此时为粗裁，剪口间距较大，主要塑造领子大造型。

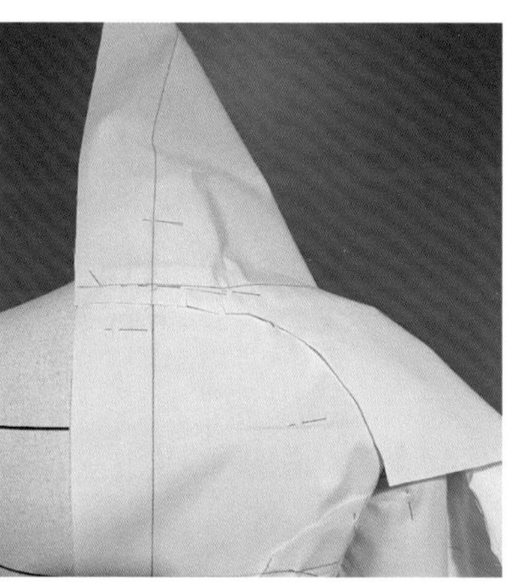

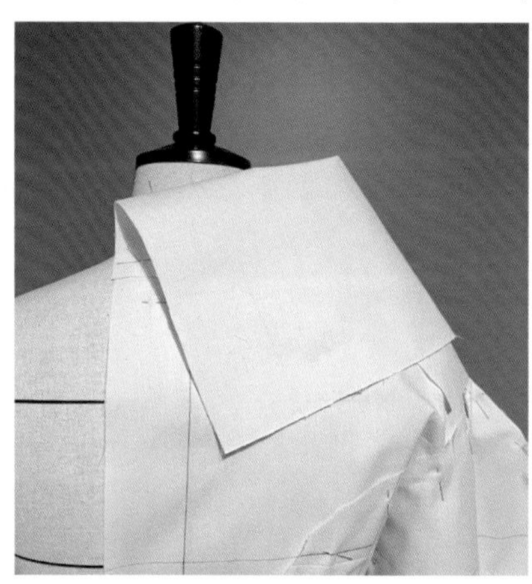

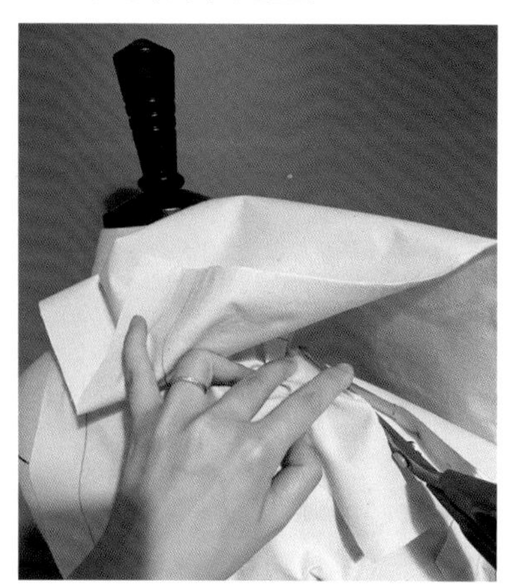

Step 02

①固定翻领后中防止领子前绕时后中偏移。

②领子前段领座较高，将手置于领下边向上顶边在领下口和领面外口打剪口，主要集中在肩线附近。

③在前领口处制作领袢，注意领袢造型与翻领的重叠关系。

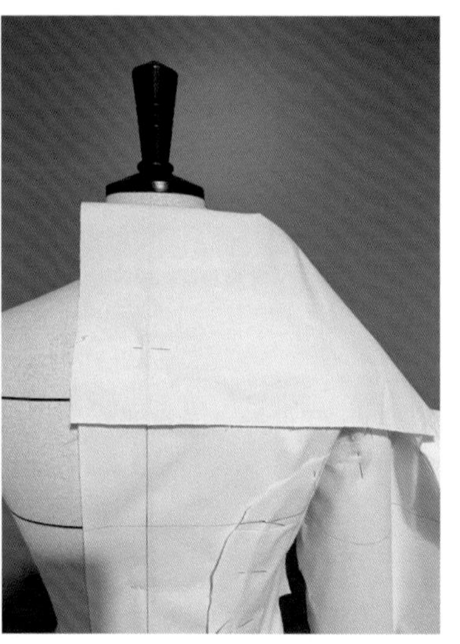

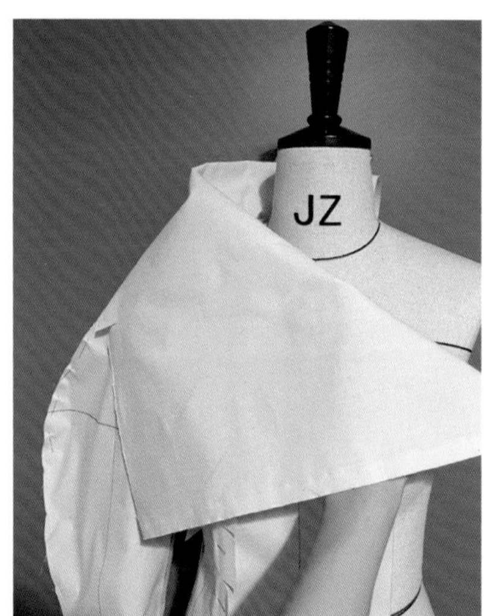

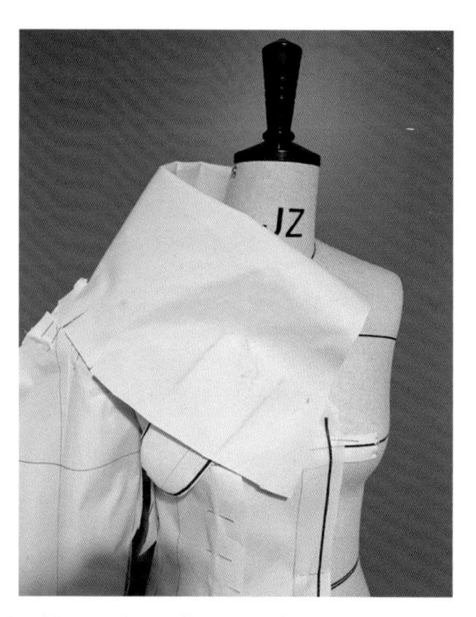

Step 03

①接下来为精裁，双手里外配合，从后往前调整领窝与领下口的关系，剪口更加细密，领口折线逐渐圆润。

②修剪领外口和前领口造型。

Step
04

用标记带粘贴领外口和衣身下摆轮廓线，用记号笔标记结构线和对位标记，完成坯样制作。

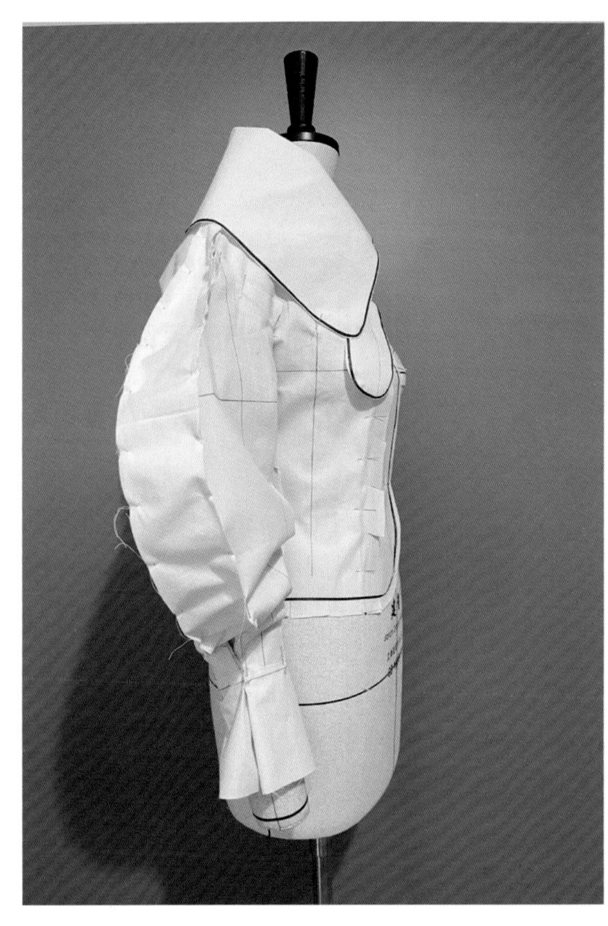

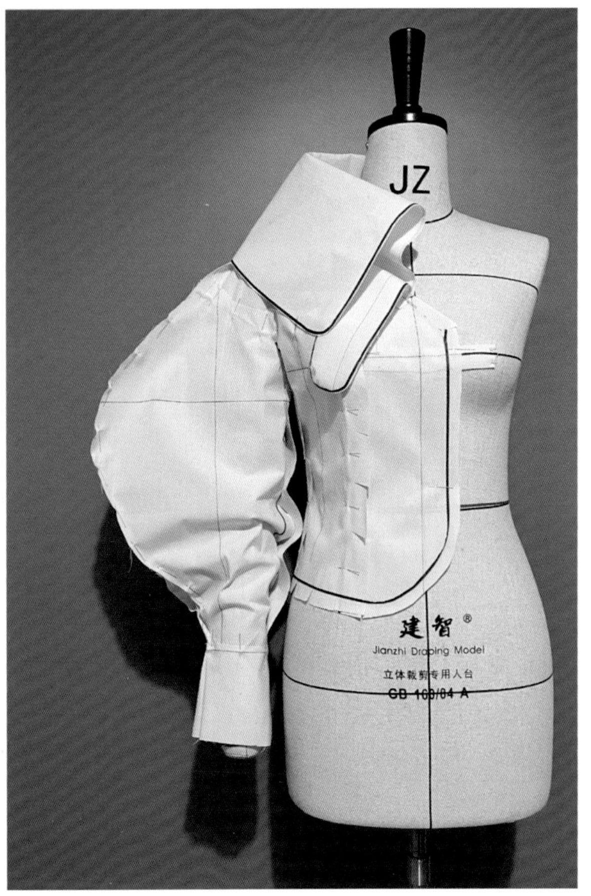

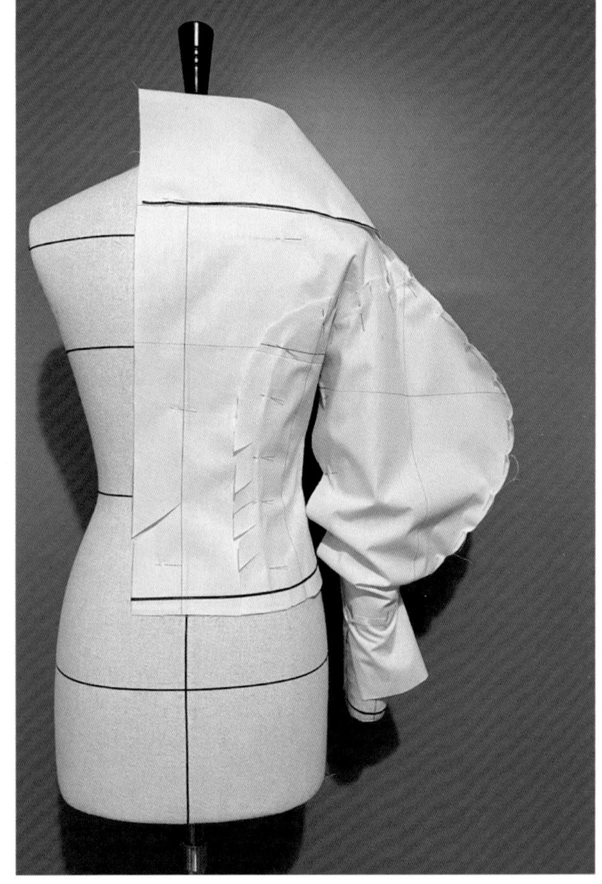

Step
05

取下坯样进行修正并标注工艺符号。

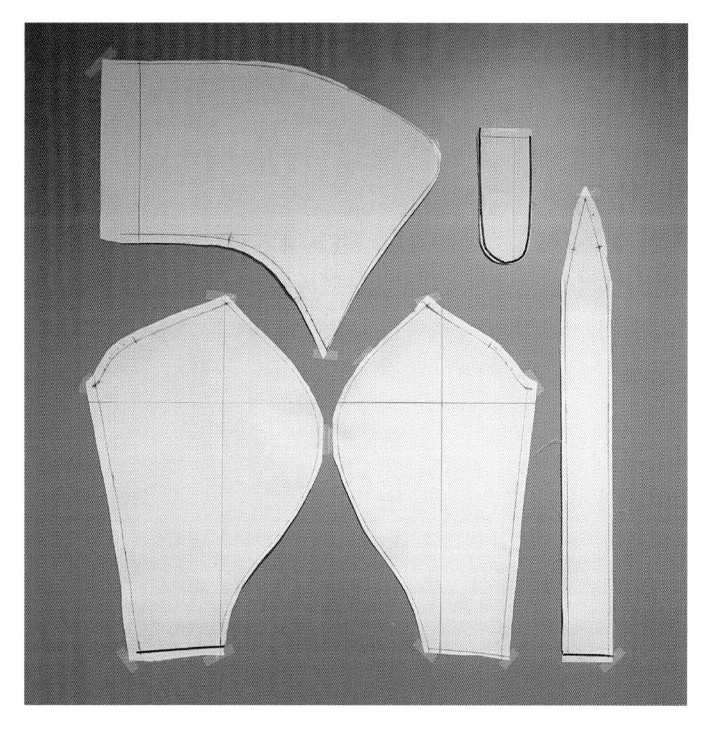

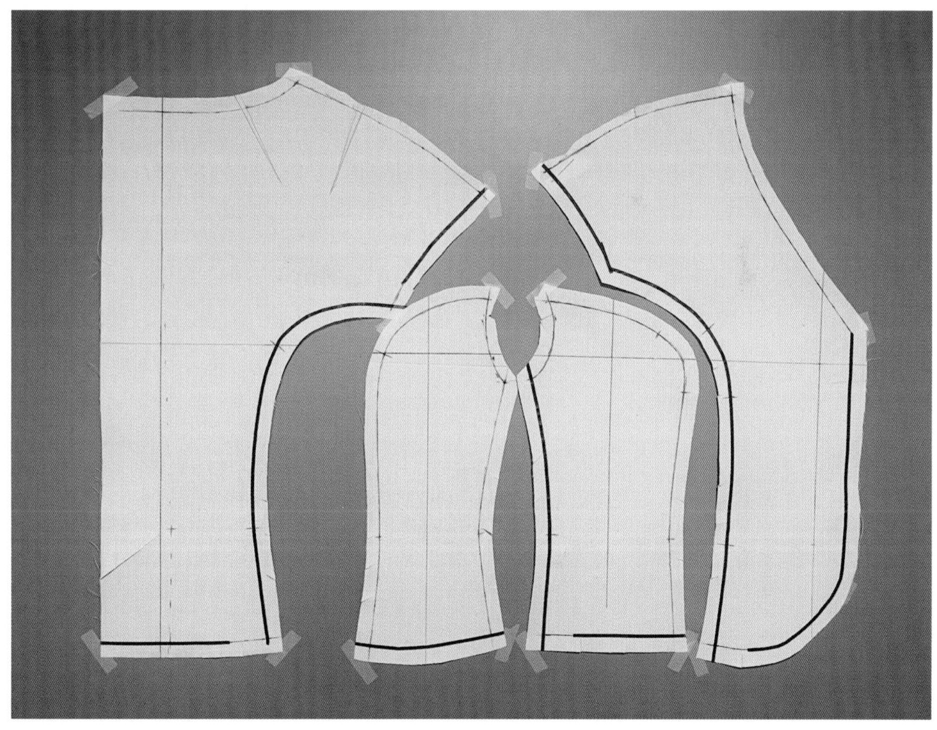

7.6.3 制版过程

Step 01 根据款式分析结果对原型进行框架修改：

①此款衣身较为合体，但属于外套款，因此需适当增加横向松量。

②此款翻领造型夸张，领座较高，领座与颈部距离较远，前端呈V字形，因此领窝开大量较大。

③衣长较短，在原型上直接截取相应长度。

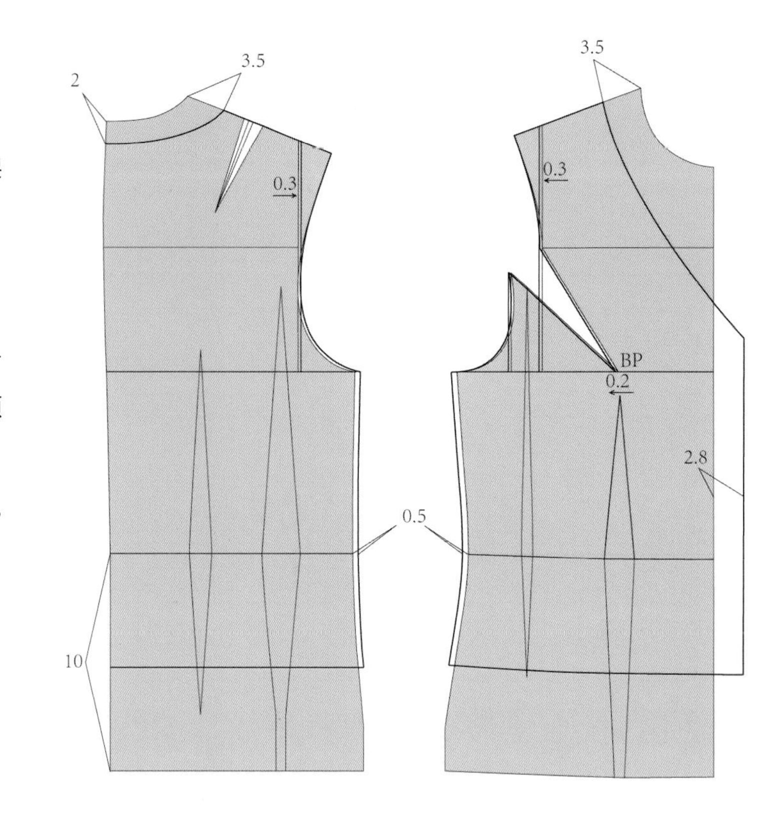

Step 02 分配胸省和肩省，绘制袖原型：

①因落肩袖袖窿宽松度较高，对肩省进行分散转移处理时其中大半转至袖窿作为后袖窿松量，胸省一半作为前袖窿松量。

②袖子为落肩造型袖，可用一片袖原型。因落肩袖袖山与袖窿的连接较为顺滑无须吃势量，因此原型袖的吃势量也要减少。

③落肩袖袖窿需重新绘制，为了不影响袖窿完整性可先将胸省转移至侧缝。

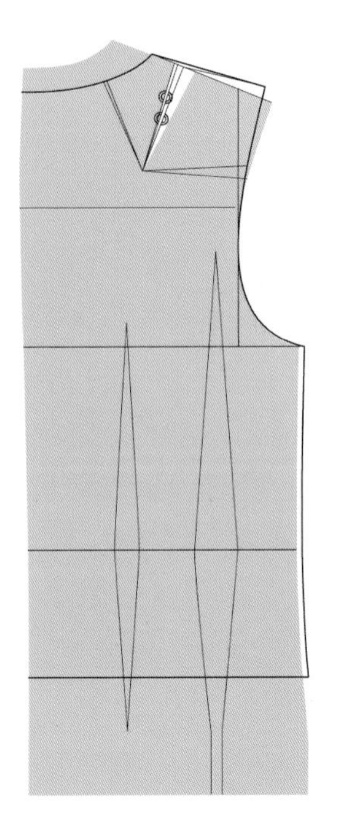

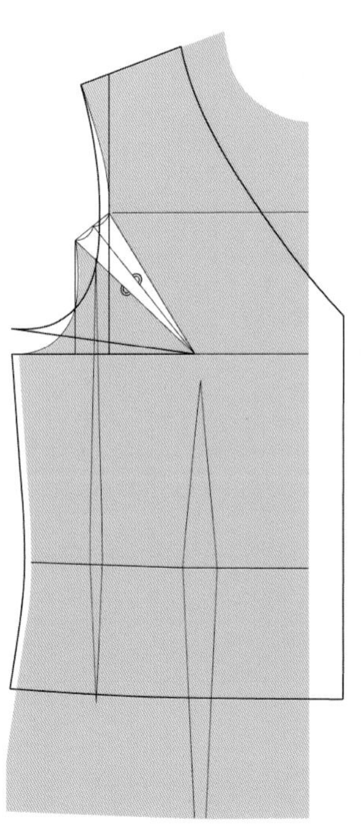

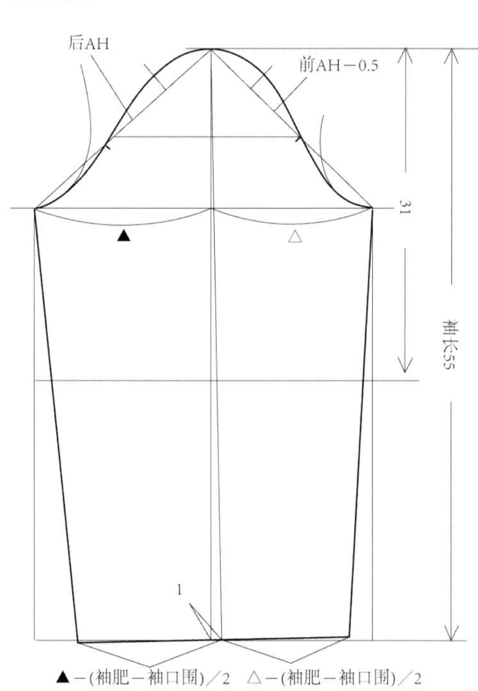

Step 03 绘制连身袖：

①在前后肩点处分别抬高并画水平线，将原型袖沿中线切开，分别前后袖窿对应，袖山顶点与肩点水平线相交，旋转和滑动袖片直至袖中线倾斜度与设定抬手角度接近，滑动袖片使袖山弧线顶端与袖窿顶端相切 。袖山与袖窿之间的空隙量 d、f 将形成肩袖之间的竖褶。此空隙量越大肩袖褶量越大，越宽松。

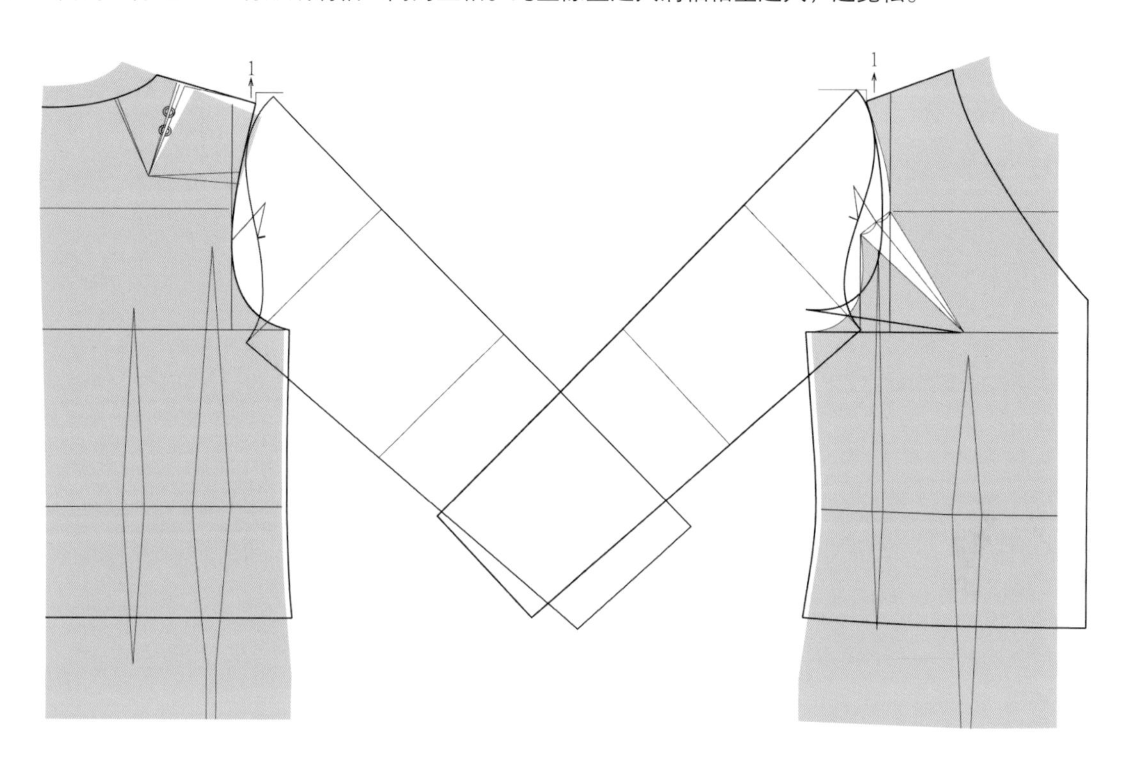

②根据款式造型绘制新的袖窿弧线、袖身造型和衣身刀背分割线造型。

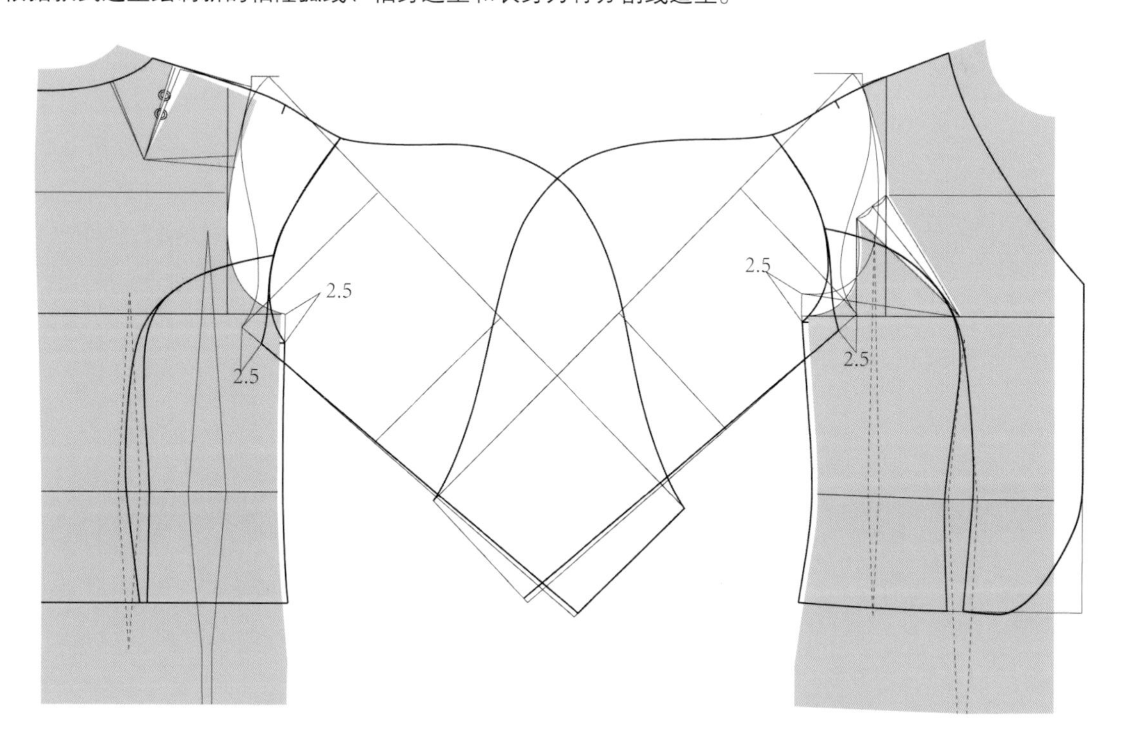

Step 04 对胸省和腰省进行合并处理。

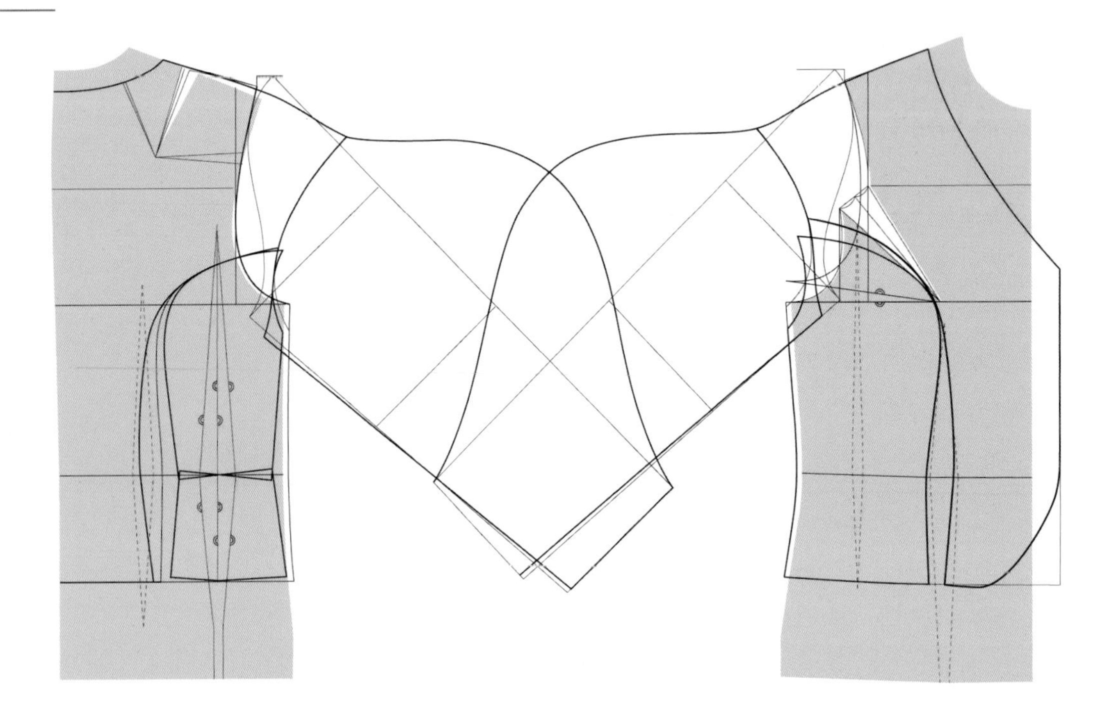

Step 05 绘制完成图：

①绘制袖中厚度拼接片和袖克夫。

②用圆顺的弧线绘制完成线，复核相关线长度，标注工艺符号，绘制后领贴和前挂面。

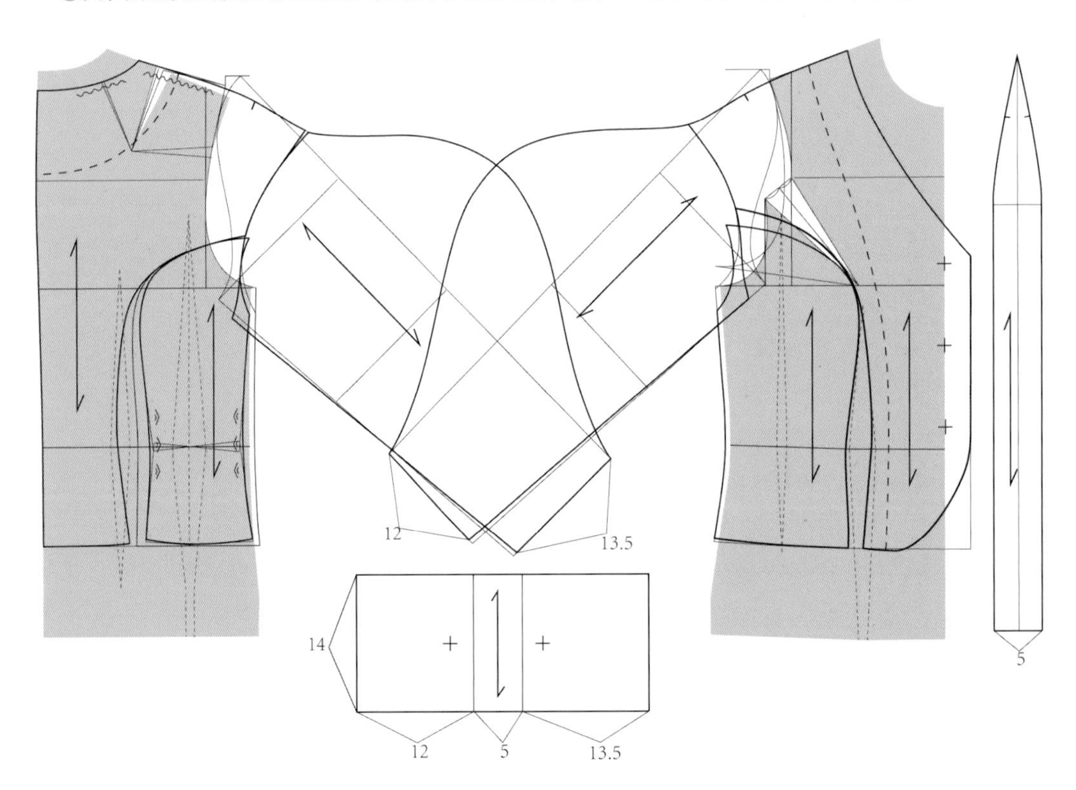

7.7 宽松落肩外套

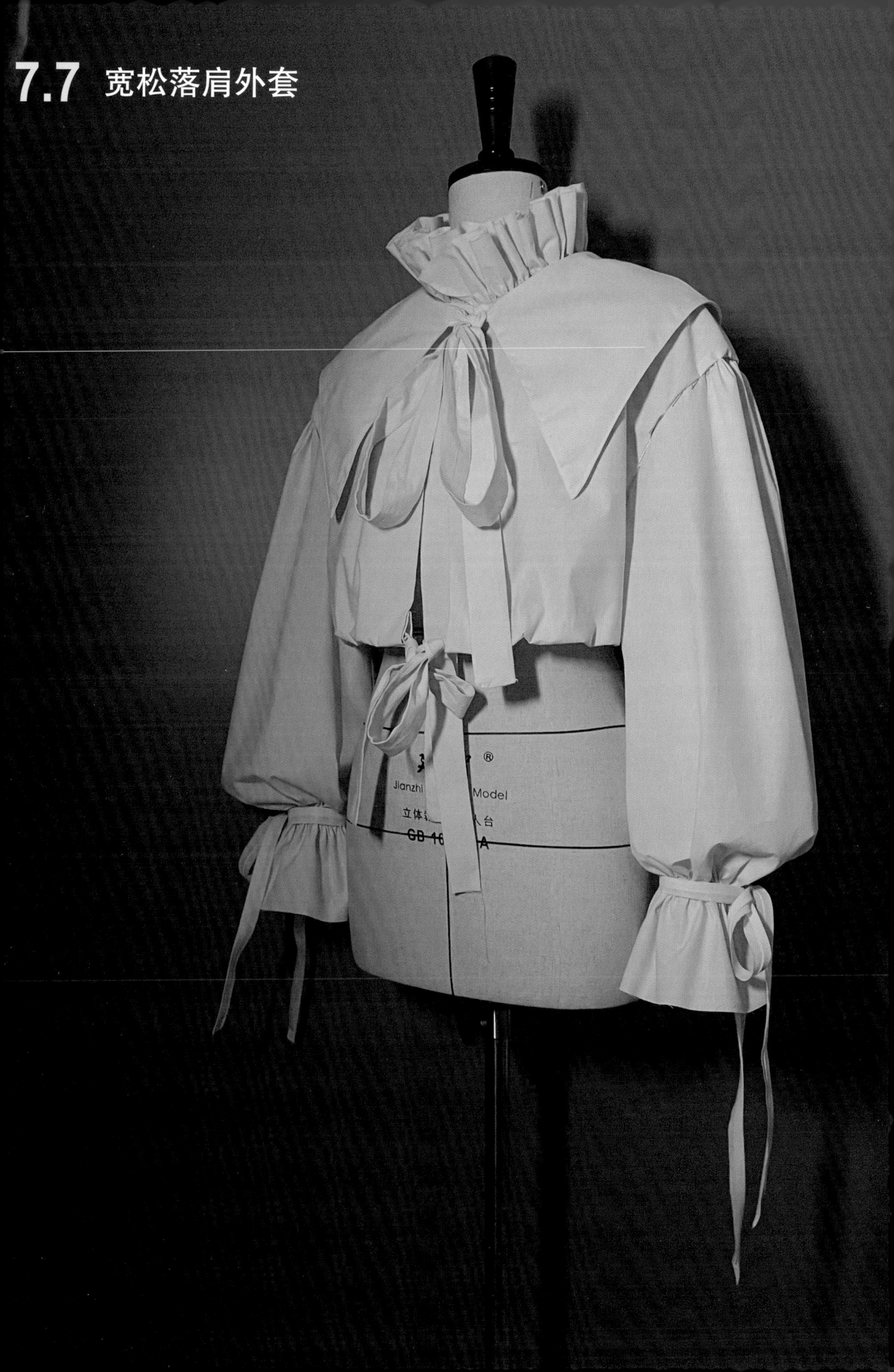

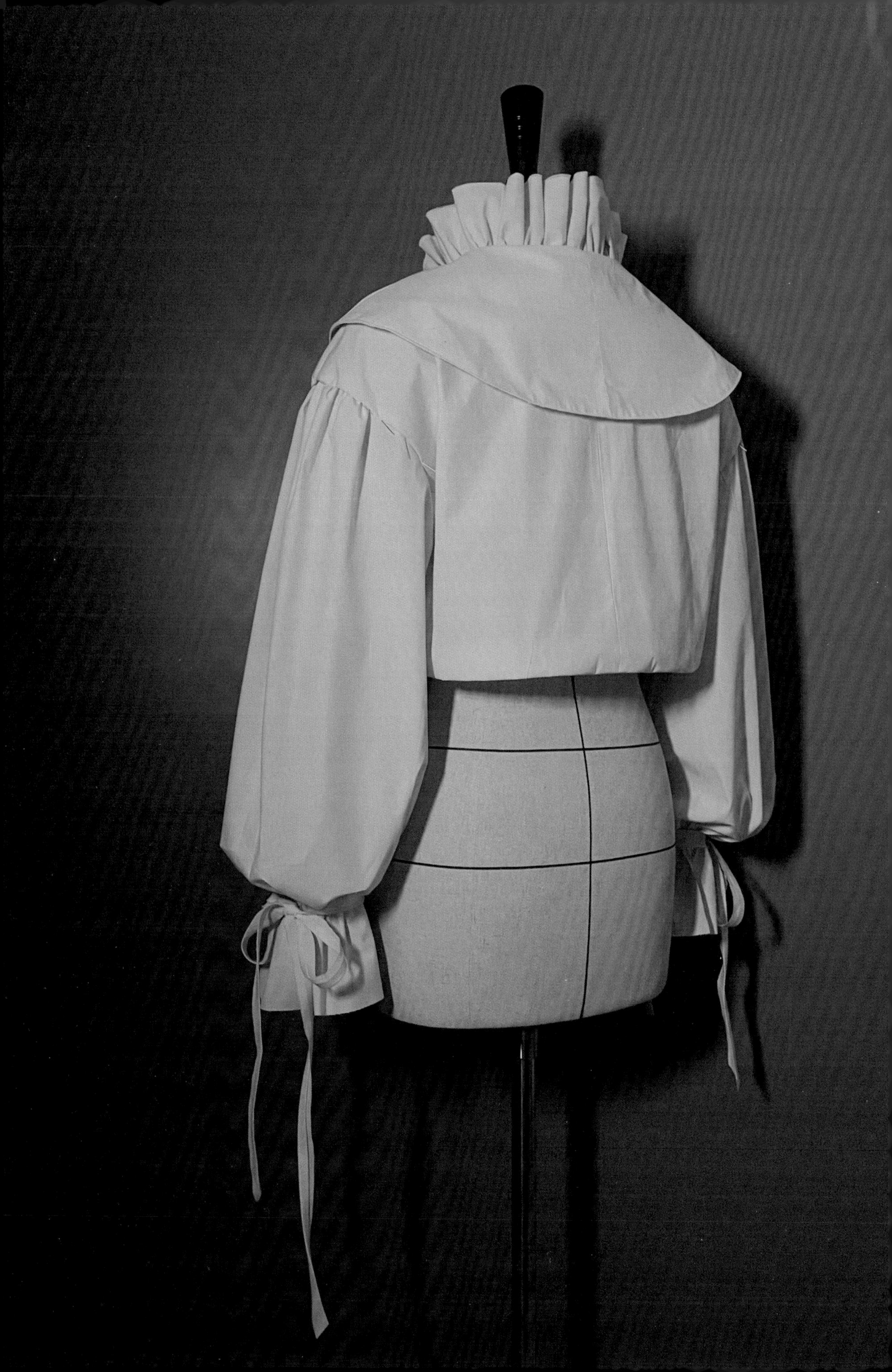

7.7.1 款式分析

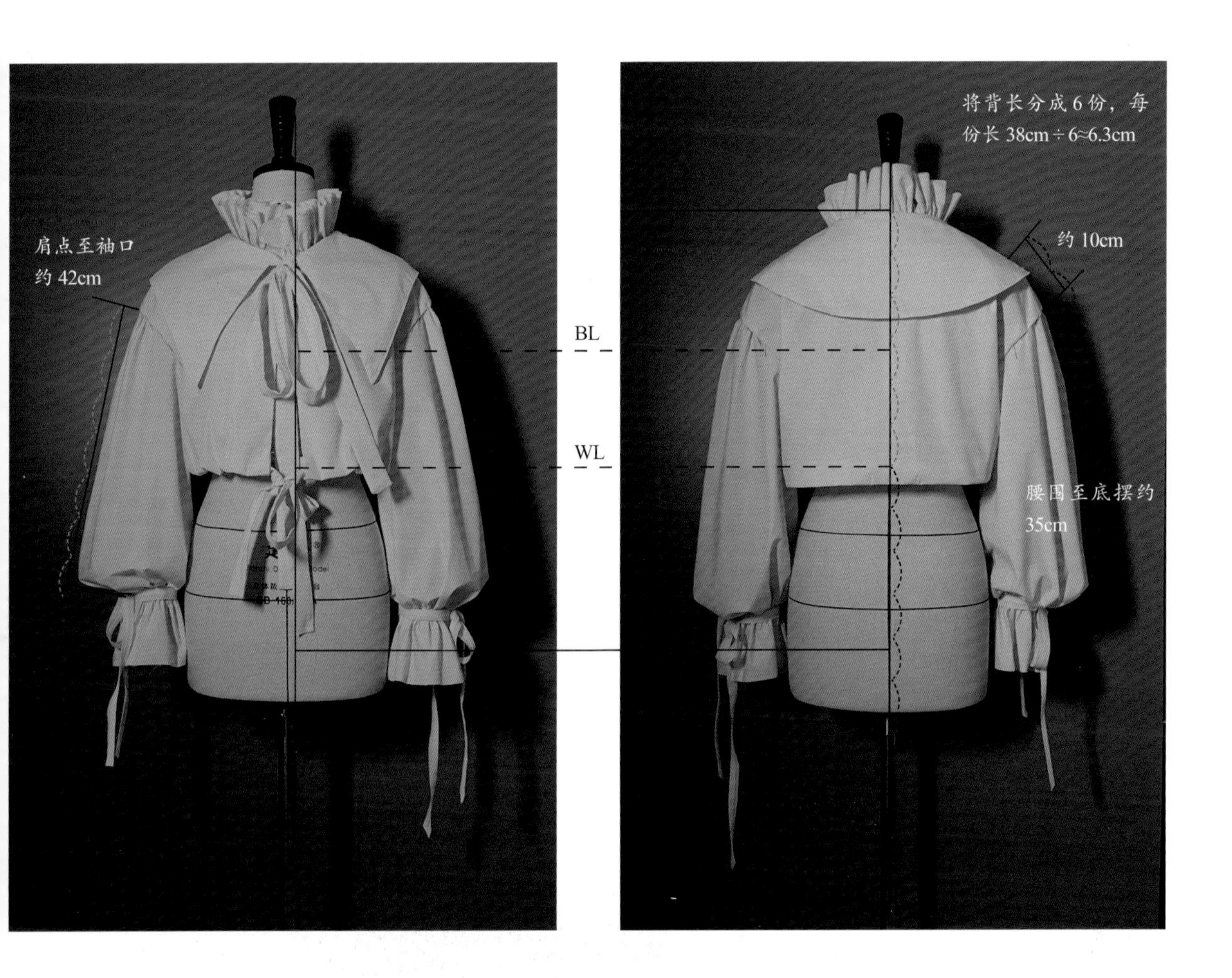

款式特征

宽松衣身，下摆绑带，领子为荷叶边立领，肩线下落，袖山顶和袖口均抽褶，袖口收紧，披肩假领。

版型特征

宽松 H 型廓形，落肩泡泡袖，趴领。

此款用平面制版和立体裁剪的方法均可，亦可两者结合，用平面制版绘制衣身和袖子，领子造型采用立体裁剪方法。

7.7.2 制版过程

1. 衣身

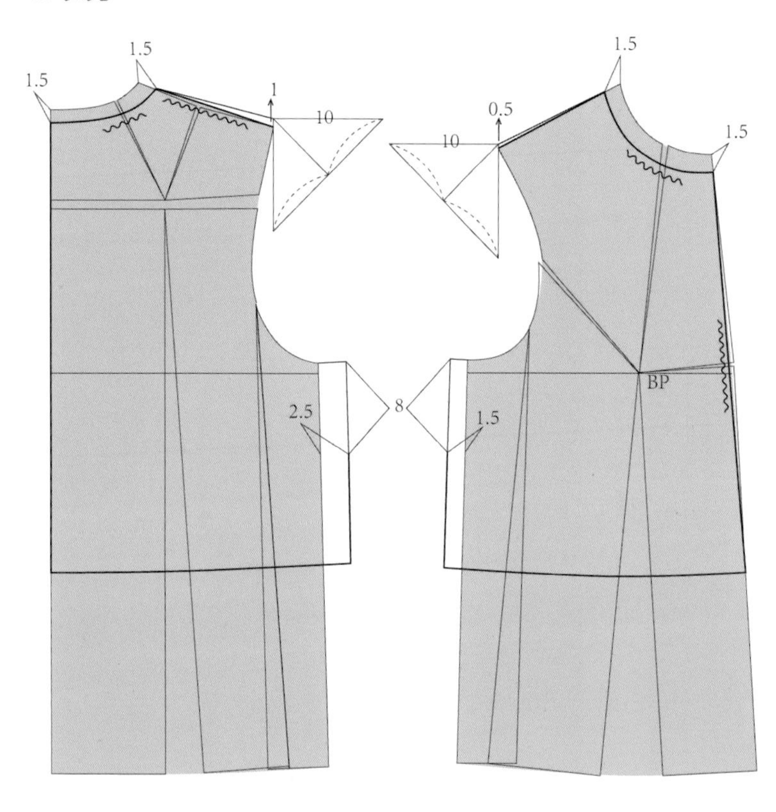

Step 01 根据款式分析数据对原型进行修改：

① 此款为宽松休闲装，衣身无省无分割，适合采用无省原型。

② 款式较为宽松，需在原型基础上增加宽松量，因人体上身活动量主要集中在背部，且为了美观前身应较后身合体，因此前侧缝增加量小于后侧缝增加量。

③ 领口褶量较大，需开大领口。

④宽松落肩袖需将腋下点降低，此款袖窿较大因此降低量较多。

⑤绘制落肩辅助线。前后肩点抬高，以新肩点为顶点画等腰三角形，并画出中线。

Step 02 ①绘制落肩。根据落肩造型确定前后肩线下落段倾斜度，确定落肩长度。绘制新袖窿，注意袖窿前弯度大于后弯度。

②绘制门襟、领荷叶边、下摆贴边。

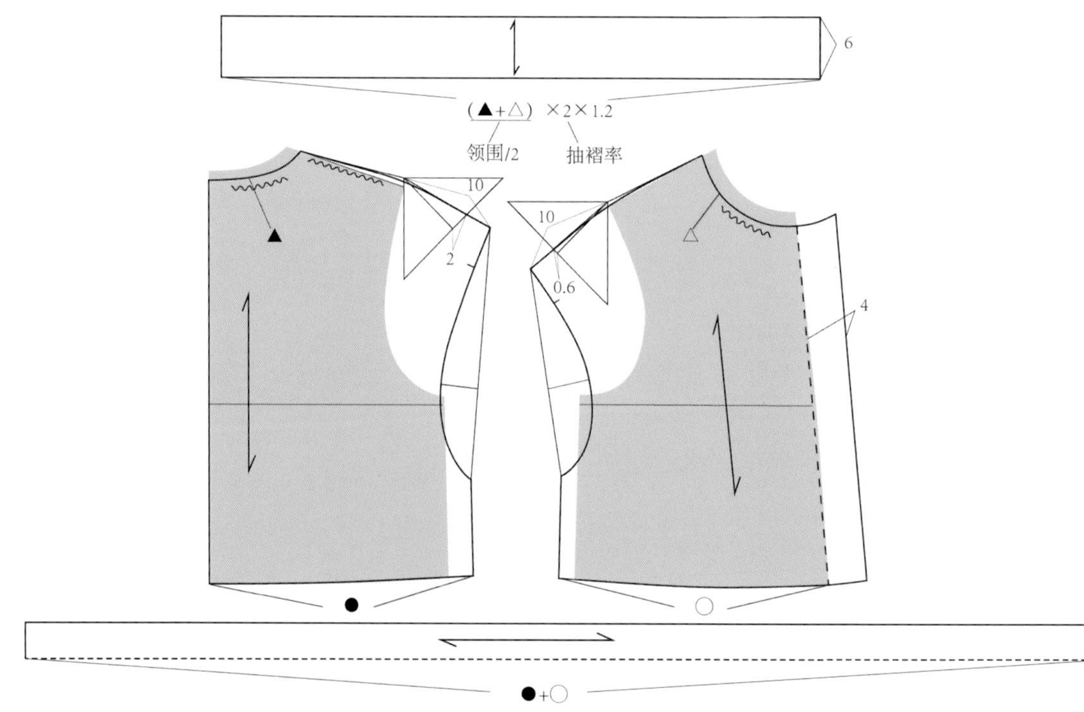

2. 袖子

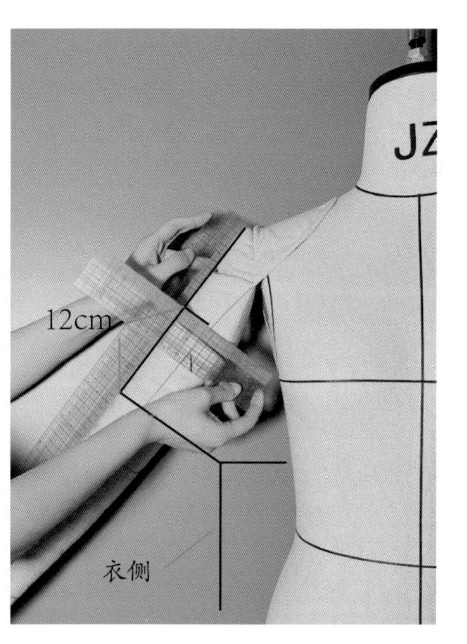

袖山高可如图直接测量，亦可估算。在原型中常规宽松袖袖山高 10cm 左右，此款落肩量为 10cm，腋下下降量为 8cm，实际袖山变化量为 10cm−8cm=2cm，因此袖山高度为 10cm+2cm=12cm。

Step 01

根据袖窿及袖山高尺寸绘制一片袖原型。

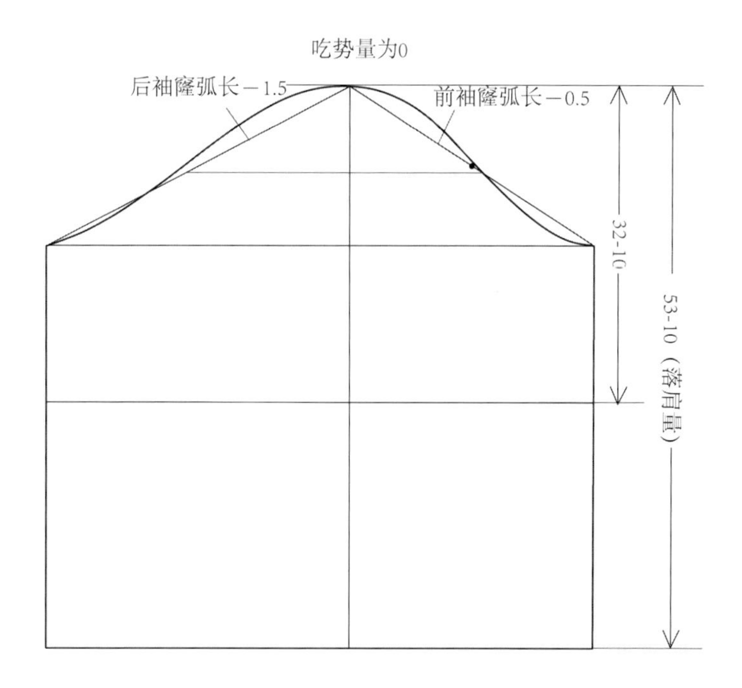

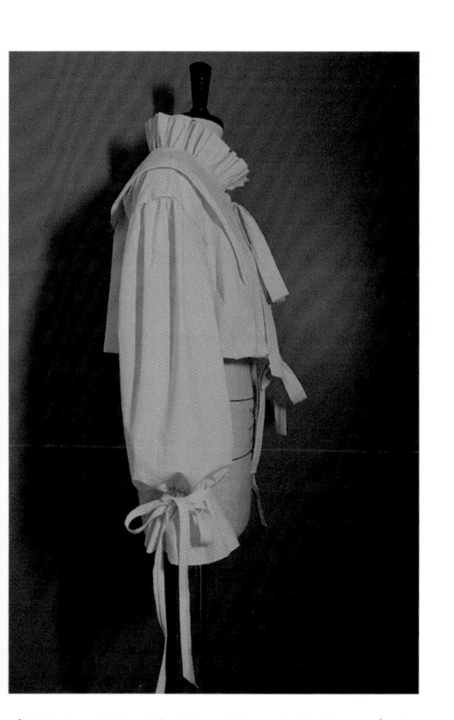

中袖山顶附近抽褶，袖口亦抽褶，在版型上袖山及袖口均需切展加量。

Step 02 绘制袖身结构造型。

方法一：直接在袖中线处切开后水平拉展加量。但此方法做出的袖子上下宽度一致且袖肥增加较多，抽褶后造型呈直筒状，较为粗壮。

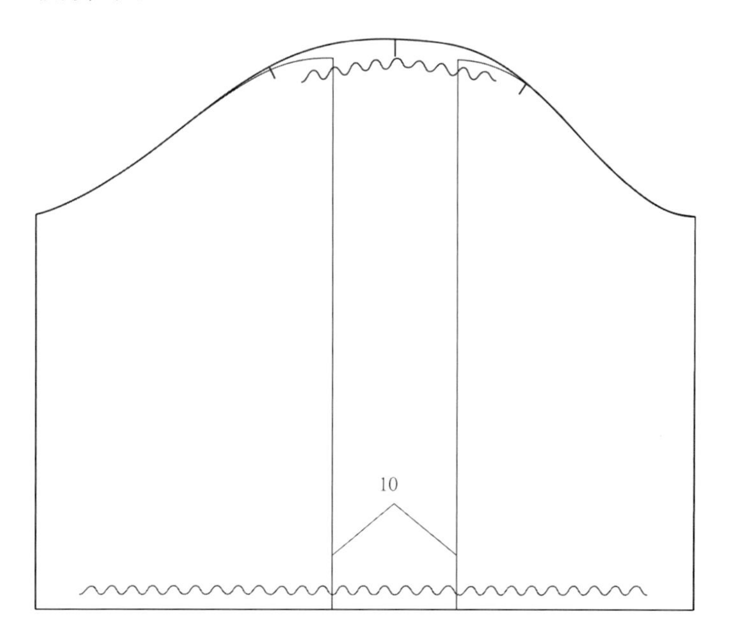

方法二：在袖中线处切开后水平拉展部分加量，以袖肘为界将袖子分成上下两段，上下两段分别从中线切开并在袖山和袖口展开一定量。此方法做出的袖子上下均呈扇形，袖肥增加量不大，抽褶后造型相对纤细有型。

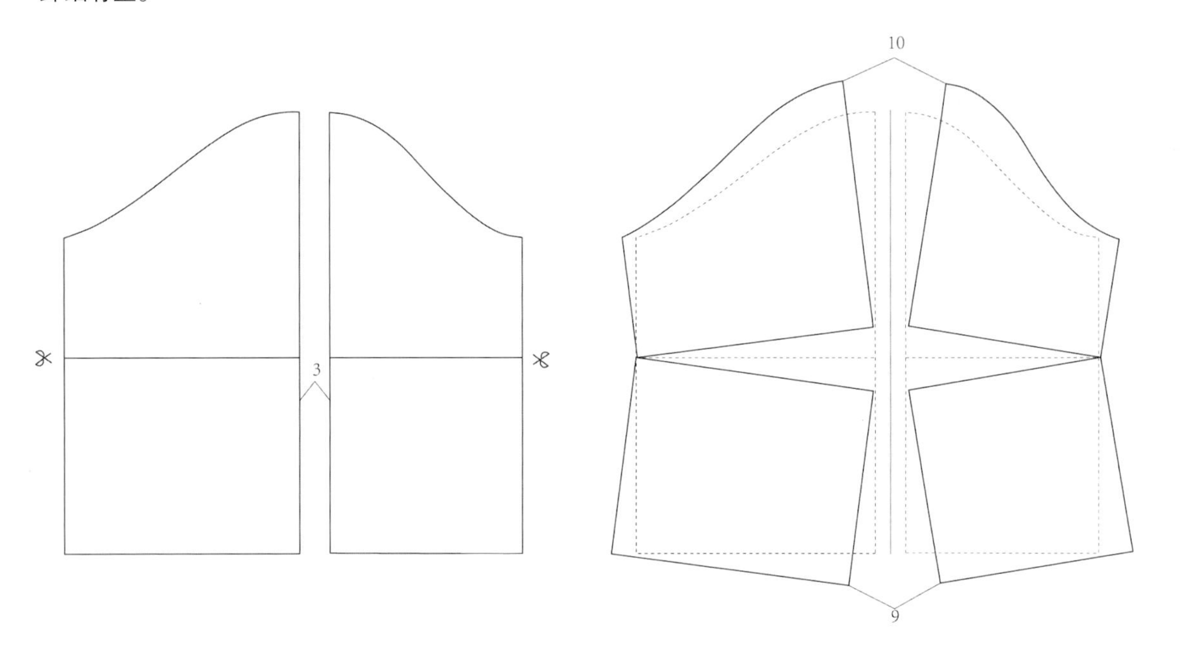

Step

03 绘制完成线，标记工艺符号。

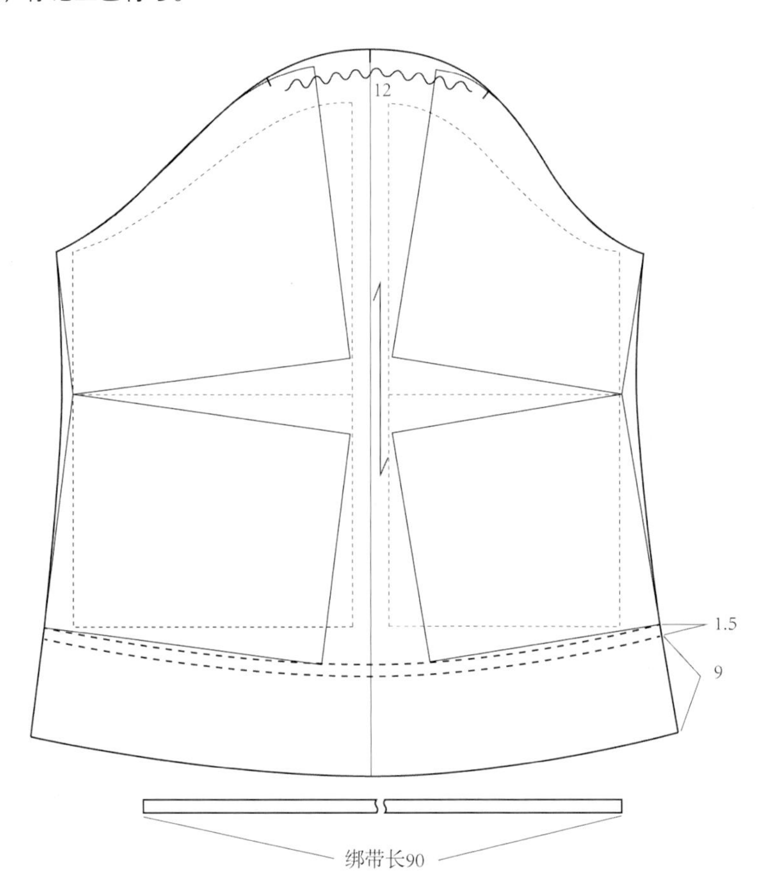

3. 领子

Step
01 制作前领：

①将前领备布附在衣身上，可根据前领造型斜向放置。

②修剪领窝，领窝距离衣身领窝约 0.5cm。

③根据造型用标记带标记领外口线。

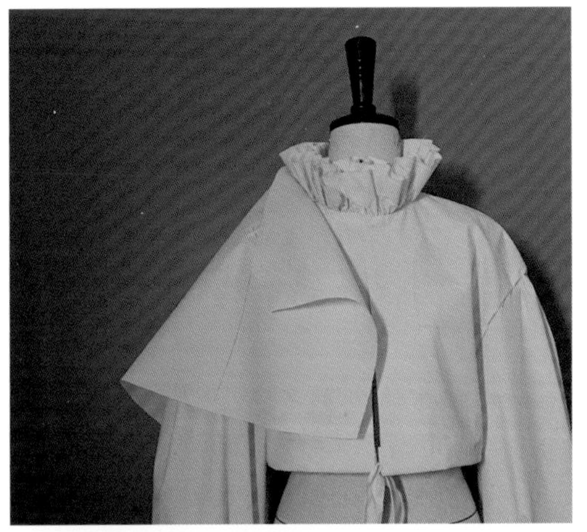

Step
02 制作后领：

①将后领备布附在衣身上，后中垂直。

②修剪领窝，领窝距离衣身领窝约 0.5cm。

③根据造型用标记带标记领外口线，整理侧缝线，用重叠针别合并做好标记。

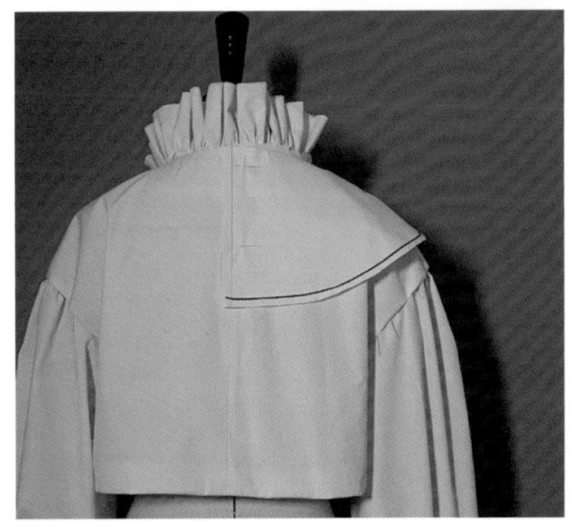

Step
03 将坯布取下，修正轮廓线，复核相关线长度。

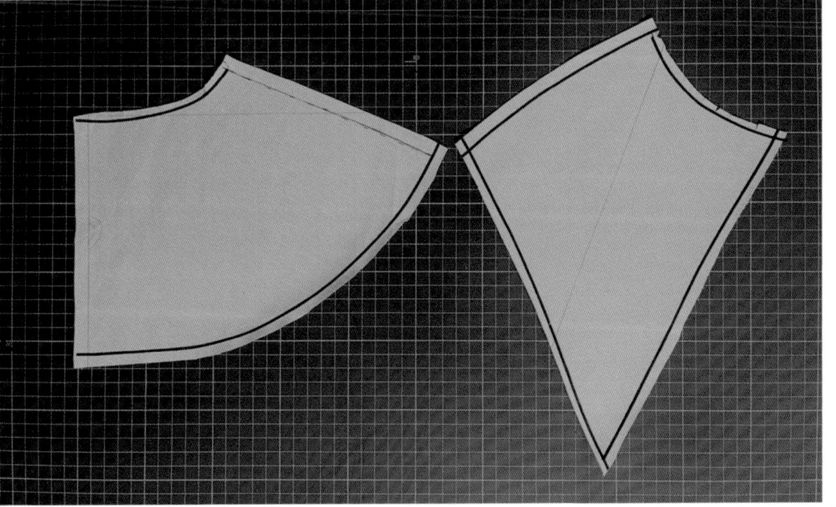

7.7.3 知识拓展——落肩的造型变化规律

落肩袖肩线下落倾斜度的不同造成其落肩造型不同，以下为常见落肩造型。

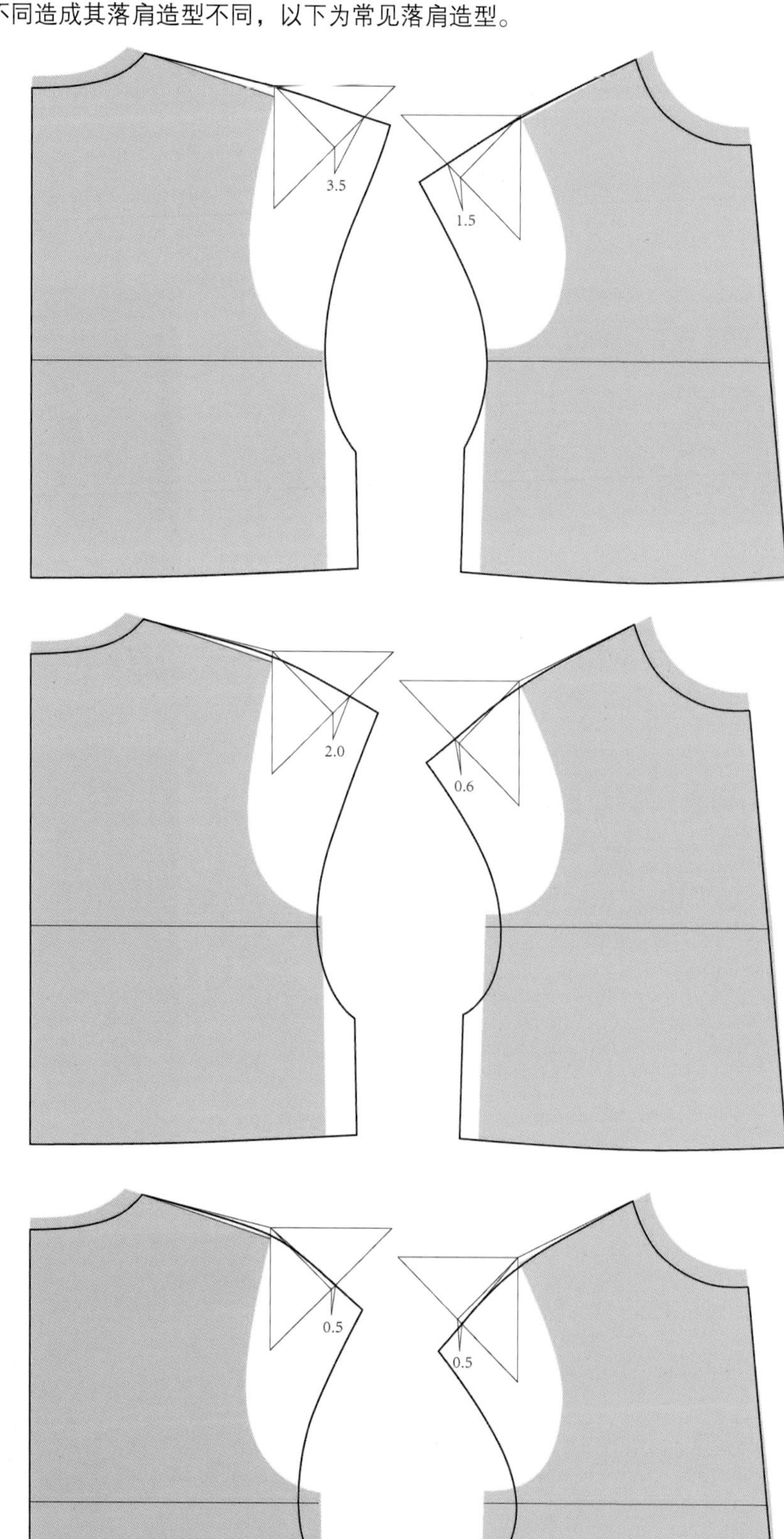

宽松型

较宽松型

合体型

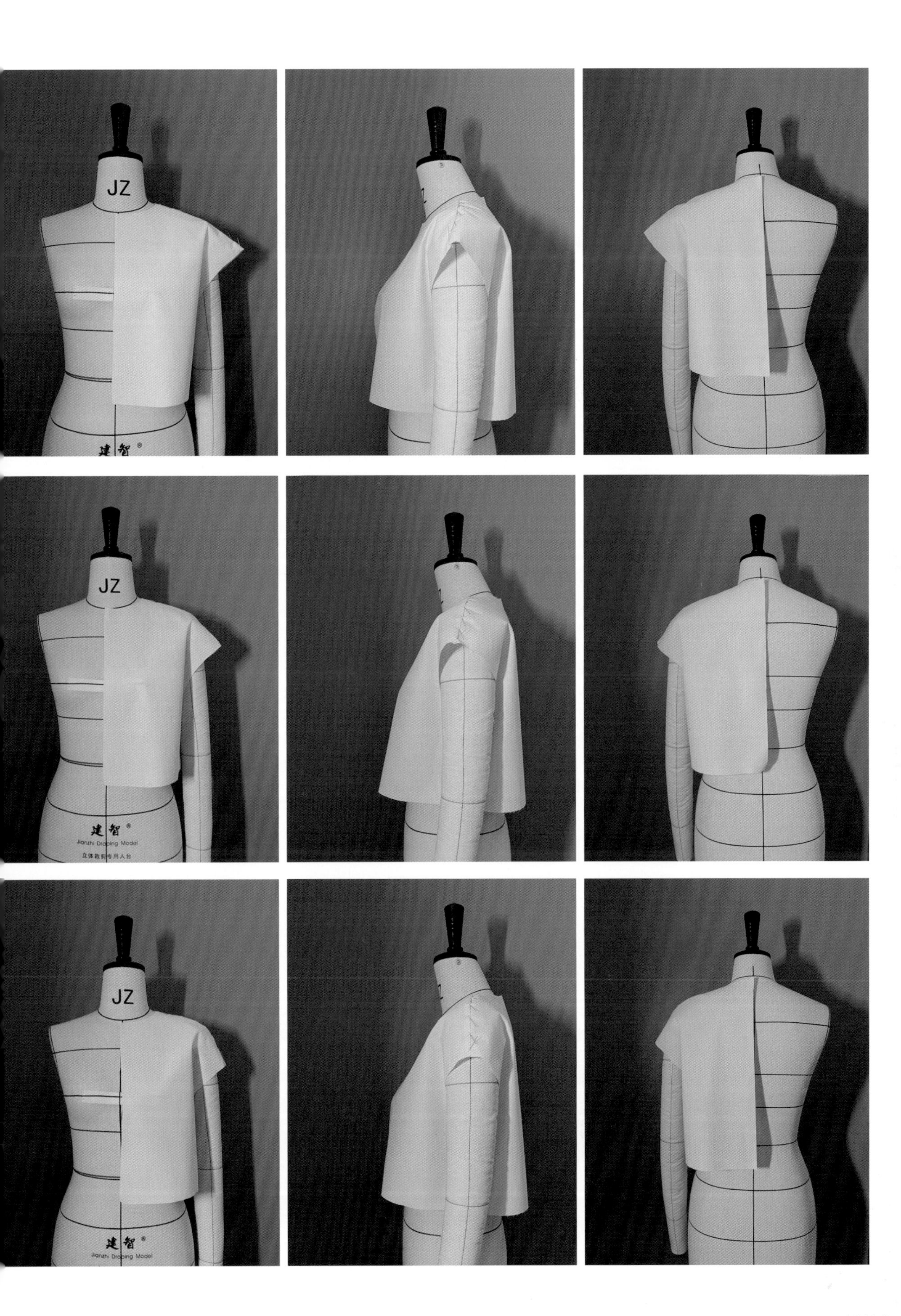
JZ
建智
JZ
建智
Jianzhi Draping Model
立体裁剪专用人台
JZ
建智
Jianzhi Draping Model

7.8 创意分割大衣

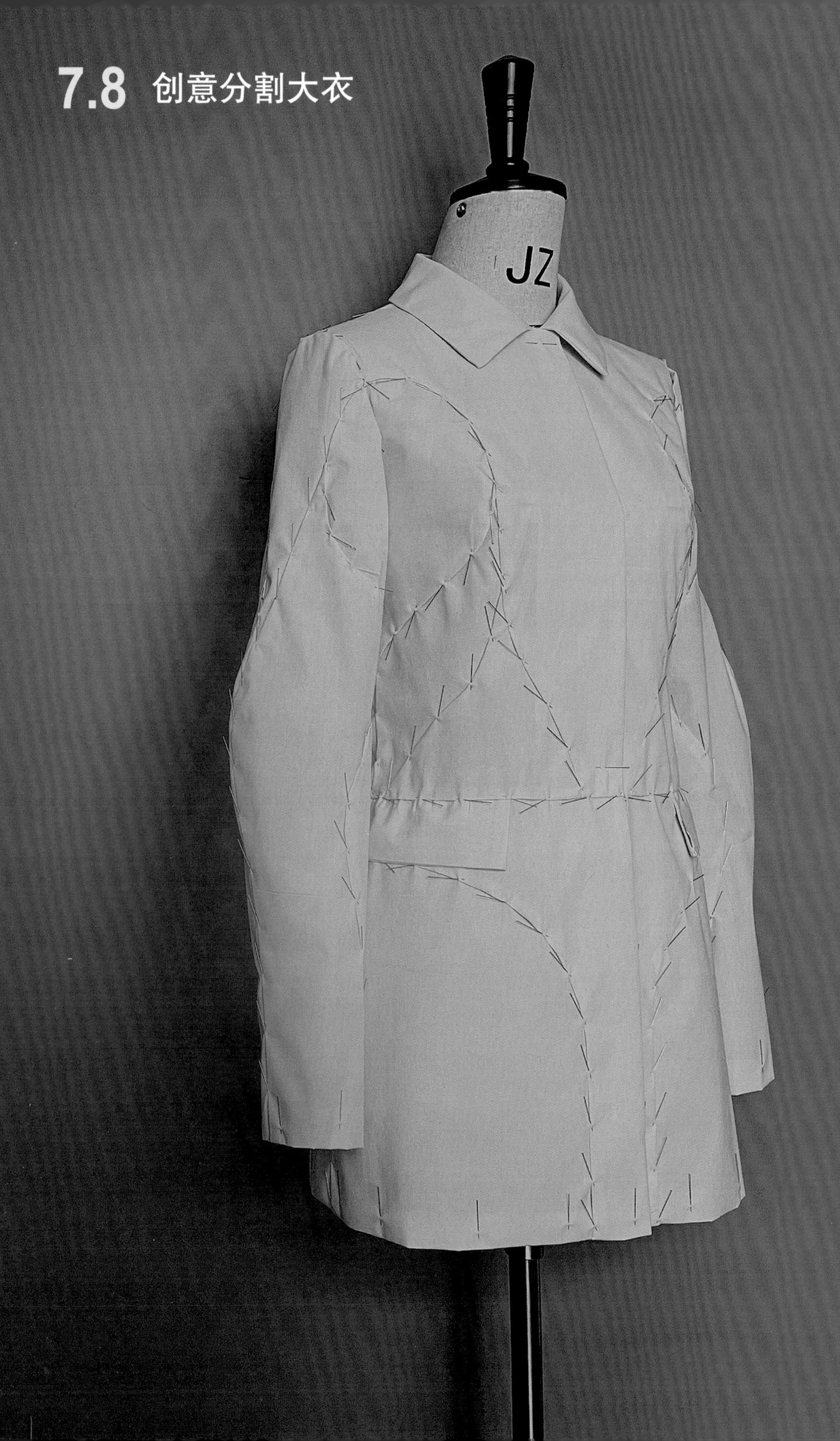

7.8.1 款式分析

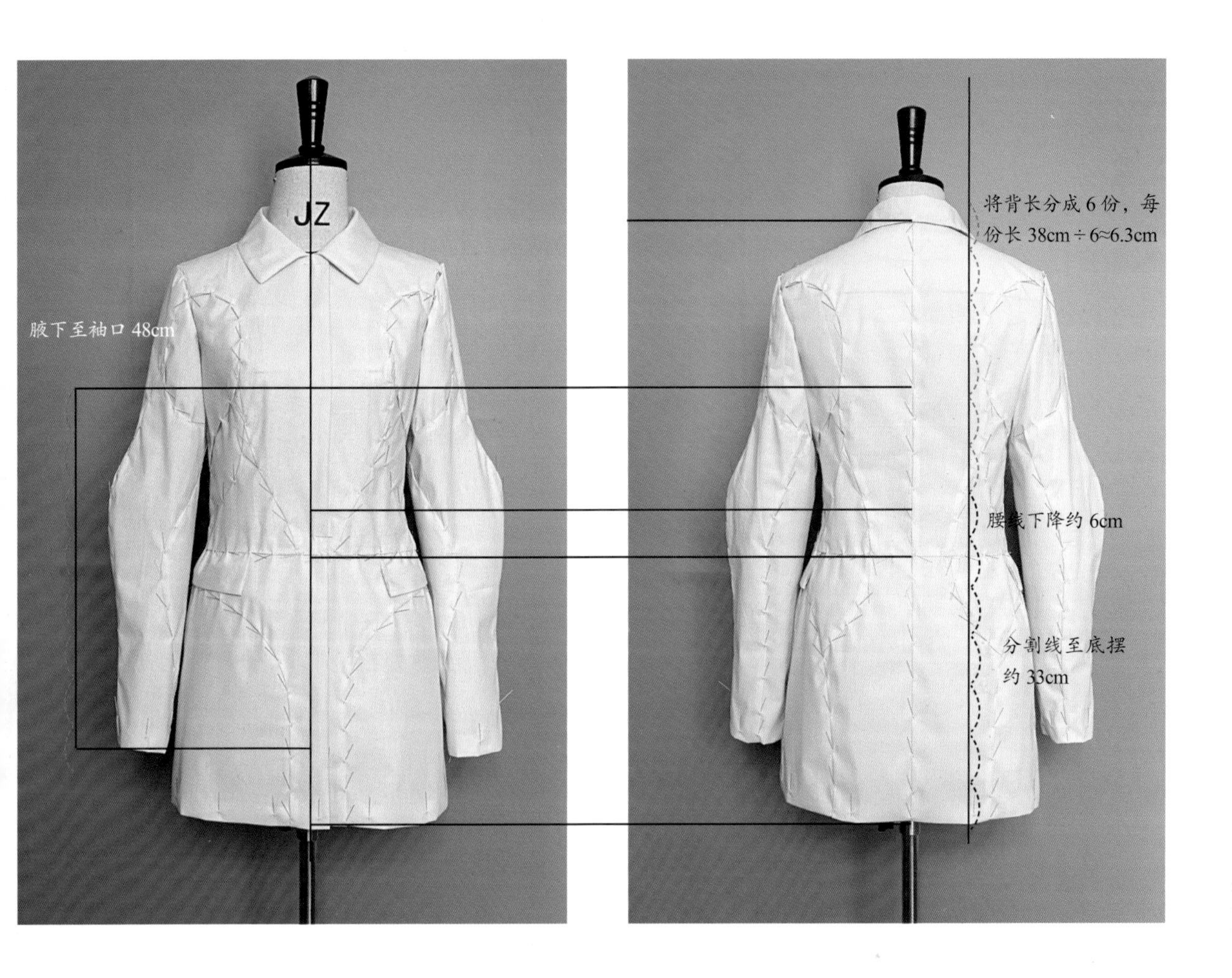

款式特征

衣身合体，弧线分割较多，腰线处有两个带盖口袋。

常规衬衫领，袖子造型立体且夸张，弧线分割较多，袖山和袖口合体，袖肘部隆起。

版型分析

较合体 X 型中长款外套，衣摆为直筒 H 型，袖身随手臂前倾，袖肘附近隆起较大。

该款衣身分割较多且比较零碎，贴体度较低，用立体裁剪的方法容易出现衣身松量控制不均的问题，因此此款适合平面制版。

7.8.2 制版过程

1. 衣身

Step 01 根据款式分析结果对原型进行框架修改：

① 围度：服装为合体度较高的外套，因此只需增加一定的内衣厚度，胸围适当加大 4cm，前后侧缝各加 1cm。

② 长度：衣长为背长 38cm+6cm+33cm=77cm。

③ 胸省位：省尖适当侧移 0.5cm，使胸部松量均衡。

④ 胸宽和背宽：胸围增加则胸宽和背宽应适当增加，增加量为胸围增加量 /4 的 0.5~0.6 倍。

⑤ 门襟：根据扣子直径判断门襟止口外延约为 2.5cm。

⑥ 领口：根据领型对领窝形状和大小做调整，此领为常规翻立领，注意后颈点不能下降较多否则后领易豁开。

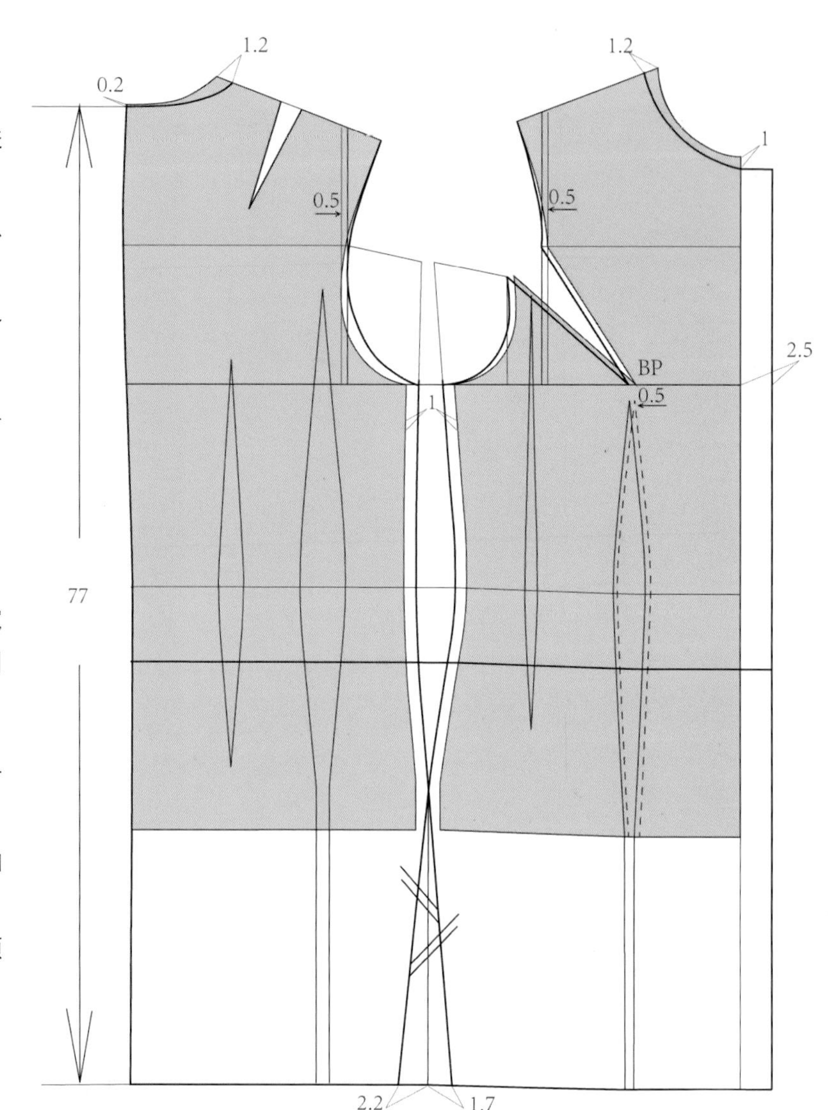

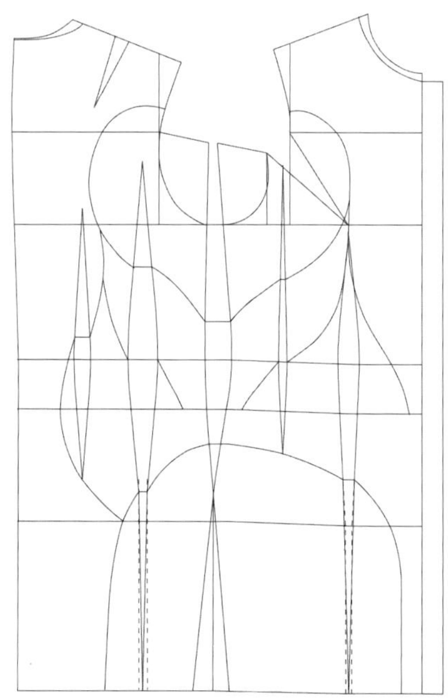

Step 02 绘制结构造型线：

①根据款式造型分割线的形状和位置在框架上画出造型线。

②根据框架上的基础省和分割线位置可将造型线进行微调，使接近省转折点的线过转折点，方便后期做省处理。

③过省的造型线做对位圆顺处理。

Step
03

根据造型线将原型省进行分割转移合并处理，因分割线造型较为复杂，在腰部附近可采用分段合并处理的方式以达到造型需要，其过程中产生的交叠量可作为工艺拔开量在制作环节补足。

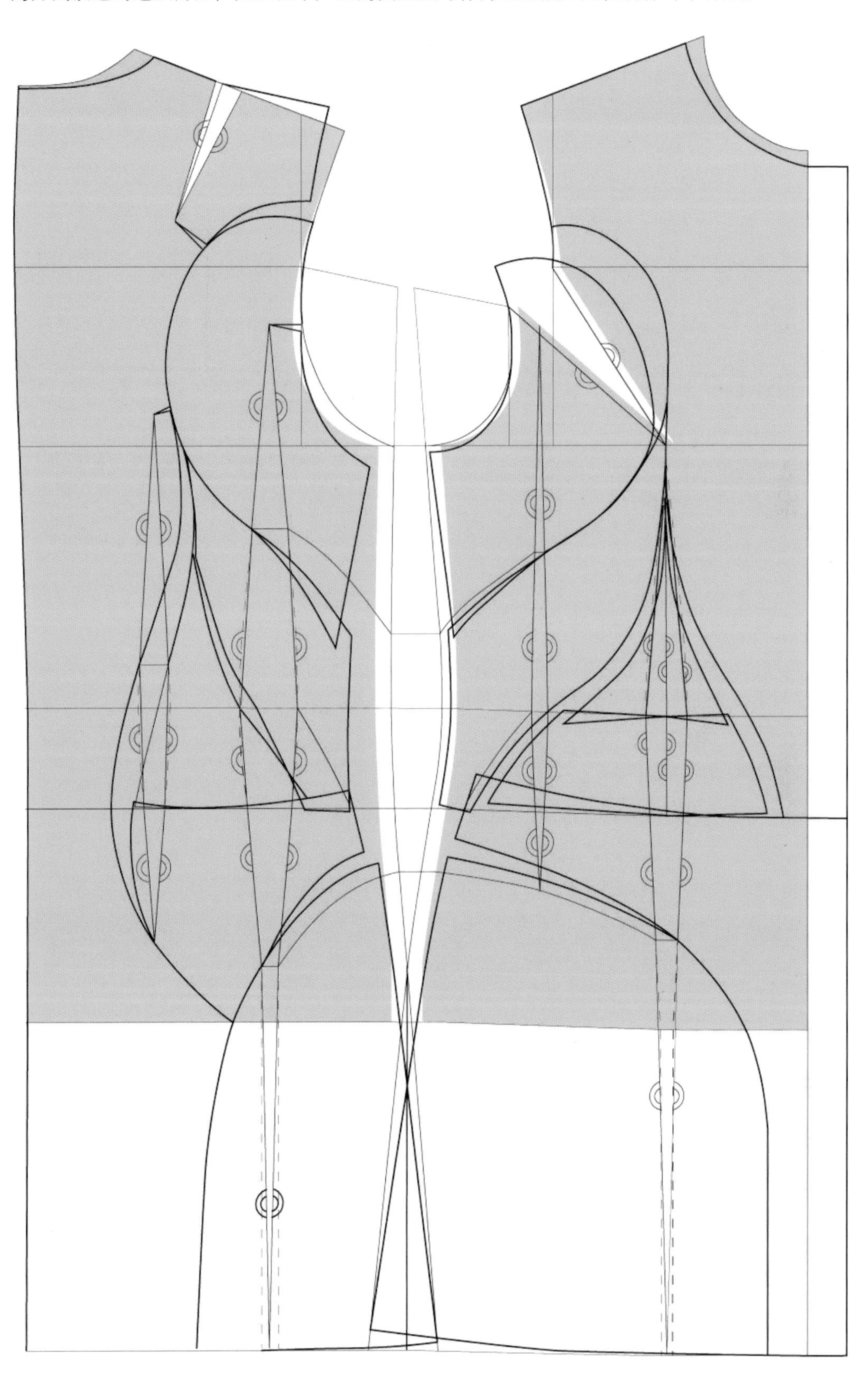

2. 衣领

Step 01 在款式图上对领型进行分析，推测领座形态。

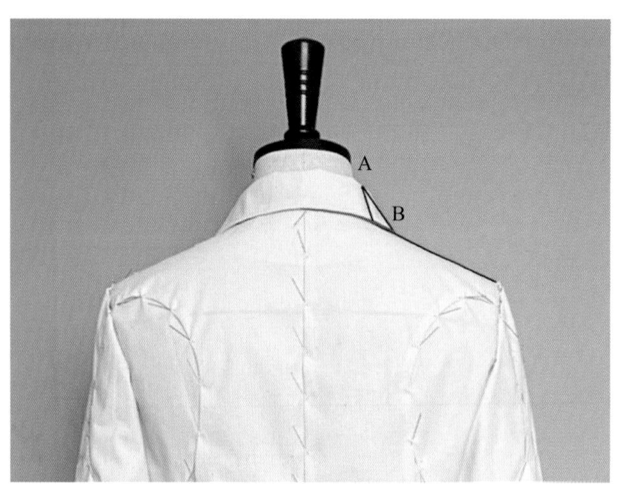

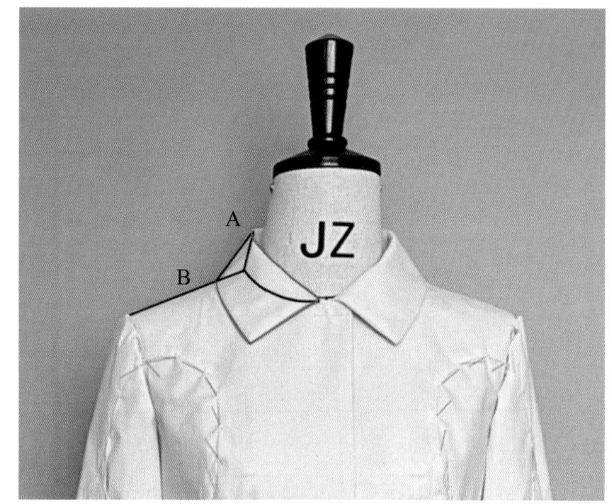

Step 02 在领窝上绘制领造型：

①设定领面宽为 n，领座宽为 m，在新领窝上画出领座和领面造型。

②根据款式图中领座 m 的倾斜角度和宽度在前侧颈点 K 处画出领座造型线，以点 A 为为圆心 n 为半径画弧与肩线相交得到领面与肩线的交点 B，得到线段长 d，在后肩线处测量长度 d 得到点 B'，领面盖过领座，从后中颈点向下量取 n−m 得到领面止口点 D，用弧线连接 B'、D 两点得到领外口弧线造型，其长度设为▲，过点 B 和前中颈点 C 根据款式图画出前领面造型。

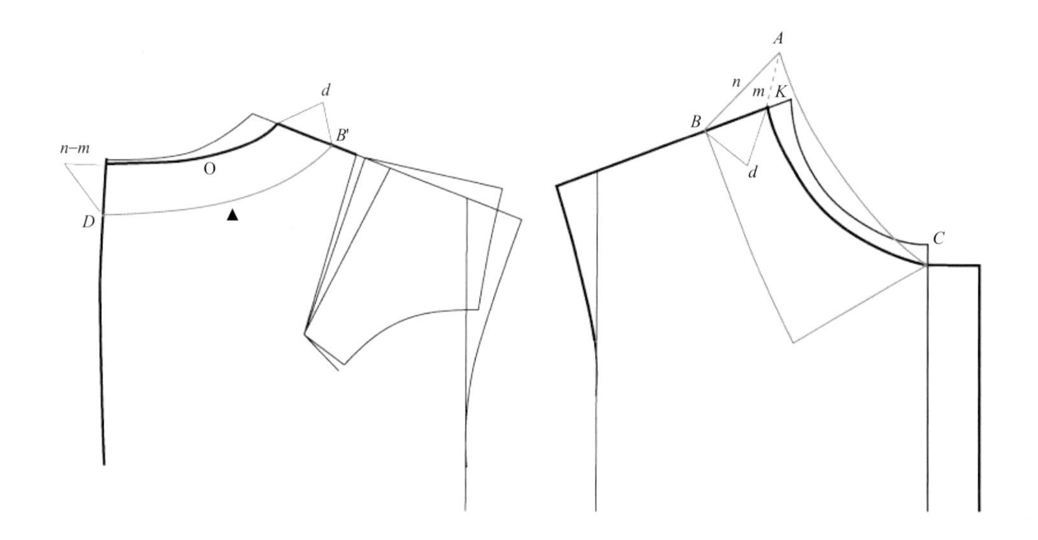

Step

03 完成结构绘制：

① 在侧颈点处沿肩线反向延长领座 m 宽度得到点 *D* 和点 *E*，用弧线分别连接点 C 与点 D 及点 E，使领窝 *CK* 至 *CD* 形成的宽度与 *CD* 至 *CE* 形成的宽度相似。延长 *CE* 使其长度等于 *CK* 得到端点 *H*。

② 以点 *H* 为圆心后领窝长○为半径画弧得到领窝参考范围（亦可取后领窝长减拔开量为半径，拔开量为后期制作工艺处理量，用此方法做出的领子更加服帖），以点 *B* 为圆心后领外口长▲为半径画弧得到领外口参考范围。

③ 作两条弧线的切线 *r*，过点 *H* 作 *r* 的垂线。此垂线即为领后中线，将此垂线平移 *n* 得到领座翻折线辅助线，再平移 *m* 得到领外口线辅助线。

④ 用圆顺的弧线绘制下领口线和外领口线，绘制完成线并标注工艺符号。

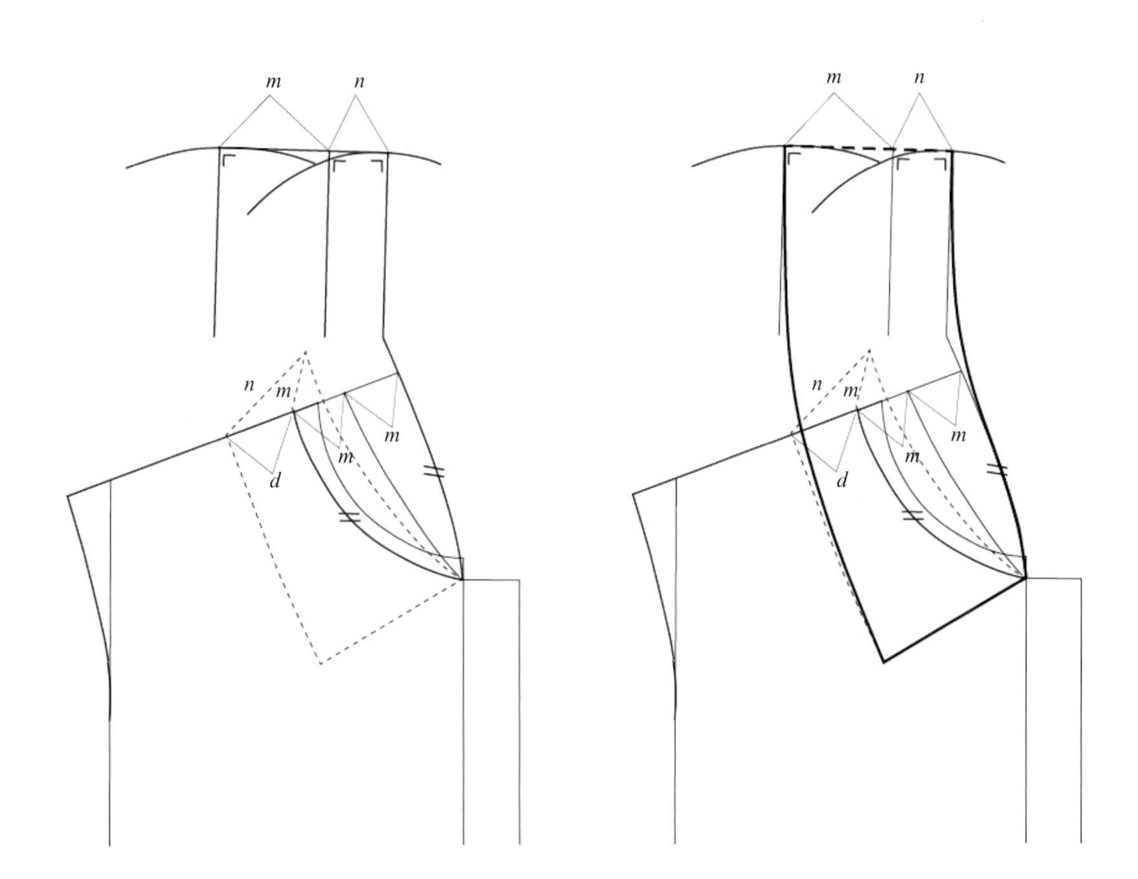

3. 衣袖

Step 01 此款袖型属于合体型，基础袖型为两片袖，根据袖窿尺寸绘制两片袖原型。袖身只需绘制出袖型线即可。

Step 02 根据袖身造型分别在大袖和小袖上绘制结构分割线，注意大袖和小袖对应位置的衔接角度和对位关系。

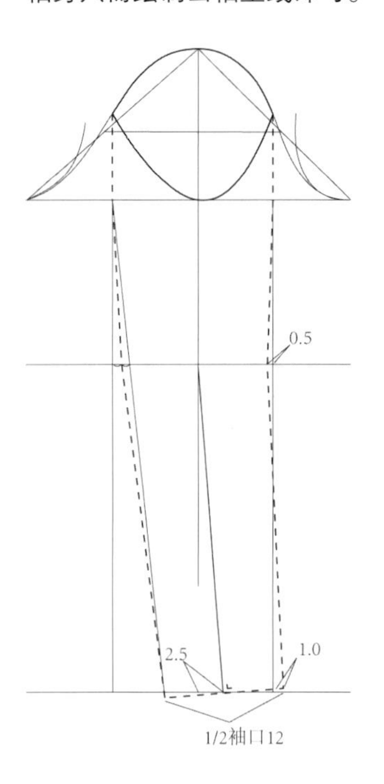

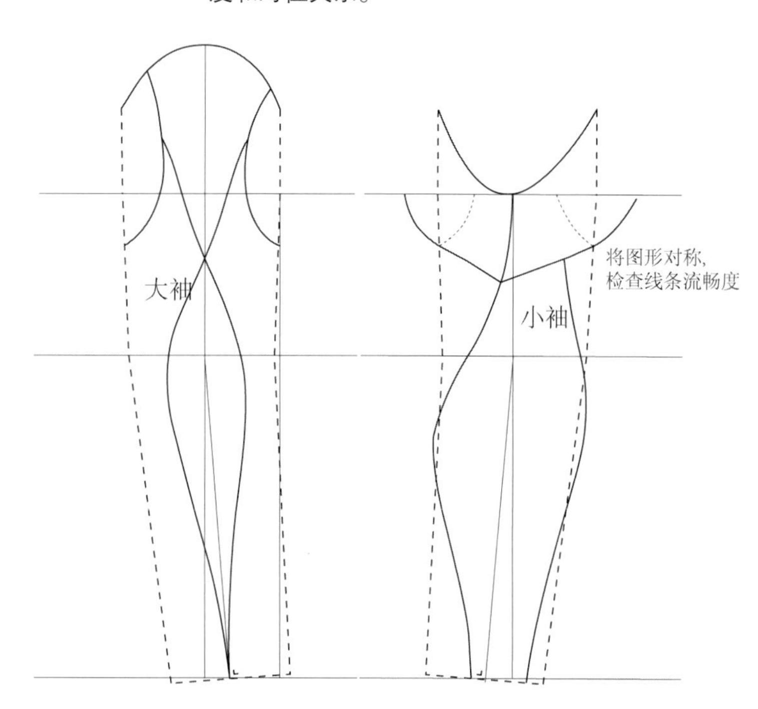

Step 03 将被袖型线切割开的袖片按对应位置拼接还原，注意大袖和小袖的对应关系。

Step 04 绘制完成线并标记工艺符号，弧线较多时可增加对位点标记数量。

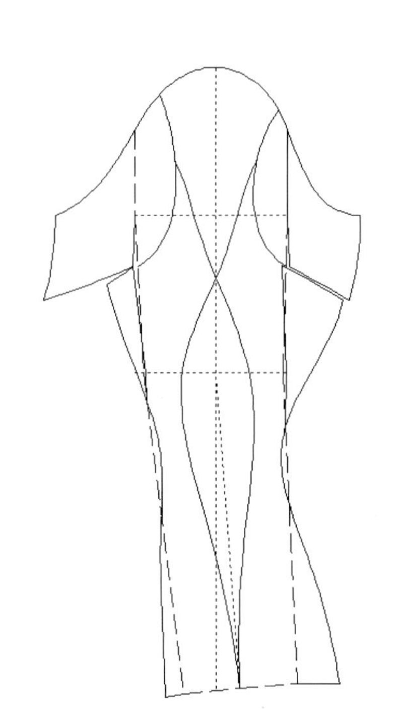

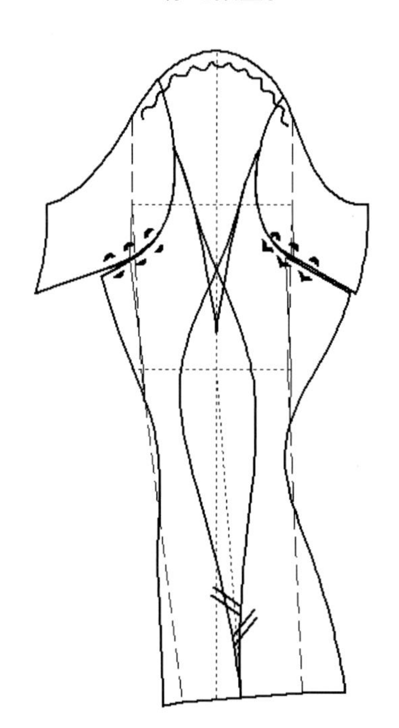

4. 衣身结构完成图

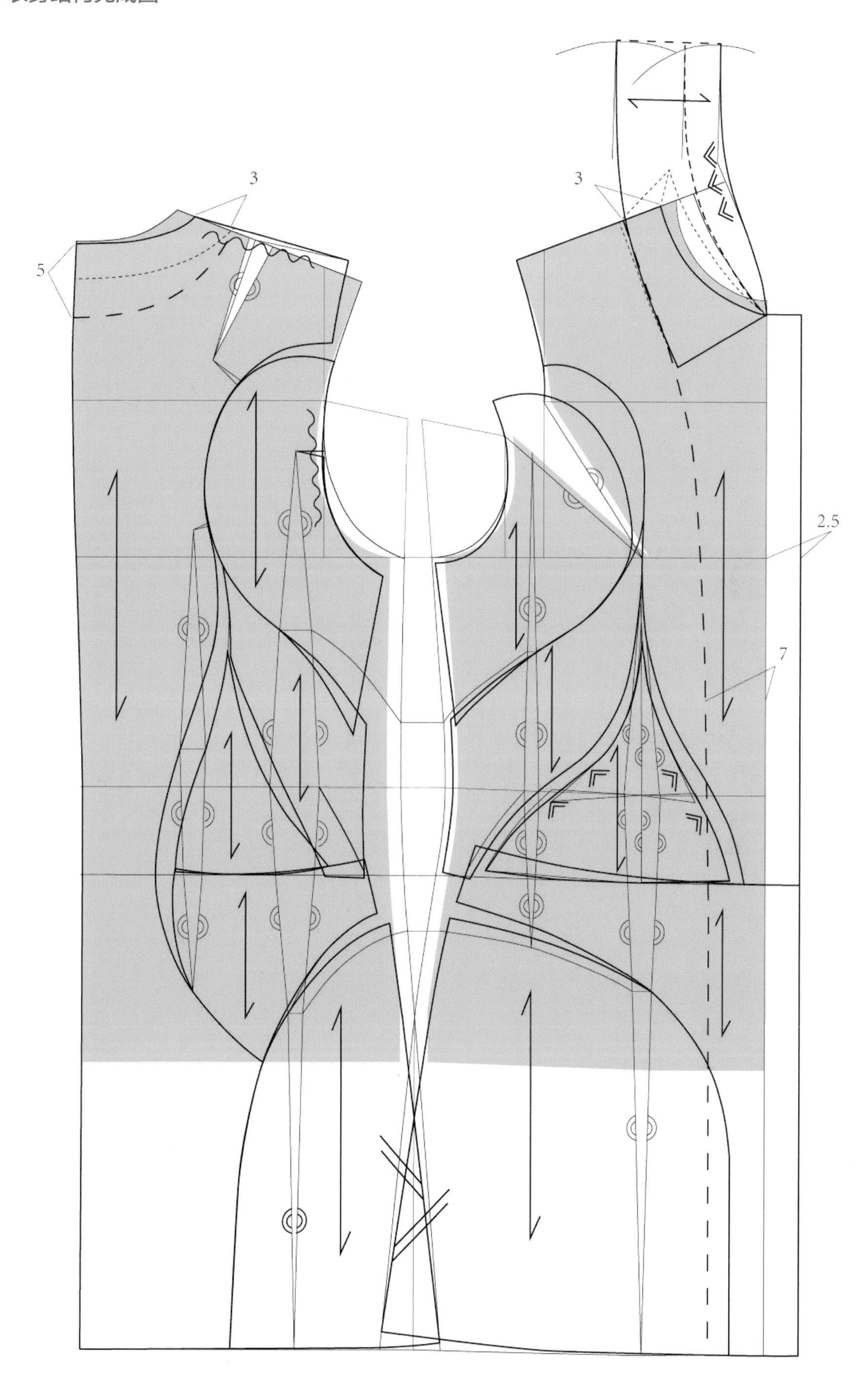

读者服务

读者在阅读本书的过程中如果遇到问题，可以关注“有艺”公众号，通过该公众号中的“读者反馈”功能与我们取得联系。此外，通过关注“有艺”公众号，您还可以获取艺术教程、艺术素材、新书资讯、书单推荐、优惠活动等相关信息。

扫一扫关注“有艺”

投稿、团购合作：请发送邮件至art@phei.com.cn